U0166991

《运筹与管理科学丛书》编委会

主　编：袁亚湘

编　委：(以姓氏笔画为序)

叶荫宇　刘宝碇　汪寿阳　张汉勤

陈方若　范更华　赵修利　胡晓东

修乃华　黄海军　戴建刚

运筹与管理科学丛书 36

全局优化问题的分支定界算法

刘三阳　焦红伟　汪春峰　著

科学出版社

北　京

内 容 简 介

全局优化问题一直是最优化领域的老大难问题,备受关注.本书首先介绍了非凸全局优化问题的研究进展,然后从分支方法、定界理论、算法设计及相关技术等方面详细论述了非凸全局优化问题的分支定界算法.全书主要内容如下:全局优化方法的研究现状,分支定界算法的理论基础、分支方法、定界技巧及相关概念,二次规划、线性多乘积规划、广义线性多乘积规划、广义几何规划、广义线性比式和、二次约束二次比式和、广义多项式比式和、一般非线性比式和等问题的分支定界算法.

本书既可作为运筹学、应用数学、经济管理、系统科学、计算数学、电子信息、控制论、计算机科学和工程技术等专业的研究生和高年级本科生的教学或研修用书,也可作为相关领域科研工作者和技术人员的参考书.

图书在版编目(CIP)数据

全局优化问题的分支定界算法/刘三阳,焦红伟,汪春峰著. —北京:科学出版社,2022.9

(运筹与管理科学丛书;36)

ISBN 978-7-03-072587-5

Ⅰ. ①全… Ⅱ. ①刘… ②焦… ③汪… Ⅲ. ①最优化算法–研究 Ⅳ. ①O242.23

中国版本图书馆 CIP 数据核字(2022) 第 107251 号

责任编辑:李 欣 范培培/责任校对:彭珍珍
责任印制:吴兆东/封面设计:陈 敬

科学出版社 出版
北京东黄城根北街 16 号
邮政编码:100717
http://www.sciencep.com

涿州市般润文化传播有限公司 印刷
科学出版社发行 各地新华书店经销

*

2022 年 9 月第 一 版 开本:720×1000 1/16
2023 年 6 月第二次印刷 印张:14 3/4
字数:298 000

定价:118.00 元
(如有印装质量问题,我社负责调换)

《运筹与管理科学丛书》序

运筹学是运用数学方法来刻画、分析以及求解决策问题的科学. 运筹学的例子在我国古已有之, 春秋战国时期著名军事家孙膑为田忌赛马所设计的排序就是一个很好的代表. 运筹学的重要性同样在很早就被人们所认识, 汉高祖刘邦在称赞张良时就说道: "运筹帷幄之中, 决胜千里之外."

运筹学作为一门学科兴起于第二次世界大战期间, 源于对军事行动的研究. 运筹学的英文名字 Operational Research 诞生于 1937 年. 运筹学发展迅速, 目前已有众多的分支, 如线性规划、非线性规划、整数规划、网络规划、图论、组合优化、非光滑优化、锥优化、多目标规划、动态规划、随机规划、决策分析、排队论、对策论、物流、风险管理等.

我国的运筹学研究始于 20 世纪 50 年代, 经过半个世纪的发展, 运筹学研究队伍已具相当大的规模. 运筹学的理论和方法在国防、经济、金融、工程、管理等许多重要领域有着广泛应用, 运筹学成果的应用也常常能带来巨大的经济和社会效益. 由于在我国经济快速增长的过程中涌现出了大量迫切需要解决的运筹学问题, 因而进一步提高我国运筹学的研究水平、促进运筹学成果的应用和转化、加快运筹学领域优秀青年人才的培养是我们当今面临的十分重要、光荣, 同时也是十分艰巨的任务. 我相信, 《运筹与管理科学丛书》能在这些方面有所作为.

《运筹与管理科学丛书》可作为运筹学、管理科学、应用数学、系统科学、计算机科学等有关专业的高校师生、科研人员、工程技术人员的参考书, 同时也可作为相关专业的高年级本科生和研究生的教材或教学参考书. 希望该丛书能越办越好, 为我国运筹学和管理科学的发展做出贡献.

袁亚湘

2007 年 9 月

前　　言

　　全局优化主要研究非凸非线性优化问题全局最优解的特征和求解方法，现实世界中存在大量全局优化问题，随着计算技术的突飞猛进，全局优化方法在图像与信号处理、计算机视觉、分子生物学、交通运输、机械设计、复杂网络、环境工程、经济金融、管理决策、投资组合和市政规划等众多领域得到广泛应用. 由于非凸非线性优化问题常常存在多个局部最优解，又缺乏很好的全局最优性准则，人们无法借助传统的非线性规划方法求解这些问题，非凸非线性全局优化问题成为广受关注、极具挑战的老大难问题. 自从 20 世纪 70 年代中后期有关全局优化研究的论文集出版以来，优化界经过近半个世纪的努力，使全局优化的理论、算法和应用不断取得重要进展. 近 20 年来求解全局优化问题的智能类算法发展迅速，如遗传算法、蚁群算法、粒子群算法等. 目前，全局优化已发展成为人们分析问题、解决问题的重要思想方法和技术手段.

　　我国一些优化领域的学者从 20 世纪 80 年代开始研究全局优化问题的求解方法，他们提出的填充函数法、积分水平集法、区间分析法等全局优化方法在国际上具有一定影响. 国内关于全局优化的教材或专著，目前只看到 2003 年清华大学出版社出版的中译本《全局优化引论》(R. Horst, P. M. Pardalos, N. V. Thoai 著, 黄红选译, 梁治安校) 和申培萍教授 2006 年在科学出版社出版的《全局优化方法》. 为了丰富全局优化园地，总结推介分支定界全局优化算法的最新研究成果，为有意了解、研究和应用全局优化方法的科技工作者和研究生提供一份全局优化方面的新资料，作者以本人及其博士生焦红伟、汪春峰近年来在分支定界全局优化算法方面的研究成果为基础，结合近年来国内外有关文献撰写了本书，力图全面系统地介绍非凸全局优化问题的分支定界算法，包括若干典型非凸全局优化问题分支定界算法的主要分支理论、定界技巧和求解算法及收敛性证明等. 全书选材尽量避免复杂的抽象理论，以适应更多不同领域、不同专业、不同层次读者的需要. 有些收敛性定理的证明主要是论证所述方法的基本特征，对此仅列出了相关结论，而略去了复杂的证明. 全书在叙述上力求深入浅出，循序渐进. 除第 1、2 章介绍背景进展和分支定界算法的基础知识外，其余各章内容相对独立，自成体系，便于读者根据需要选择性阅读.

　　值得一提的是，最优化作为一种重要的思想方法，全局优化作为一种高阶思维，可以优化我们的思维方式和行为方式.

　　本书得到了国家自然科学基金、陕西省自然科学基金、西安电子科技大学学术著作出版基金等基金项目的支持, 同时本书引用国内外同行的一些研究成果, 在此表示衷心的感谢! 本想尽量包含近期的研究成果, 但由于相关内容广泛, 新成果不断出现, 限于作者精力和篇幅, 难免挂一漏万, 敬请谅解. 由于作者能力和水平有限, 书中可能存在不妥之处, 恳请读者批评指正.

刘三阳

2021 年 7 月

目　　录

《运筹与管理科学丛书》序

前言

符号说明

第 1 章　绪论 ·· 1

　1.1　最优化问题的基本概念 ····························· 1

　1.2　确定性全局优化方法的基本思想及研究现状 ········· 4

　1.3　本书的研究内容 ································· 17

第 2 章　分支定界算法基础 ···························· 21

　2.1　分支定界算法的基本框架 ······················· 21

　2.2　分支方法 ······································· 23

　　2.2.1　矩形剖分方法 ······························· 23

　　2.2.2　单纯形剖分 ······························· 23

　　2.2.3　锥形剖分 ······························· 24

　2.3　上、下界函数构造方法 ······················· 24

　　2.3.1　利用区间扩张构造 0 阶上、下界函数 ··········· 25

　　2.3.2　利用一阶微分中值定理构造线性上、下界函数 ····· 26

　2.4　利用分解技术构造拟凸函数的上、下界 ··········· 27

　2.5　利用双线性函数或单分式函数的凸、凹包构造上、下界 ··· 28

　　2.5.1　双线性函数凸包络和凹包络的构造 ············· 30

　　2.5.2　比式函数凸包络和凹包络的构造 ············· 31

第 3 章　二次规划问题的分支定界算法 ············· 34

　3.1　二次规划问题的单纯形分支定界算法 ··········· 34

　　3.1.1　单纯形分支定界算法 ······················· 34

　　3.1.2　上、下界的构造 ······················· 35

　　3.1.3　算法及其收敛性 ······················· 36

　3.2　二次规划问题的参数线性松弛算法 ··········· 37

　　3.2.1　参数线性化技巧 ······················· 37

　　3.2.2　算法及其收敛性 ······················· 41

　　　　3.2.3　数值实验 ··· 48
　3.3　本章小结 ··· 50
第 4 章　线性多乘积规划问题的分支定界算法 ···················· 51
　4.1　问题描述 ··· 51
　4.2　第一种分支定界算法 ··· 51
　　　　4.2.1　等价转换及其线性松弛 ····························· 52
　　　　4.2.2　删除规则 ··· 56
　　　　4.2.3　算法及其收敛性 ····································· 59
　4.3　第二种分支定界算法 ··· 66
　　　　4.3.1　缩减技巧 ··· 68
　　　　4.3.2　算法框架结构 ······································· 69
　　　　4.3.3　算法描述 ··· 69
　　　　4.3.4　收敛性分析 ··· 70
　　　　4.3.5　数值实验 ··· 71
　4.4　本章小结 ··· 73
第 5 章　广义线性多乘积规划问题的单纯形分支定界算法 ·········· 74
　5.1　基本操作 ··· 74
　　　　5.1.1　单纯形对分规则 ····································· 75
　　　　5.1.2　下界估计 ··· 75
　　　　5.1.3　上界估计 ··· 78
　5.2　算法及其收敛性 ··· 78
　5.3　数值实验 ··· 80
　5.4　本章小结 ··· 82
第 6 章　广义几何规划问题的分支定界算法 ······················ 83
　6.1　分支定界加速算法 ··· 83
　　　　6.1.1　问题描述 ··· 83
　　　　6.1.2　线性化方法 ··· 83
　　　　6.1.3　删除技术 ··· 85
　　　　6.1.4　算法及其收敛性 ····································· 89
　　　　6.1.5　数值实验 ··· 93
　6.2　两阶段松弛方法 ··· 94
　　　　6.2.1　问题描述 ··· 94
　　　　6.2.2　线性松弛问题的产生 ································· 94

　　　　6.2.3　缩减技巧 ·· 99
　　　　6.2.4　算法及其收敛性 ·· 102
　　　　6.2.5　数值实验 ·· 104
　　6.3　本章小结 ·· 106
第 7 章　广义线性比式和问题的分支定界算法 ························ 107
　　7.1　线性化方法 ·· 107
　　　　7.1.1　问题描述 ·· 107
　　　　7.1.2　问题的线性松弛 ·· 108
　　　　7.1.3　区域缩减技巧 ·· 113
　　　　7.1.4　算法及其收敛性 ·· 115
　　　　7.1.5　数值实验 ·· 118
　　7.2　外空间分支定界加速算法 ······································ 119
　　　　7.2.1　线性松弛规划 ·· 120
　　　　7.2.2　输出空间加速方法 ·· 126
　　　　7.2.3　算法及其收敛性 ·· 128
　　　　7.2.4　数值实验 ·· 132
　　7.3　梯形分支定界算法 ·· 135
　　　　7.3.1　预备知识 ·· 136
　　　　7.3.2　加速技术 ·· 142
　　　　7.3.3　界紧技术 ·· 143
　　　　7.3.4　算法及其收敛性 ·· 146
　　　　7.3.5　数值结果 ·· 151
　　7.4　本章小结 ·· 151
第 8 章　二次约束二次比式和问题的分支缩减定界算法 ············ 152
　　8.1　问题描述 ·· 152
　　8.2　新的线性松弛方法 ·· 153
　　8.3　分支缩减定界算法及收敛性 ·· 160
　　　　8.3.1　区域分裂方法 ·· 161
　　　　8.3.2　区域缩减方法 ·· 161
　　　　8.3.3　分支缩减定界算法 ·· 163
　　　　8.3.4　算法及其收敛性 ·· 164
　　8.4　数值实验 ·· 165
　　8.5　本章小结 ·· 168

第 9 章　广义多项式比式和问题的分支定界算法 ························· 169

　9.1　等价问题 ··· 169

　9.2　线性松弛规划及加速技巧 ································· 170

　9.3　算法及其收敛性 ··· 181

　　　9.3.1　分支规则 ·· 181

　　　9.3.2　算法描述 ·· 182

　　　9.3.3　收敛性分析 ·· 183

　9.4　数值实验 ··· 184

　9.5　本章小结 ··· 185

第 10 章　一般非线性比式和问题的分支定界算法 ················· 186

　10.1　凹、凸比式和问题的单纯形分支定界算法 ·················· 186

　　　10.1.1　问题描述 ··· 186

　　　10.1.2　等价问题及定界方法 ······························ 186

　　　10.1.3　算法及其收敛性 ··································· 189

　　　10.1.4　数值算例 ··· 191

　10.2　D.C. 函数比式和问题的锥分分支定界算法 ················ 192

　　　10.2.1　等价变换 ··· 193

　　　10.2.2　带有反凸约束的线性规划 ·························· 195

　　　10.2.3　求解方法 ··· 198

　　　10.2.4　算法及其收敛性 ··································· 199

　　　10.2.5　数值实验 ··· 200

　10.3　本章小结 ·· 204

参考文献 ··· 205

索引 ··· 215

《运筹与管理科学丛书》已出版书目 ····························· 218

符 号 说 明

符号	含义
R^n	n 维欧氏空间
X	R^n 上的区间向量
$X = X_1 \times X_2$	X_1 与 X_2 的笛卡儿乘积
$f(x)$	目标函数
f^*	优化问题关于函数 f 的全局极小值
X^*	优化问题全局解的集合
$f'(x)$	$f(x)$ 的一阶导数或梯度
$f''(x)$	$f(x)$ 的二阶导数或黑塞矩阵

第 1 章 绪 论

1.1 最优化问题的基本概念

本节介绍最优化问题的基本概念和最优性条件.

最优化是一门内容丰富、应用性很强的应用数学分支, 简而言之, 它主要讨论如何在众多方案中寻求最佳方案, 构造寻求最优解的计算方法, 以分析这些计算方法的理论性质及实际表现为主要内容. 因最优化概念反映了人类实践活动中十分普遍的现象, 所以最优化问题已成为现代数学的一个重要课题, 其应用涉及人工智能、生产调度管理、计算机工程和模式识别等各个领域. 最优化方法和理论方面的研究对改进算法、拓宽算法的应用领域以及完善算法体系具有重要作用. 目前, 最优化技术已作为一个重要的科学分支受到众多学者的关注, 他们提出了许多解决实际问题的优化方法.

以最小化问题为例, 最优化问题的一般描述如下

$$\begin{cases} \min & f(x) \\ \text{s.t.} & x \in S, \end{cases} \tag{1.1.1}$$

其中 $S = \{x \in R^n \mid g_i(x) \leqslant 0, i = 1, \cdots, m; h_j(x) = 0, j = 1, \cdots, l\}$ 称为可行域, $f(x) : R^n \to R$ 称为目标函数, $g_i(x) : R^n \to R$ 和 $h_j(x) : R^n \to R$ 称为约束函数. 若 $S = \varnothing$, 则称该问题为无约束优化问题; 若 $S \neq \varnothing$, 则称该问题为约束优化问题.

因为 $\max\{f(x) : x \in S\} = -\min\{-f(x) : x \in S\}$, 所以通过简单转换, 最大化问题可以转化为上述最小化问题. 鉴于此, 本章以下内容均考虑最小化问题模型的求解.

在问题 (1.1.1) 中, 若满足以下条件, 则称其为线性规划问题:

(1) 所有变量是连续的;

(2) 只有一个目标函数;

(3) 目标函数和约束函数都是线性函数.

线性规划问题是一类很重要的优化问题, 原因是许多实际问题都可以描述为线性规划问题, 如炼油管理、生产计划、人力资源分布计划、经济金融计划等. 解决此类问题的通用方法是单纯形方法.

当线性规划问题的部分或全部变量要求取整数时, 称上述问题为整数规划或整数线性规划问题. 特别地, 当 x 仅能取 0 或 1 时, 上述问题称为 0-1 整数规划问题.

当 $f(x), g_i(x)$ 和 $h_j(x)$ 中至少有一个为非线性函数时, 问题 (1.1.1) 称为非线性规划问题. 函数的非线性, 使得问题的求解变得非常困难. 本书所解决的问题均为非线性规划问题.

在问题 (1.1.1) 中, 假定 $f(x)$ 是连续函数, 且 $S \subseteq R^n$ 是非空闭集. 给出如下定义.

定义 1.1.1 若存在 $x^* \in S$ 使得对所有 $x \in S$ 有 $f(x^*) \leqslant f(x)$, 则称 x^* 为 $f(x)$ 在 S 上的一个全局极小点, 对应值 $f(x^*)$ 称为 $f(x)$ 在 S 上的一个全局极小值. 能够确定出这样一个解的优化方法称为全局最优化方法.

定义 1.1.2 若存在 $x^* \in S$ 使得对任意 $x \in N(x^*, \epsilon) \bigcap S$ 有 $f(x^*) \leqslant f(x)$, 则称 x^* 为 $f(x)$ 在 S 上的一个局部极小点, 对应值 $f(x^*)$ 称为 $f(x)$ 在 S 上的一个局部极小值, 其中 ϵ 是一个小的实数, $N(x^*, \epsilon)$ 是一个以 x^* 为中心, 以 ϵ 为半径的球, 即 $N(x^*, \epsilon) = \{x \mid \| x - x^* \| < \epsilon\}$. 能够确定出这样一个解的优化方法称为局部最优化方法.

由定义 1.1.1 和定义 1.1.2 知, 局部极小点未必是全局极小点.

定义 1.1.3 对于最优化问题 (1.1.1), 当目标函数和约束函数均为凸函数时, 该问题称为凸规划问题.

对于凸规划问题, 具有很好的性质, 即其任一局部极小点必是全局极小点, 故对于凸规划问题不存在极小点全局最优性的判断问题. 对于一般的非凸规划问题, 下面给出一些主要的最优性判定准则结果, 详细内容参考文献 [1—4].

定理 1.1.1 (Weierstrass 定理) 若 $S \subseteq R^n$ 是一非空紧集, $f(x)$ 是 S 上的连续函数, 则 $f(x)$ 在 S 上至少有一个全局极小点 (极大点).

可以看出, 在定理 1.1.1 中, 若将 f 的连续性替换成下半连续性, 则定理仍成立. 类似地, 在非空紧集上, 若函数 f 是上半连续性的, 则 f 在 S 上存在全局极大值.

下面给出一些关于局部和全局极小点特征的结果, 这里不妨假定问题 (1.1.1) 中目标函数 $f(x)$, 约束函数 $g_i(x)(i = 1, \cdots, m)$ 和 $h_j(x)(j = 1, \cdots, l)$ 均为连续可微函数.

(1) 稳定点: $x^* \in S$ 称为问题 (1.1.1) 的稳定点, 若对任意的 $x \in S$ 成立

$$\nabla f(x^*)^{\mathrm{T}}(x - x^*) \geqslant 0.$$

显然, 若 $S = R^n$, 则稳定点条件变为 $\nabla f(x^*) = 0$. 对于凸规划问题, 稳定点总是全局极小点.

(2) Fritz John 条件:

定理 1.1.2 设 x^* 为问题 (1.1.1) 的可行点, f 和 g_i $(i = 1, \cdots, m)$ 在点 x^* 处可微, h_j $(j = 1, \cdots, l)$ 在点 x^* 处具有一阶连续偏导数. 若 x^* 为问题 (1.1.1) 的局部极小点, 则存在不全为零的数 u_0, u_i $(i = 1, \cdots, m), v_j$ $(j = 1, \cdots, l)$, 且 $u_0 \geqslant 0, u_i \geqslant 0$ $(i = 1, \cdots, m)$, 使

$$
\begin{cases}
u_0 \nabla f(x^*) - \displaystyle\sum_{i=1}^{m} u_i \nabla g_i(x^*) - \sum_{j=1}^{l} v_j \nabla h_j(x^*) = 0, \\
u_i g_i(x^*) = 0, \quad i = 1, \cdots, m.
\end{cases}
\tag{1.1.2}
$$

上述方程组 (1.1.2) 称为 Fritz John 条件, 满足 Fritz John 条件的点称为 Fritz John 点. 对 Fritz John 条件, 若 $u_0 = 0$, 则这个条件变得无意义; 若 $u_0 \neq 0$, 则 Fritz John 条件就是下面的 KKT 条件.

(3) KKT 条件:

定理 1.1.3 设 x^* 为问题 (1.1.1) 的可行点, f 和 g_i $(i = 1, \cdots, m)$ 在点 x^* 处可微, h_j $(j = 1, \cdots, l)$ 在点 x^* 处具有一阶连续偏导数, 且向量组

$$
\nabla g_i(x^*) \quad (i = 1, \cdots, m), \quad \nabla h_j(x^*) \quad (j = 1, \cdots, l)
$$

线性无关. 若 x^* 为问题 (1.1.1) 的局部极小点, 则存在数 $u_i \geqslant 0$ $(i = 1, \cdots, m)$ 和 v_j $(j = 1, \cdots, l)$, 使

$$
\begin{cases}
\nabla f(x^*) - \displaystyle\sum_{i=1}^{m} u_i \nabla g_i(x^*) - \sum_{j=1}^{l} v_j \nabla h_j(x^*) = 0, \\
u_i g_i(x^*) = 0, \quad i = 1, \cdots, m.
\end{cases}
\tag{1.1.3}
$$

方程组 (1.1.3) 称为约束优化问题 (1.1.1) 的 KKT 条件, 有时也称 KT 条件, 满足 KKT 条件的点 x^* 称为 KKT 点.

对于凸规划问题, 上述 KKT 条件也是全局最优性的充分条件, 但是对于非凸情形, 充分性无法得到保证, 且 KKT 点还可能不是局部极小点. 因此, 对于非凸优化问题, 求解和验证全局最优解是一件非常棘手的事情, 人们往往借助凸包络概念来研究非凸全局优化问题的求解方法.

本书主要研究确定约束优化问题 (1.1.1) 全局最优解的方法, 即全局优化方法. 全局优化的应用领域相当广泛, 包括分子生物学、网络运输、经济金融、化学工程设计和控制、图像处理及环境工程等. 解决这些实际问题的需求促使越来越多的学者从事全局优化方面的研究, 全局优化也正在以惊人的速度在许多领域取

得快速发展. 但与局部优化方法相比, 其理论和算法还远没有那么成熟和完善. 一般在求解全局优化问题时会遇到以下两个困难: ① 如何从当前局部极小点得到另一个更好的局部极小点; ② 如何判断当前极小点是否是全局最优解. 目前有很多方法可以解决第一个问题, 而第二个问题 (即全局收敛条件) 的研究仍然没有突破性的进展.

前面已经指出, 当问题 (1.1.1) 是凸规划问题时, 其局部最优解也是全局最优解, 但当问题 (1.1.1) 是非凸优化问题时, 可能存在多个非全局的局部最优解, 此时经典的非线性规划技术仅能够成功地计算出此类问题的稳定点和局部最优解, 因此不能使用通常意义下求解目标函数局部极小的方法确定问题的全局解. 这种特性就迫使我们需要依据所研究问题的具体特点构造出可以确定全局解的全局优化方法. 从构造特点上来看, 这些方法可以分为确定性方法 [1−8] 和随机性方法 [9,10].

确定性方法是通过利用凸性、稠密性、单调性和利普希茨性等解析性质确定一有限或无限点列使其收敛于全局最优解, 或在较弱情形下产生一点列, 使其存在子列收敛到全局最优解的一类方法. 这类方法包括: 分支定界算法 [11−13]、单调优化方法 [14,15]、填充函数方法 [5,8]、D. C. 规划方法 [16] 等.

在实际问题中寻找全局最优解是非常困难的, 随着问题规模的增大, 局部最优点数目的增加, 传统的确定性优化算法容易陷入局部最优解, 难以寻找到全局最优解. 当然, 对确定性算法也可以采用多初始点的方法, 使其收敛到不同的局部最优解, 然后在局部最优解中寻找较好的解作为全局最优解. 但是这样的方法也有明显的缺陷, 它对问题本身的依赖性非常强. 初始点的选取、问题的光滑性都是寻找最优解的关键. 为了寻找全局最优解, 一类不依赖于问题本身性质的随机性算法应运而生. 这类算法对优化问题通常没有太多的假定, 比较适用于求解那些不知道问题结构的优化问题, 即黑匣子优化问题. 随机性方法是通过利用概率机制寻求出一非确定的点列来描述迭代过程的一类方法. 这类方法包括: 遗传方法 [17−20]、模拟退火方法 [21−24] 和蚁群优化方法 [25−28] 等. 但随机性方法也有自身的一些缺点, 比如计算效率低、可靠性差、不能保证全局收敛性. 因此, 与随机优化方法相比, 确定性优化方法不仅能充分利用所研究的全局优化问题的数学模型特点及函数性质, 而且通常能在给定的误差精度范围内保证算法经过有限步迭代收敛于优化问题的全局最优解.

1.2　确定性全局优化方法的基本思想及研究现状

下面给出确定性方法中一些典型而重要的全局优化方法的基本思想及一些重要问题的研究现状.

1. 分支定界算法

分支定界算法是求解全局优化问题的最主要的方法之一, 该算法的基本思想是对问题初始可行域逐次剖分, 同时构造并计算相应的松弛问题确定最优值的下界, 通过求解一系列的松弛问题产生一个单调递增的下界序列, 并通过探测松弛问题最优解及所考察区域端点或中点的可行性, 构造问题的一个单调递减的上界序列, 当问题全局最优值的上界与下界的差满足终止性误差条件时, 算法终止, 从而得到所求问题的全局最优解; 否则算法继续迭代下去. 根据区域剖分的方法不同及上、下界计算方法的选取不同, 分支定界算法大体上可分为: 矩形分支松弛定界算法、锥形分支定界算法、单纯形分支对偶松弛定界算法等[11,12].

本书将针对不同的非凸规划全局优化问题, 根据问题的特殊结构, 选取合适的分支方法, 构造恰当的定界技巧及剪枝技巧, 详细地介绍其分支定界算法.

2. D. C. 规划方法

对于问题 (1.1.1), 当目标函数和约束函数中至少有一个是非凸函数时, 问题的求解变得比较复杂, 目前还没有一个十分有效的解决办法, 比如下面这种形式的优化问题

$$
\begin{cases}
\min & f_0(x) = f_1(x) - f_2(x) \\
\text{s.t.} & g_i(x) = g_{i,1}(x) - g_{i,2}(x) \leqslant 0, \quad i = 1, \cdots, m, \\
& x \in X \subseteq R^n,
\end{cases}
\tag{1.2.1}
$$

其中 X 是一紧凸集, $f_1(x)$, $f_2(x)$, $g_{i,1}(x)$, $g_{i,2}(x)(i = 1, \cdots, m)$ 均为 X 上的凸函数. 此时由于目标函数和约束函数均为两个凸函数之差, 所以这些函数就是所谓的 D. C. 函数, 相应的问题 (1.2.1) 称为 D. C. 规划问题.

因为存在以下性质:

(1) 任何一个定义在紧凸集上的二次连续可微函数 (尤其是多项式函数) 都可表示成 D. C. 函数;

(2) R^n 中的任何闭子集都可以表示成一个 D. C. 不等式的解集: $S = \{x \in R^n \mid g_s(x) - \| x \|^2 \leqslant 0\}$, 其中 $g_s(x)$ 是 R^n 上的连续凸函数;

(3) 如果 $f_1(x), f_2(x), \cdots, f_m(x)$ 是 D. C. 函数, 则函数 $\sum\limits_{i=1}^{m} \alpha_i f_i(x)$ $(\alpha_i \in R)$, $\max\limits_{i=1,\cdots,m} f_i(x)$, $\min\limits_{i=1,\cdots,m} f_i(x)$ 也都是 D. C. 函数.

所以现实中的很多问题都可归结为 D. C. 规划问题 (1.2.1), 这引起了人们对 D. C. 规划问题求解的极大兴趣.

上述 D. C. 规划问题有一个比较有趣的特征是该问题可归约为典范形式的问

题, 即可以转化为一个带线性目标函数及不多于一个凸约束和一个反凸约束的 D.
C 规划问题. 具体参看文献 [3,4,29].

对于 D. C. 规划问题的求解, 人们首先通过引入新的变量, 将其转化为一个目
标函数为凹函数的最小化问题; 然后利用凹函数在凸可行集上的最优解必在可行
域的顶点处达到这一性质, 提出了一些求解凹最小化问题的有效算法 [3,4,29,30].

3. 单调优化方法

目标函数和约束函数均为单调函数的全局优化问题称为单调规划问题. 单调
规划问题经常出现在经济、工程和其他一些领域的应用中, 比如最优资源配置、可
靠性网络最优等问题 [31-33]. 因为单调函数的一些运算是封闭的, 所以许多最优
化问题最终可归约为单调优化问题, 如: 多乘积规划、多项式规划、非凸二次规划
和利普希茨优化等问题 [30]. 这些问题的一般形式如下

$$\begin{cases} \min & f(x) - g(x) \\ \text{s.t.} & f_i(x) - g_i(x) \leqslant 0, \quad i = 1, \cdots, m, \end{cases}$$

其中 $f(x)$, $g(x)$, $f_i(x)$, $g_i(x)$ 均为 R_+^n 上的增函数.

对于上述优化问题, 不失一般性, 假定 $g(x) = 0$, 则有

$$\{\forall i, \ f_i(x) - g_i(x) \leqslant 0\} \Leftrightarrow \max_{1 \leqslant i \leqslant m} \{f_i(x) - g_i(x)\} \leqslant 0$$

$$\Leftrightarrow F(x) - G(x) \leqslant 0,$$

其中 $F(x) = \max_i \{f_i(x) + \sum_{i \neq j} g_j(x)\}$, $G(x) = \sum_i g_i(x)$. 显然 $F(x)$, $G(x)$ 都是增
函数, 这样初始问题就被归约为一个正则区域上的单调优化问题 [33]:

$$\begin{cases} \min & f(x) \\ \text{s.t.} & F(x) + t \leqslant F(b), \\ & G(x) + t \geqslant F(b), \\ & 0 \leqslant t \leqslant F(b) - F(0), \\ & x \in [0, b] \subset R_+^n. \end{cases}$$

在过去的十几年间, 对于较低维的上述问题, 人们提出了对偶基的补偿方法
和参数化方法. 诸如, 文献 [31,32] 给出了一种单调函数的凸化方法. 该方法首先
通过使用含参数的变量替换和函数变换将上面的问题转化为一个等价的凸极大化
问题, 然后利用现有的求解凸极大化问题算法确定出问题的最优解. 文献 [33] 利

用上面这个问题的最优解出现在可行域的边界上这一性质, 通过采用 R^n 中的多面块来逼近可行域, 设计出一种基于多面块的外逼近方法. 文献 [34] 提出了一种新的变量替换方法, 进而使用该方法将上面的问题转化为一个凸极大化问题, 最后通过采用 Hoffman 的外逼近方法确定出凸极大化问题的全局最优解.

4. 填充函数方法

填充函数方法的思想与分支定界方法的思想截然不同, 分支定界方法是利用函数在可行域上的整体性质, 而填充函数方法利用的则是函数在可行域上的局部性质. 该方法首先是由西安交通大学的葛仁溥教授等提出, 参看文献 [5, 35, 36] 等. 之后, 很多学者在此方法基础上又做了许多有益的工作和改进, 参看文献 [8, 37—39].

使用填充函数方法求解问题 (1.1.1) 时, 一般要求有如下假设:

假设 1.2.1 函数 $f(x)$ 仅有有限个极小点;

假设 1.2.2 函数 $f(x)$ 仅有有限个极小值.

填充函数方法由极小化阶段和填充阶段两个阶段组成. 在第一阶段, 可以使用比较经典的极小化算法如拟牛顿法[40]、梯度投影法[41] 和共轭梯度法[42] 等, 寻求目标函数的一个局部极小点 x^*. 之后进入第二阶段, 其主要思想是以当前极小点 x^* 为基础构造一个填充函数, 并利用它寻求一个 $x' \neq x^*$, 使得

$$f(x') < f(x^*),$$

最后以 x' 为初始点, 重复第一步. 循环这一过程, 直到找不到更好的局部极小点.

由于在填充函数方法中, 需要将成熟的局部极小化算法与填充函数相结合, 因此受到理论及实际工作者们的欢迎. 各种填充函数方法的主要区别在于填充函数的定义不同. 因填充函数通常是目标函数的复合函数, 且目标函数本身可能就很复杂, 所以构造的填充函数形式应尽量简单, 参数应该尽量少或者没有, 以便减少许多冗长的计算步骤和调整参数的时间, 进而提高算法的效率. 目前, 关于如何对现有填充函数算法进行改进使之更适合应用是填充函数方法的一个重要研究方向.

5. 积分水平集方法

郑权教授在 1978 年首先提出了确定函数全局最优解的积分水平集算法, 该算法是利用了函数的整体性质来解决全局最优化问题的.

考虑问题 (1.1.1), 即

$$\begin{cases} \min & f(x) \\ \text{s.t.} & x \in S, \end{cases}$$

假设 X 是 n 维欧氏空间, $f: X \to R, S$ 是 X 的一个子集. 作如下假设:

假设 1.2.3 函数 $f(x)$ 在 S 上是连续的;

假设 1.2.4 存在实数 c, 使得水平集

$$H_c = \{x \in R^n : f(x) \leqslant c\}$$

和 S 满足交集非空且为紧集.

基于上述假设, 问题 (1.1.1) 可归结为求 c^* 使得

$$c^* = \min_{x \in S \cap H_c} f(x).$$

令 $H^* = S \cap H_c \neq \varnothing$. 在假设 1.2.3 和假设 1.2.4 下, 上述问题可以重新叙述为, 求 c^* 和 H^* 使其满足

$$(\text{P}) \begin{cases} c^* = \min_{x \in S} f(x) \\ H^* = \{x \in S : f(x) = c^*\}. \end{cases}$$

在此基础上, 下面定理给出了问题 (P) 全局最优解的条件.

定理 1.2.1 在假设 1.2.3 和假设 1.2.4 下, 若 $\mu(H_c) = 0$, 其中 $H_c = \{x \in S : f(x) \leqslant c\} \neq \varnothing$, μ 是 Lebesgue 测度, 则 c 是函数 $f(x)$ 在 S 上的全局极小值, H_c 是全体极小值点集.

定义 1.2.1 设 $c > c^* = \min_{x \in S} f(x)$, 令

$$M(f, c) = \frac{1}{\mu(H_c)} \int_{H_c} f(x) d\mu,$$

其中

$$H_c = \{x \in S : f(x) \leqslant c\},$$

则称 $M(f, c)$ 为函数 $f(x)$ 在水平集 H_c 上的均值.

定义 1.2.2 设 $c > c^* = \min_{x \in S} f(x)$, 令

$$V_1(f, c) = \frac{1}{\mu(H_c)} \int_{H_c} (f(x) - c)^2 d\mu,$$

其中 H_c 是如上述定义的水平集, 则称 $V_1(f, c)$ 为函数 $f(x)$ 在水平集 H_c 上的均方差.

定理 1.2.2 对于问题 (P), 有下面几个等价性质:

(1) x^* 为问题 (P) 的全局极小点, $c^* = f(x^*)$ 为相应的全局极小值;

(2) $M(f,c) = 0$;

(3) $V_1(f,c) = 0$.

下面给出积分水平集方法的算法描述:

步 1 取 $x_0 \in S$, 给出一个充分小的正数 ϵ, 令 $c_0 = f(x_0)$, $H_{c_0} = \{x \in S : f(x) \leqslant c_0\}$, $k = 0$.

步 2 如果 $\mu(H_{c_k}) = 0$, 那么 c_k 为全局极小值, H_{c_k} 为全局极小值点集, 转步 6.

步 3 计算均值

$$c_{k+1} = \frac{1}{\mu(H_{c_k})} \int_{H_{c_k}} f(x) d\mu,$$

且令 $H_{c_{k+1}} = \{x \in S : f(x) \leqslant c_{k+1}\}$. 如果 $c_{k+1} = c_k$, 那么 c_{k+1} 为全局极小值, $H_{c_{k+1}}$ 为全局极小值点集, 转步 6; 否则, 转步 4.

步 4 计算方差

$$\mathrm{VF} = \frac{1}{\mu(H_{c_k})} \int_{H_{c_k}} (f(x) - c_k)^2 d\mu.$$

步 5 如果 $\mathrm{VF} > \epsilon$, 则令 $k = k+1$, 转步 2; 否则, 转步 6.

步 6 令 $f^* = c_{k+1}$, $H^* = H_{c_{k+1}}$, 终止算法. H^* 为 $f(x)$ 在 S 上的近似全局极小值点集, f^* 为相应的近似全局极小值.

在上述算法中, 若令 $\epsilon = 0$, 则算法将无限次迭代下去, 此时, 我们可以得到两个单调下降点列 $\{c_k\}$ 和 H_{c_k}. 因为这两个点列均是有界的, 所以它们都是收敛的. 令

$$c^* = \lim_{k \to \infty} c_k,$$

$$H^* = \lim_{k \to \infty} H_{c_k} = \bigcap_{k=1}^{\infty} H(c_k),$$

则有下述收敛性定理成立.

定理 1.2.3 如果 $\{c_n\}$ 是由上述算法产生的序列, 那么 c^* 是问题 (P) 的全局极小值, H^* 是全局极小值点集.

积分水平集方法在理论上给出了算法的收敛性证明. 由于在该算法求解过程中只需要计算目标函数值, 所以它可用于较大范围全局最优问题的求解. 但是在一般情况下, 由于水平集是无法得到的, 因此在原始文献中, 实际算法通常是通过 Monte-Carlo 随机取点来减小搜索范围的. 关于积分水平集方法可参看文献 [43,44].

6. 区间算法

区间算法所研究的全局优化问题模型如下

$$\min_{x\in X} f(x),$$

其中 X 为 n 维向量区间, $f:R^n \to R$. 区间算法的基本思想是将 Moore-Skelboe[45] 算法与分支定界算法相结合. Hansen[46] 最早提出区间算法的概念. 该算法的计算效率依赖于目标函数及其梯度区间扩张函数的构造方法. 区间算法与其他全局优化算法相比, 最突出的优点是它能在给定误差精度范围之内求出优化问题所有的全局最优解. 区间算法的求解过程一般可概括为下面几个基本步骤, 即: 定界、分支、终止、删除、分裂. 不同区间算法的区别在于选取区间分裂方法、区间删除方法及区间选取规则等几种规则的不同. 申培萍教授对区间算法做了大量的研究工作, 关于区间算法的详细介绍请参考文献 [2].

7. 增广拉格朗日函数方法

基于增广拉格朗日框架, Birgin 等 [47] 针对连续约束非线性优化问题给出了一个增广拉格朗日函数方法. 在算法的每次外迭代, 增广拉格朗日函数方法需要求解带有简单约束的增广拉格朗日函数的 ϵ_k-全局极小化问题, 其中 $\epsilon_k \to \epsilon$. 该算法收敛到原问题的 ϵ-全局最优解. 由于该方法组合了 αBB 算法和凸的下估计技巧, 所以除了使用函数的连续性和可微性之外, 该方法不依赖于所研究问题目标函数及约束函数的特殊结构, 能适用于求解较广泛的非线性约束优化问题. 除此之外, 该算法需要使用区间算法计算目标函数的界及计算凸的 α 下估计.

上述几种算法解决的是具有特殊结构的最优化问题, 还有许多算法是解决具有一般结构的连续最优化问题的, 其中比较具有挑战性的全局优化问题是紧凸集上的一个一般连续函数的全局优化问题. 尽管这个问题很难, 但自从 20 世纪 70 年代早期, 已有不少学者对此类问题进行研究. 早期的大多数研究是针对无约束的光滑函数的最优化问题进行的, 并且这些结果只能用来处理一到二维的低维问题. 最近几年, 已开始了对高维约束最优化问题的研究. 为了使问题容易求解, 一些连续性之外的假设是必要的, 比如常用的假设有: 目标函数和约束函数都是利普希茨的 (这类问题为利普希茨规划问题, 参看文献 [30]) 或者都是连续可微的函数等. 对于这类问题求解的主要困难在于搜索过程中缺乏跳出局部最优点或平稳点的技巧, 因此, 求解此类全局优化问题的关键是如何找到一个更好的可行解 $\bar{x}$, 或者证明 $\bar{x}$ 已经是全局最优解. 而辅助函数法是实现这一目标的一种比较好的途径.

上述方法对目标函数和约束函数表达式的形式没有具体要求, 下面介绍几类特殊的非凸规划问题, 可充分利用目标函数和约束函数的特征, 构造相应的求解方法.

8. 非凸二次规划

非凸二次规划问题广泛应用于工程设计、最优控制、经济平衡、生产计划、组合优化等领域, 但由于该问题的目标函数和约束函数可能是非凸的, 所以该问题可能存在多个不是全局最优解的局部最优解, 这使得求解其全局最优解变得十分困难, 因此, 有必要建立求解这类问题的高效全局优化算法.

目前, 求解非凸二次规划问题及其特殊形式的全局优化算法有多种. 大多数算法都是基于松弛技巧和分支定界框架的, 其中下界的计算是通过求解松弛问题获得的, 因此, 松弛问题的紧性程度和下界的计算效率对整个分支定界算法的计算效率起着非常重要的作用. 已知的松弛技巧主要有线性规划松弛、凸规划松弛、半定规划松弛等, 例如: 当约束区域为简单的盒子约束时, 基于半定规划松弛技巧和有限分支方案, Burer 和 Vandenbussche[48] 为盒子约束的二次规划问题提出了一个分支定界算法; 当约束区域是一个多面体集时, Sherali 和 Tuncbilek[49] 为线性约束的二次规划问题提出了一个凸化方法; 基于线性化技巧, Gao 等 [50] 为线性约束的二次规划问题给出了一个分支缩减方法; 基于半定松弛和 KKT-分支技巧, Burer 和 Vandenbussche[51] 为线性约束的二次规划问题建立了一个有限分支定界算法; 当二次规划问题的约束区域为椭圆形约束时, 基于半定松弛方法, Ye[52] 推广了文献 [53] 中的随机优化算法, Fu 等 [54] 和 Tseng[55] 为线性约束的二次规划问题分别提出了逼近算法; 当约束区域为非凸二次约束时, 基于外逼近和线性规划松弛技巧, 文献 [56—58] 为非凸二次规划问题建立了单纯形分支定界算法; 基于新的线性化技巧, 文献 [59, 60] 为非凸二次规划问题建立了分支切割算法. 最近, 基于不同线性化技巧, 文献 [61—64] 分别建立了四个不同的分支定界算法.

本书第 3 章将在文献中现有算法的基础上, 首先为线性约束的二次规划问题提出一个单纯形分支定界算法; 其次, 基于分支定界算法框架, 利用双线性函数及单变量二次函数的特性, 设计新的参数线性松弛技巧, 为二次约束二次规划问题建立了一个高效、收敛的参数线性松弛算法.

9. 线性多乘积规划

线性多乘积规划问题是一类特殊的非凸规划问题, 其数学模型如下

$$(\text{LMP}) \begin{cases} \min & \prod_{i=1}^{T_0}(c_{0i}^{\mathrm{T}}x + d_{0i})^{\gamma_{0i}} \\ \text{s.t.} & \prod_{i=1}^{T_j}(c_{ji}^{\mathrm{T}}x + d_{ji})^{\gamma_{ji}} \leqslant \beta_j, \quad j = 1, \cdots, m, \\ & x \in X^0 = [l, u] \subset R^n, \end{cases}$$

其中 $c_{ji} = (c_{ji1}, c_{ji2}, \cdots, c_{jin})^{\mathrm{T}} \in R^n$, $d_{ji} \in R$, $\beta_j \in R$, $\gamma_{ji} \in R$, $\beta_j > 0$, 且对所有 $x \in X^0$, $c_{ji}^{\mathrm{T}} x + d_{ji} > 0$, $j = 0, \cdots, m$, $i = 1, \cdots, T_j$.

正如文献 [65] 所指出的, 仿射函数的乘积不再是凸函数, 因此这类问题会有多个非全局的局部最优解, 换句话说, 线性多乘积规划问题是一类多极值优化问题.

问题 (LMP) 及其特殊形式广泛出现在微经济、金融优化、决策树优化、多准则优化、鲁棒优化等领域 [66-70], 这引起了众多学者的广泛关注, 不少学者已着手研究解决此类问题的方法.

针对上述问题的特殊情况, 国内外一些学者已提出了一些可行的算法, 这些算法大致包括可分解的算法 [71]、有限分支定界算法 [72,73]、外逼近算法 [74]、割平面算法 [75]、试探算法 [76] 等. 尽管求解线性多乘积规划特殊情形的方法很多, 但是针对本书所考虑的较一般形式的线性多乘积规划的方法还很少见. 据我们所知, 文献 [77] 首先考虑了此问题的求解. 之后, 文献 [78—80] 提出了几个求解此类问题的方法.

针对线性多乘积规划问题, 本书第 4 章提出了两个新的线性化技巧, 并在此基础上, 给出了两个具有全局收敛性的分支定界算法, 并研究了改善算法收敛性能的加速技巧.

10. 广义线性多乘积规划

广义线性多乘积规划问题是一类特殊的非凸规划问题, 其数学模型如下

$$(\text{GLMP}) \begin{cases} \min & f(x) = g(x) + \sum_{i=1}^{p} (c_i^{\mathrm{T}} x + \alpha_i)(d_i^{\mathrm{T}} x + \beta_i) \\ \text{s.t.} & Ax \leqslant b, \\ & x \geqslant 0, \end{cases}$$

其中 $p \geqslant 2$, $c_i, d_i \in R^n$, $\alpha_i, \beta_i \in R$, $i = 1, \cdots, p$, $A \in R^{m \times n}$, $b \in R^m$, $g(x)$ 是一凹函数, $D = \{x \mid Ax \leqslant b, x \geqslant 0\}$ 是非空有界的.

问题 (GLMP) 广泛出现在债券投资组合、经济分析等领域. 文献 [81] 所指出的这类问题是非凸的, 含有多个局部最优解, 确定其全局最优解比较困难.

在问题 (GLMP) 中, 当 $g(x) = 0$ 且 $p = 1$ 时, 通过使用参数单纯形方法和标准凸化过程, 文献 [82] 提出了一个有效的算法; 当 $g(x)$ 为仿射函数且 $p = 1$ 时, 借助一系列的原始-对偶单纯形迭代, 文献 [83] 给出了一个有限的算法; 当 $g(x)$ 是凸函数且 $p = 1$ 时, 基于将 n 维原问题嵌入到一个 $n+1$ 维的主问题的思想, 文献 [84] 构造了一个算法. 然而与文献 [82,83] 相比, 问题 (GLMP) 的数学模型更具有一般性, 目前还很少有文献研究本书所考虑的问题 (GLMP).

本书第 5 章通过使用凸包络和单纯形剖分规则, 为问题 (GLMP) 提出了一个单纯形分支定界算法.

11. 广义几何规划问题

广义几何规划问题是一类特殊的非凸规划问题, 在工程设计、经济与统计和生产计划等领域有广泛应用[85-87], 该问题的数学模型如下

$$(\text{GGP}) \begin{cases} \min & \phi_0(x) \\ \text{s.t.} & \phi_j(x) \leqslant \beta_j, \quad j = 1, \cdots, m, \\ & X^0 = \{x \mid 0 < l^0 \leqslant x \leqslant u^0\}, \end{cases}$$

其中 $\phi_j(x) = \sum_{t=1}^{T_j} c_{jt} \prod_{i=1}^{n} x_i^{\gamma_{jti}}$, c_{jt}, β_j, $\gamma_{jti} \in R$, $t = 1, \cdots, T_j$, $i = 1, 2, \cdots, n$, $j = 0, 1, \cdots, m$.

在广义几何规划问题 (GGP) 中, 若 $c_{jt} > 0 (j = 0, 1, \cdots, m, \ t = 1, \cdots, T_j)$, 则问题归结为经典的正项式几何规划问题 (PGP). 在正项式几何规划概念提出的前十年间, 为求解问题 (PGP), 文献 [88—91] 给出了几个方法. 从那之后, 虽然也出现了一些基于内点法的新算法[92,93], 但是相关理论的发展已经变得较为缓慢.

为求解广义几何规划问题 (GGP), 人们提出了许多局部优化方法[93-95]. 在利用问题 (GGP) 结构特点的基础上, 文献 [93] 提出了一个非线性方法. 通过 "压缩变换", 文献 [94] 给出了一个正项式逼近的局部优化方法. 文献 [95] 提出了一种称为 "伪对偶" 的弱对偶性方法.

尽管局部优化方法存在很多, 但是针对本书所考虑问题 (GGP) 的全局优化方法却比较少. 基于指数变换和凸松弛, 文献 [96] 提出了一个全局优化方法. 最近, 通过使用不同的线性化松弛方法, 文献 [97—103] 给出了几个分支定界算法. 如, 文献 [97] 首先构造了一个线性化松弛方法, 然后, 在此基础上, 提出了一个全局优化算法, 该算法通过用一系列线性规划问题的解去逼近原问题的全局最优解; 文献 [103] 首先将原问题转化为一个反凸规划问题, 之后, 结合使用一个割平面方法, 构造了一个寻求全局最优解的分支定界算法. 但是这些方法并没有考虑如何利用问题 (GGP) 的结构特点去改善所提方法的收敛速度.

本书第 6 章通过利用问题 (GGP) 的结构特点、线性松弛问题的特性及分支定界算法的特殊结构, 提出了两个新的分支定界加速算法.

12. 广义线性比式和问题

广义线性比式和问题 (GLFP) 的数学模型如下

$$(\text{GLFP}) \begin{cases} \min & f(x) = \sum_{i=1}^{p} \gamma_i \dfrac{g_i(x)}{h_i(x)} \\ \text{s.t.} & Ax \leqslant b, \\ & X^0 = \{x \in R^n \mid l^0 \leqslant x \leqslant u^0\}, \end{cases}$$

其中 $p \geqslant 2$, $g_i(x) = \sum_{j=1}^{n} c_{ij}x_j + d_i$, $h_i(x) = \sum_{j=1}^{n} e_{ij}x_j + f_i$ 是仿射函数, 且对于所有 $x \in \Lambda \triangleq \{x \mid Ax \leqslant b,\ x \in X^0\}$, 有 $g_i(x) > 0$, $h_i(x) > 0$, $A = (a_{ij})_{m \times n}$, $b \in R^m$, $\gamma_i(i = 1, \cdots, p)$ 是实系数.

分式规划是非线性规划中最为成功的领域之一, 线性比式和问题是分式规划的一类特殊情形. 这类问题广泛出现在政府管理 [104]、聚类分析 [105]、多目标投资组合 [106] 等实际问题中, 其研究具有较大的实用价值, 鉴于此, 人们提出了许多求解方法. 但是由于此类问题有多个非全局的局部最优解, 是 NP-难的, 所以许多方法的求解并不是很有效, 并且所考虑问题的形式也不具有一般性, 大多为本书所考虑问题的特殊形式, 比如对于所有的 $\gamma_i = 1$ $(i = 1, \cdots, p)$, ① 当 $p = 2$ 时, 文献 [107] 提出了一个参数单纯形方法; ② 当 $p \geqslant 2$ 时, 通过在非凸结果空间中迭代搜索, 文献 [108,109] 给出了一些算法. 最近, 针对这种情形, 基于分支定界的思想, 文献 [110—115] 提出了几个确定全局最优解的分支定界算法. 尽管对于问题 (GLFP) 的特殊形式已有许多算法, 但据我们所知, 除文献 [116] 外, 较少有人考虑这种带系数 γ_i 的线性比式和问题 (GLFP) 的求解.

本书第 7 章根据广义线性比式和问题的结构特点, 分别通过使用凸分离和二次松弛化技巧、外空间剖分定界技巧、梯形剖分定界技巧, 为广义线性比式和问题给出三种不同的分支定界算法. 同时, 为提高算法的收敛性能, 引入了新的加速技巧, 并从理论上证明了算法的全局收敛性.

13. 二次约束二次比式和问题

二次约束二次比式和问题广泛应用于债券投资组合优化问题、排队问题、无线通信等, 但由于该问题的目标及约束函数可能是非凸的, 使得这类问题可能存在多个不是全局极小的局部极小点, 以至于求解起来十分困难, 因此有必要建立求解这类问题的高效全局优化算法. 二次约束二次比式和问题的数学模型如下

$$\begin{cases} \min & \Psi_0(x) = \sum_{i=1}^{p} \dfrac{H_i(x)}{F_i(x)} \\ \text{s.t.} & \Psi_m(x) \leqslant 0, \quad m = 1, 2, \cdots, M, \\ & x \in X^0 = \{x \in R^n : \underline{x}^0 \leqslant x \leqslant \overline{x}^0\} \subset R^n, \end{cases}$$

其中 $p \geqslant 2$, $H_i(x)$, $F_i(x)$ $(i = 1, 2, \cdots, p)$, $\Psi_m(x)$ $(m = 1, 2, \cdots, M)$ 均为二次函数, 这些二次函数可能是非凸的, 其表达式如下

$$H_i(x) = x^{\mathrm{T}} A^i x + (c^i)^{\mathrm{T}} x + \delta_i = \sum_{k=1}^{n} c_k^i x_k + \sum_{j=1}^{n} \sum_{k=1}^{n} a_{jk}^i x_j x_k + \delta_i,$$

$$F_i(x) = x^{\mathrm{T}} B^i x + (d^i)^{\mathrm{T}} x + \beta_i = \sum_{k=1}^{n} d_k^i x_k + \sum_{j=1}^{n} \sum_{k=1}^{n} b_{jk}^i x_j x_k + \beta_i,$$

$$\Psi_m(x) = x^{\mathrm{T}} Q^m x + (e^m)^{\mathrm{T}} x + \gamma_m = \sum_{k=1}^{n} e_k^m x_k + \sum_{j=1}^{n} \sum_{k=1}^{n} q_{jk}^m x_j x_k + \gamma_m,$$

其中 $A^i = (a_{jk}^i)_{n \times n}$, $B^i = (b_{jk}^i)_{n \times n}$, $Q^m = (q_{jk}^m)_{n \times n}$ 均为 $n \times n$ 的实对称矩阵, 该矩阵可能是非半正定的; $c^i, d^i, e^m \in R^n$; $\delta_i, \beta_i, \gamma_m \in R$; $\underline{x}^0 = (\underline{x}_1^0, \cdots, \underline{x}_n^0)^{\mathrm{T}}$, $\bar{x}^0 = (\bar{x}_1^0, \cdots, \bar{x}_n^0)^{\mathrm{T}}$, 且 $F_i(x) \neq 0$.

目前, 国内外学者针对线性约束的线性比式和问题已经提出了一些优化算法 [117−127]. 最近, 基于单调优化理论, Shen 等 [128] 为二次比式和问题提出了一个全局优化算法; 利用等价转化及线性松弛技巧, Qu 等 [129] 和 Ji 等 [130] 分别为二次比式和问题给出了两个分支定界算法; Fang 等 [131] 为带椭圆约束的一个二次函数与一个二次比式和的问题给出了一个锥对偶算法. 然而, 据我们所知, 虽然存在一些算法能够被用来求解特殊形式的二次比式和问题, 但对于二次约束二次比式和问题, 理论和算法研究都甚为有限.

本书第 8 章基于分支定界算法框架结构, 通过利用二次函数及比式函数的特征, 直接构造二次比式和问题的线性松弛规划问题, 给出了二次约束二次比式和问题的一个分支缩减定界算法. 与文献 [129,130] 相比, 本书提出的算法不需要使用任何额外的算法程序计算每个比式分子分母的上下界, 便于算法的实现和工程应用.

14. 广义多项式比式和问题

广义多项式比式和问题 (GGFP) 是一类特殊的分式规划问题, 它引起了科研工作者和实践工作者的长期关注. 原因主要有两点: ① 从实际观点出发, 问题 (GGFP) 及其特殊形式出现在诸多应用领域, 如运输计划、政府计划、经济投资等领域 [68,69], 即研究此类问题的求解具有实用价值; ② 从研究观点出发, 这类问题是一类非凸规划问题, 有多个非全局的局部最优解, 即研究此类问题的求解具有理论意义和计算上的困难. 因此, 十分有必要探索出寻求此类问题全局最优解的有效方法. 广义多项式比式和问题的数学模型如下

$$(\text{GGFP}) \begin{cases} \min & \sum_{j=1}^{p} \dfrac{n_j(t)}{d_j(t)} \\ \text{s.t.} & g_k(t) \leqslant \beta_k, \ k = 1, \cdots, m, \\ & \Omega = \{t \mid 0 < \underline{t}_i \leqslant t_i \leqslant \overline{t}_i < \infty, \ i = 1, \cdots, n\}, \end{cases}$$

其中, 对于 $j = 1, \cdots, p, \ k = 1, \cdots, m$,

$$n_j(t) = \sum_{\tau=1}^{T_j^1} \alpha_{j\tau}^1 \prod_{i=1}^{n} t_i^{\gamma_{j\tau i}^1}, \quad d_j(t) = \sum_{\tau=1}^{T_j^2} \alpha_{j\tau}^2 \prod_{i=1}^{n} t_i^{\gamma_{j\tau i}^2}, \quad g_k(t) = \sum_{\tau=1}^{T_k^3} \alpha_{k\tau}^3 \prod_{i=1}^{n} t_i^{\gamma_{k\tau i}^3},$$

$p, \ T_j^1, \ T_j^2, \ T_k^3$ 是自然数, $\alpha_{j\tau}^1, \ \alpha_{j\tau}^2, \ \alpha_{k\tau}^3$ 是非零实系数, $\gamma_{j\tau i}^1, \ \gamma_{j\tau i}^2, \ \gamma_{k\tau i}^3$ 是指数, 且 $n_j(t) \geqslant 0, \ d_j(t) > 0$.

针对上述问题的特殊情形, 如线性比式和问题、二次比式和问题, 人们已经提出一些有效的算法. 但是, 上述这些算法都是针对可行域为多面体、凸集或者为二次约束设计的, 对于这里所考虑的广义多项式比式和问题模型, 目前还很少有人进行研究. 最近, 通过引入新的变量和约束及利用指数变换等技巧, 基于分支定界框架, Wang 和 Zhang[132]、Shen 等 [133] 提出了两个分支定界算法; 基于单调优化的思想, Shen 等 [134] 为广义多项式比式和问题提出了一个新的全局优化方法; 利用三阶段线性松弛定界技巧, Jiao 等 [135] 为带多项式约束的广义多项式比式和问题给出了一个分支定界算法;

本书第 9 章通过使用等价转换和一个新的两阶段线性松弛方法, 提出了一个求解此问题全局最优解的分支定界算法. 之后, 为有效改善算法收敛性能, 提出了新的删除技巧. 该算法可被用于求解许多类型的规划问题, 比如: 几何规划问题和多项式规划问题等.

15. 一般非线性比式和问题

关于一般非线性比式和问题, 国内外一些学者提出了一些可行的算法. 例如, 针对凹-凸比式和问题, 基于等价转化及外空间剖分, Benson[136,137] 为凹-凸比式和问题提出两个矩形分支定界算法; 基于锥分分支定界思想, Shen 等 [138] 为凹-凸比式和问题提出了一个锥分分支定界算法; 针对凸-凸比式和问题, 利用次梯度, Shen 等 [139] 提出一个分支定界方案. 另外, 利用单纯形剖分和对偶定界, Shen 等 [140] 也提出了一个单纯形剖分对偶定界算法. 此外, 通过利用次梯度和凸包下估计, Pei 和 Zhu[141] 为带非凸约束两个凸函数差的比式和问题提出了一个有效的算法; 利用和声搜索方法, Jaberipour 和 Khorram[142] 为一般比式和问题给出了一个随机方法. 最近, Gao 等 [143] 为一般非线性比式和问题给出一个推广的梯形分支定界算法; Jiao 等 [144]、Shen 和 Wang[145] 分别为广义线性分式规划问题给出了两个可行的矩形分支定界算法; Tuy[146] 基于单调优化理论为广义线性分式规划问题提出了一个单调优化算法.

综上所述, 近年来对非凸全局优化问题的研究已经取得了很大的进展, 但由于这些问题的复杂性, 与局部优化方法相比, 全局优化的理论和算法还很不成熟. 因此, 要想设计出更有效的全局优化方法, 特别是设计出求解大规模非凸规划问题的分支定界算法, 仍是一个极具挑战性的研究课题.

1.3 本书的研究内容

非凸全局优化问题广泛应用于工程、金融、管理及社会科学等各个领域, 设计求解其全局最优解的高效算法, 特别是能求解大规模非凸规划问题的全局优化算法, 具有重要的理论意义和使用价值. 本书主要介绍几类非凸全局优化问题的分支定界算法, 以及算法的理论性质. 基于问题的特殊结构, 通过把分支方法、定界技巧、剪枝技巧等有机地结合, 提出若干种新的分支定界策略以及新的不含全局最优解的区间缩减技巧, 构造出求解几类非凸规划问题全局最优解的分支定界算法, 证明了算法的全局收敛性, 并且数值实验结果表明本书算法都是有效的. 本书主要由十章组成, 除本章外下面各章主要内容如下:

第 2 章介绍分支定界算法的基本概念和理论基础.

我们首先给出分支定界算法的基本框架结构, 详细介绍了分支定界算法的基本步骤. 其次, 我们介绍了分支定界算法几种不同的分支方法, 包括: 矩形分支、单纯形分支、锥形剖分等. 然后, 我们又分别给出了使用一阶微分中值定理、Taylor 展开式构造上、下界函数的方法, 使用双线性函数及单分式函数的凸包、凹包构造函数的上、下界方法, 以及使用分解技术构造拟凸函数上、下界的方法. 因此, 本章所给结果不仅在分支定界算法的研究领域中是新的, 而且为全局优化问题的分支定界算法的研究奠定了基础, 这也是后面第 3—10 章设计几种不同全局优化问题相应分支定界算法的理论基础.

第 3 章介绍非凸二次规划问题的两种分支定界算法.

首先, 针对线性约束二次规划问题, 利用线性约束构造初始的包含可行域的单纯形, 之后利用单纯形剖分技巧和拉格朗日对偶定界理论, 为线性约束的非凸二次规划问题提出了一个单纯形分支定界算法. 其次, 针对非凸二次约束二次规划问题, 利用二次函数的特性和微分中值定理构造参数线性松弛技巧, 并使用该技巧将非凸二次约束二次规划问题转化为一系列参数线性松弛规划问题. 为改进该算法的收敛速度, 基于参数线性松弛规划问题的特殊结构和当前算法已知的上、下界, 构造新的区域缩减技巧. 该区域缩减技巧能删除可行域中不含全局最优解的一大部分区域, 将其作为加速工具应用于分支定界算法中, 从而提高算法的计算效率. 通过对参数线性松弛规划问题可行域的逐次剖分以及求解一系列参数线性松弛规划问题, 从理论上证明了该算法能收敛到非凸二次约束二次规划问题的全局最优解. 最终数值实验结果表明, 本章提出的参数线性松弛算法与当前文献中已知的算法相比, 具有较高的计算效率.

第 4 章研究带指数线性多乘积规划问题的分支定界算法.

在这一章中, 我们首先通过等价转换, 将带指数线性多乘积规划问题转化为一个等价问题. 其次, 利用等价问题本身的结构特点, 提出两个新的线性化方法. 基于这两个线性化方法, 这一章给出两个确定原问题全局最优解的分支定界算法. 最后, 分别研究了改善算法收敛速度的加速技巧. 与其他方法相比, 这两个算法具有以下特点: ① 为求解等价问题, 提出了两个新的线性化方法, 这些方法使用了函数的二阶信息; ② 在不增加新的变量和约束的情况下, 结合新的线性化方法, 设计了两个全局收敛的分支定界算法; ③ 这一章所考虑问题的模型比文献 [73—76] 中的要广; ④ 与文献 [72, 75, 77—80] 的数值算例比较显示, 这两个方法可以有效地求解出带指数线性多乘积规划问题的全局最优解.

第 5 章研究一类广义线性多乘积规划问题的单纯形分支定界算法.

在这一章中, 针对一类广义线性多乘积规划问题, 我们提出一个基于单纯形剖分的分支定界算法, 该广义线性多乘积规划问题的数学模型较文献 [81, 82] 所考虑的模型要广. 分支定界算法在分支过程中使用了单纯形对分规则, 上界估计通过求解一些线性规划问题来完成. 我们证明了该单纯形分支定界算法的全局收敛性, 并且数值实验结果验证了该算法具有较高的计算效率.

第 6 章研究广义几何规划问题的分支定界算法.

我们针对广泛应用于工程设计和非线性系统的鲁棒稳定性分析等实际问题中的广义几何规划问题 (GGP) 提出两个确定性全局优化分支定界算法. 首先, 我们使用指数变换对目标函数和约束函数进行线性下界估计, 建立 GGP 的线性松弛规划 (LRP), 通过对 LRP 可行域的连续细分以及一系列 LRP 的求解过程提出寻求问题 (GGP) 全局最优解的分支定界算法, 通过利用目标函数的线性松弛和当前已知的上、下界来构造新的删除技术. 该删除技术能删除可行域中不包含全局最优解的一大部分, 将其作为加速工具应用于文献 [97] 的算法中, 所得新算法能使计算效率显著提高. 数值实验表明新的加速算法与文献 [97] 中的算法相比, 在迭代次数、存储空间及运行时间上都有明显改进, 并从理论上证明算法的收敛性质, 数值实验表明给出的方法是可行和有效的. 其次, 我们通过利用广义几何规划问题的特殊结构给出了一个两阶段线性松弛技巧, 在此基础上, 原始问题 (GGP) 的求解转化为一系列线性规划问题的求解, 通过对可行域的不断剖分, 这一系列线性规划问题的解可以无限逼近问题 (GGP) 的全局最优解, 并基于分支定界框架为问题 (GGP) 提出了一个分支定界算法, 该算法的主要特点有: ① 提出的新的线性化方法利用了问题 (GGP) 的更多信息, 比文献 [96] 的凸松弛方法更直接; ② 与文献 [97, 98] 中的方法相比, 该方法不需要引进任何新的变量; ③ 提出一个新的缩减技巧, 该技巧通过割去盒子区域中不含全局最优解的部分提高算法的收敛性能; ④ 数值实验表明该方法可以有效求解问题 (GGP).

第 7 章研究广义线性比式和问题的分支定界算法.

这一章我们研究广义线性比式和问题的分支定界算法, 包括线性化方法、外空间分支定界加速算法和梯形分支定界算法.

首先, 利用广义线性比式和问题的结构特点, 提出了一个线性化方法. 该方法采用了凸分离和二次松弛化技巧将原问题转化为一系列线性规划问题的求解. 通过逐次可行域剖分, 这些线性规划问题的解可以无限逼近广义线性比式和问题的全局最优解, 该方法的特点在于: 与文献 [111, 113—115] 相比, 该方法可以求解具有更广形式的线性比式和问题, 上述文献 [111, 113—115] 所考虑的模型仅是该章所考虑模型的特殊形式; 与文献 [116] 相比, 该方法不需要引入新的变量; 为改善算法的收敛速度, 提出了一个新的缩减技巧; 数值实验结果显示该方法可以有效地确定出所测试问题的全局最优解.

其次, 我们为带系数的线性比式和问题给出了一个输出空间分支定界加速算法. 通过将原问题转化为等价的双线性规划问题, 然后利用双线性函数的凸包、凹包逼近构造等价问题的线性松弛规划问题, 通过逐次剖分分母倒数的输出空间区域及求解一系列线性松弛规划问题, 从而得到原问题的全局最优解. 为了提高该算法的计算效率, 基于等价问题的特性和分支定界算法的结构, 构造新的输出空间区域删除原则. 该输出空间分支定界算法主要的计算工作是求解一系列线性松弛规划问题, 并且这些线性松弛规划问题随着迭代次数的增加其问题规模并不扩大. 此外, 由于该算法基于分母倒数的函数值所在的输出空间区域 R^p 进行剖分, 而不是 R^n 和 R^{2p}, 这里 p 一般远小于 n, 因此该算法能求解大规模的线性比式和问题.

最后, 针对更一般形式的广义线性比式和问题, 该章给出了一个有效的梯形分支定界算法. 为提高该算法的求解效率, 我们运用两个加速策略, 即删除技术和界紧技术. 删除技术可以删除当前考虑的可行域中不存在该问题的等价问题全局最优解的一大部分区域. 界紧技术可以毫不费力地减少最优值的上界, 进而抑制算法搜索过程中分支数的迅速增长. 因而这两种技术可以看作是广义线性比式和问题的梯形分支定界全局优化算法的一种加速策略. 数值实验结果表明通过利用新的加速技术, 该算法的计算效率有明显改进.

第 8 章讨论二次约束二次比式和问题的分支缩减定界算法.

这一章我们为非凸二次约束二次比式和问题建立了一个分支缩减定界算法. 首先, 基于二次函数的特征构造了一个新的线性化方法, 并基于该方法构造原问题的线性松弛规划问题, 该松弛问题能够为原问题提供可靠的下界. 其次, 充分利用线性松弛规划问题的特殊结构和当前已知的上界构造区域缩减技巧, 该区域缩减技巧能够删除或压缩所考察的子区域, 从而缩小分支定界算法的搜索范围. 最后, 基于分支定界算法框架和区域缩减技巧, 为二次比式和问题建立了一个分支缩减定界算法. 与已知的算法相比, 这一章提出的方法不需要引入新的变量和约束, 也不需要使用额外的算法程序计算每个比式中分子、分母所在的区间, 这使得该算法更易于在计算机上实现. 最终, 数值实验结果表明: 该算法与当前文献中的算法相比, 具有较高的计算效率.

第 9 章对广义多项式比式和问题提出一个新的分支定界算法.

针对广义多项式比式和问题, 我们通过使用等价转换和一个新的两阶段线性化松弛方法, 提出一个确定此问题全局最优解的分支定界算法. 在算法中, 首先, 将广义多项式比式和问题转化为一个等价问题; 之后, 通过使用一个比较方便的两阶段线性化技巧, 将等价问题的求解归结为一系列线性规划问题的求解; 最后, 为有效改善分支定界算法的收敛性能, 基于线性松弛问题的特殊结构和分支定界算法的当前已知的上界, 我们提出了新的删除技巧, 该删除技巧能有效地改进算法的收敛速度, 提高算法的计算效率.

第 10 章介绍两类非线性比式和问题的分支定界算法.

在实际问题中, 许多比式和并不是线性的, 而是非线性的. 非线性比式和问题较之线性比式和问题更难求解, 但因非线性比式和问题比线性比式和问题有着更广的应用范围, 所以研究这类问题具有重要的理论意义和使用价值. 第 10 章将介绍求解两类不同非线性比式和问题的分支定界算法. 首先, 针对一类带有反凸约束的非线性比式和问题, 将其转化为等价问题, 并构造初始的包含可行域的单纯形, 基于单纯形剖分和对偶定界理论, 提出一个单纯形剖分对偶定界算法. 该算法利用拉格朗日对偶理论将其中关键的定界问题转化为一系列易于求解的线性规划问题, 收敛性分析和数值算例均表明提出的算法是可行的. 其次, 针对 D. C. 函数比式和问题, 利用 D. C. 函数的性质, 将原问题转化为一个带有反凸约束且目标函数为线性函数的极大化问题. 然后, 基于锥分和外逼近技巧, 提出一个锥分分支定界算法, 并基于问题结构的一个恰当分解, 在 $n+6$ 维空间执行锥分, 这个锥分过程比在 $n+6m$ 维空间中执行锥分需要更少的计算量.

第 2 章 分支定界算法基础

为了后面几章需要, 本章首先给出分支定界算法的基本框架结构, 其次介绍了几种不同的分支方法, 然后分别详细地给出使用一阶微分中值定理、Taylor 展开式构造上、下界函数的方法, 使用双线性函数及单分式函数的凸包、凹包构造函数的上、下界, 以及使用分解技术构造拟凸函数上、下界的方法, 有关它们的详细说明和推导可参见全局优化算法方面的文献 [2—4, 124, 137].

2.1 分支定界算法的基本框架

在确定性方法中, 分支定界算法是一种重要的、应用广泛的计算技术, 已经在组合优化的许多问题中得到成功的应用. 近些年来, 分支定界算法得到了较为系统的发展, 在求解全局优化问题方面是一种重要的工具.

分支定界算法的基本思想为: 确定一个最优解, 并通过对可行域的逐次剖分证明该解的最优性. 在该方法中, **分支**指的是对可行域进行逐次剖分得到许多小的可行域的这一过程. **定界**指的是在得到的这些小的可行域上确定出目标函数的上、下界的过程. 另一技术环节称为**剪枝**, 指的是在某次迭代时, 对于那些区域上所得的下界大于当前最小上界的可行域进行删除这一过程. 随着算法的进行, 最小上界不断减小, 最大下界不断增大, 当所得的最大下界和最小上界之差小于预先设定的容许误差 ϵ 时, 算法终止, 即得问题的 ϵ-全局极小值和 ϵ-全局最优解.

在算法进行分支时, 有多种分支规则可供选择, 包括单纯形剖分和矩形对分等规则, 其中矩形对分规则最为常用.

下面给出分支定界算法的基本框架结构. 假定至少已知一个可行解, 在算法进行过程中, 程序运行至当前阶段所发现的可行解 (通常为有限个) 集合记为 Q, S 的初始松弛的当前部分记为 P.

分支定界算法框架

初始化

确定满足 $S \subseteq P$ 的集合 P 和满足 $Q \subseteq S$ 的集合 Q; UB $= \min\{f(x) \mid x \in Q\}$(最优值上界的确定); 确定满足 $f(v) = \text{UB}$ 的 $v \in Q$; 计算下界 LB$(P) \leqslant \min\{f(x) \mid x \in S\}$; 置 $M = \{P\}$; LB $=$ LB(P), stop $=$ false, $k = 1$.

主程序

当 stop $=$ false 时, 执行

若 UB = LB, 则置

stop = true, v 为最优解, LB 为原问题的最优目标函数值.

否则, 将 P 剖分为 $P_1, \cdots, P_r$ 有限个子集, 使得

$$\bigcup_{i=1}^{r} P_i = P \quad \text{且} \quad \text{int } P_i \bigcap \text{int } P_j = \varnothing \quad (i \neq j).$$

计算 f 在 $S \bigcap P_i$ 上满足 LB$(P_i) \geqslant$ LB $(i = 1, \cdots, r)$ 的下界 LB(P_i); 利用计算下界 LB(P_i) 过程中发现的可行解修正 Q; 修正 UB $= \min\{f(x) \mid x \in Q\}$ 以及满足 $f(v) =$ UB 的 $v \in Q$, 置 $M = \{M \setminus P\} \bigcup \{P_1, \cdots, P_r\}$, 删除 M 中所有满足 LB$(P) \geqslant$ UB 或 $P \bigcap Q = \varnothing$ 的集合 P; 令 R 表示剩下的集合, 并置

$$\text{LB} = \begin{cases} \text{UB}, & R = \varnothing, \\ \min\{\text{LB}(P) \mid P \in R\}, & R \neq \varnothing. \end{cases}$$

选择满足 LB$(P) =$ LB 的集合 P 作为下次迭代所需要剖分的集合.

条件语句终止

置 $M = R$, $k = k + 1$.

循环语句终止

下面给出分支定界算法的收敛性分析. 假设 $P_k, \text{UB}_k, \text{LB}_k, v_k$ 分别表示第 k 次迭代开始时的 $P, \text{UB}, \text{LB}, v$. 如果算法在第 j 次迭代时终止, 则 v_j 是最优解, UB_j 是最优目标函数值. 但是, 在一般情况下, 无法保证算法是有限步终止的, 因此, 需要寻找一些条件以确保序列 $\{v_k\}$ 的每个聚点是原问题的最优解. 首先, 如果算法是无限步终止的, 则它一定生成至少一个序列 $\{P_{k_q}\}$, 该序列由满足 $P_{k_q} \supset P_{k_{q+1}}$ 的逐次精细化的小区域 P_{k_q} 组成. 对于分支定界算法有以下收敛性定理.

定理 2.1.1 (收敛性定理)　对任意逐次精细化的小区域的无穷序列 $\{P_{k_q}\}$, $P_{k_q} \supset P_{k_{q+1}} (q = 1, 2, \cdots)$, 若在第 k_q 次迭代满足

$$\lim_{q \to \infty} (\text{UB}_{k_q} - \text{LB}_{k_q}) = \lim_{q \to \infty} (\text{UB}_{k_q} - \text{LB}_{k_q}(P_{k_q})) = 0,$$

则有

$$\text{LB} = \lim_{k \to \infty} \text{LB}_k = \lim_{k \to \infty} f(v_k) = \lim_{k \to \infty} \text{UB}_k = \text{UB},$$

且序列 $\{v_k\}$ 的每个聚点 v^* 是 $\min\{f(x) : x \in S\}$ 的最优解.

上述算法描述及定理只是给出了分支定界算法的基本框架结构和收敛性方面的理论结果, 在实际应用中, 需要根据所考虑的具体问题解决两个关键环节, 即如何分支和如何定界. 另外一个需要关注的问题是如何根据不同的定界方法研究相

应加速技巧. 不同的分支定界算法主要区别在于分支和定界方法的设计方面, 这些内容是本书研究的主题.

2.2 分支方法

在一些分支定界算法中, 需要将一些简单的多面体分割成有限个子多面体, 剖分保持多面体的结构, 即单纯形分割成单纯形、多面锥分割成多面锥、矩形分割成矩形, 详细的剖分方法如下.

2.2.1 矩形剖分方法

假设矩形 $H = \{x \in R^n : p_i \leqslant x_i \leqslant q_i \ (i = 1, \cdots, n)\}, \omega \in R$, 使得对于某个 $j \in \{1, \cdots, n\}, p_j < \omega < q_j$. 令

$$H_1 = \{x \in R : x_j \leqslant \omega\}$$
$$= \{x \in R^n : p_j \leqslant x_j \leqslant \omega, p_i \leqslant x_i \leqslant q_i \ (i \neq j)\},$$
$$H_2 = \{x \in R : x_j \leqslant \omega\}$$
$$= \{x \in R^n : \omega \leqslant x_j \leqslant q_j, p_i \leqslant x_i \leqslant q_i \ (i \neq j)\}.$$

显然, $\{H_1, H_2\}$ 是 R 的剖分, 即 $H = H_1 \bigcup H_2$ 且 $H = H_1 \bigcap H_2 = \varnothing$. 我们称该分支为矩形的对分.

2.2.2 单纯形剖分

定义 2.2.1 令 $P \subset R^n$ 是一个满足 $\mathrm{int} P \neq \varnothing$ 的多面体, I 是一个有限的指标集. 满足 $\mathrm{int} P_i \neq \varnothing \ (i \in I)$ 的 P 的一组子多面体 $\{P_i : i \in I\}$ 称为 P 的一个多面体剖分. 这里 $P = \bigcup_{i \in I} P_i$, 并且对于所有的 $i, j \in I, i \neq j, \mathrm{int}\,(P_i \bigcap P_j) = \varnothing$.

定义 2.2.2 令 p 是一个 n 单纯形, 顶点集 $V(P) = \{v_0, v_1, \cdots, v_n\}$. 选择一个点 $\omega \in P, \omega \notin V(P)$, 它可以唯一地表示为

$$\omega = \sum_{i=0}^{n} \lambda_i v_i, \quad \lambda_i \geqslant 0 \ (i = 0, \cdots, n), \quad \sum_{i=0}^{n} \lambda_i = 1.$$

对于每一个使得 $\lambda_i > 0$ 的 i, 从 P 出发, 用 ω 代替顶点 v_i, 构造单纯形 $P(i, \omega)$, 即 $P(i, \omega) = \mathrm{co}\{v_0, \cdots, v_{i-1}, \omega, v_{i+1}, \cdots, v_n\}$. 这种细分称为辐射状细分.

在上式中, 由于正的 λ_i 的个数等于包含 ω 的最小面的维数加 1, 所以子单纯形 $P(i, \omega)$ 的个数是 $d + 1$, 其中 d 是包含 ω 的最小面的维数. 例如, 当 $\omega \in P$ 时,

得到 $n+1$ 个子单纯形, 后一种情形的细分通常称为 P 的对分. 当 ω 是 P 的最长边的中点时, 得到两个体积相等的子单纯形.

命题 2.2.1 经过 n 单纯形 P 的辐射状细分, 得到的子集族 $P(i,\omega)$ 构成 P 被分割成 n 单纯形 $P(i,\omega)$ 的一个剖分.

2.2.3 锥形剖分

锥形剖分通常是按照下面的方式由单纯形的辐射状细分导出来的, 令

$$P = \left\{ x \in R^n : x = \sum_{j=1}^{n} \mu_j d_j, \ \mu_j \geqslant 0 \ (j=1,\cdots,n) \right\}$$

是由 n 个线性无关的极方向 $d_j(j=1,\cdots,n)$ 生成的多面锥. 令 H 是通过所有方向 d_j 的超平面. 若 $Q = (d_1,\cdots,d_n)$ 是以 $d_1,\cdots,d_n$ 为列向量的矩阵, 则 $H = \{x : x = Q\lambda, e^{\mathrm{T}}\lambda = 1\}$, 其中 $\lambda \in R^n, e^{\mathrm{T}} = (1,1,\cdots,1) \in R^n$. H 与 P 的交集是 $(n-1)$ 维单纯形

$$S = H \bigcap P = \{x : x = Q\lambda, e^{\mathrm{T}}\lambda = 1, \lambda \geqslant 0\} = \mathrm{co}\{d_1,\cdots,d_n\}.$$

令 $\omega \in S, \omega \neq d_j(j=1,\cdots,n)$, 并且考虑由 ω 导出的 S 的辐射状细分 $\{S(i,\omega) : \lambda_i > 0\}$. 在 S 的这个剖分中, 对于每个 $S(i,\omega)$, 令 $P(i,\omega)$ 表示由 $S(i,\omega)$ 的顶点生成的多面锥. 也就是说, 对于表示式 $\omega = \sum_{j=1}^{n} \lambda_j v_j, \lambda \geqslant 0 \ (j=1,\cdots,n), \sum_{j=1}^{n} \lambda_j = 1$ 中每个 $\lambda_j > 0$, $P(i,\omega)$ 是具有极方向 $d_1,\cdots,d_{i-1},\omega,d_{i+1},\cdots,d_n$ 的锥. 根据命题 2.2.1, 按照这种方式构造的锥族 $P(i,\omega)$, 构成 P 的一个剖分, 多面锥 $P(i,\omega)$ 具有与 P 同样的结构.

除了上述分支方法之外, 在实际操作中还有梯形剖分, 其应用详见 7.3 节 (线性比式和问题的梯形分支定界算法).

2.3 上、下界函数构造方法

对任意区间向量 $X = [\underline{x}, \overline{x}] \in I(R^n)$, X 的 2^n 个顶点 $x(\sigma)$ 定义为

$$x(\sigma) = \underline{x} + \sum_{i=1}^{n} \sigma_i(\overline{x}_i - \underline{x}_i)e_i, \tag{2.3.1}$$

其中 $\sigma \in \{0,1\}^n$ 是一 n 维向量, 其分量为 $\sigma_i = 0$ 或 1, e_i 表示单位向量, 即 $n \times n$ 单位矩阵的第 i 列. 所有分量均为 0 的向量用记号 $\overleftarrow{0}$ 表示, 所有分量均为 1 的向量用记号 $\overleftarrow{1}$ 表示. 记号 $f(x, X, \sigma)$ 表示函数 $f(x)$ 依赖于参数 X 和 σ.

由以上记号得 $x(\overleftarrow{0}) = \underline{x}$, $x(\overleftarrow{1}) = \overline{x}$. 对任意固定的 $\sigma \in \{0,1\}^n$, 从 (2.3.1) 可推出

$$\text{若 } \sigma_i = 0, \quad \text{则 } x_i - x_i(\sigma) \geqslant 0, \quad \text{对任意 } x \in X,$$
$$\text{若 } \sigma_i = 1, \quad \text{则 } x_i - x_i(\sigma) \leqslant 0, \quad \text{对任意 } x \in X.$$

对任意实值函数 $f(x)$, 其梯度和黑塞矩阵分别表示为 $f'(x)$ 和 $f''(x)$. 对任意 $n \times n$ 矩阵, 用 $A_{ij}, A_{i:}, A_{:j}$ 分别表示 A 的第 (i,j) 位置上的元素及第 i 行和第 j 列.

为了计算函数 f 的拟凸-凹扩张, 需要构造 f 的拟凸下界函数 $\underline{f}(x, X)$ 和拟凹上界函数 $\overline{f}(x, X)$. 下面给出几种方法讨论如何构造这些上、下界函数.

2.3.1　利用区间扩张构造 0 阶上、下界函数

本节内容参考文献 [2]. 为了构造 f 在 X 上的一个凸下界函数 $\underline{f}$, 我们对 f 进行合适的分解, 如选取下面的一种分解方式:

$$f(x) = c(x) + e(x) + r(x), \tag{2.3.2}$$

其中选取 c, e, r 使其满足如下条件:

(1) 函数 c 是 f 的凸部分;

(2) 函数 e 是 f 的非凸部分, 但 e 的一个凸下估计函数或 e 的凸包 $\underline{e}$ 是已知的;

(3) 函数 r 定义为 $r = f - c - e$, 利用 r 的区间扩张可得到 r 的一个下估计常数 $\underline{r}(X)$. 因此, f 的一个 0 阶凸下估计函数为

$$\underline{f}(x, X) := c(x) + \underline{e}(x) + \underline{r}(X).$$

同样, 用与上面类似的方法可得到 f 的一个 0 阶凹上界函数

$$\overline{f}(x, X) := c(x) + \overline{e}(x) + \overline{r}(X),$$

其中选取 c, e, r 如下:

(1) 函数 c 是 f 的凹部分;

(2) 函数 e 是 f 的非凹部分, 但 e 的一个凹上估计函数或 e 的凹包 $\underline{e}$ 是已知的;

(3) 函数 r 定义为 $r = f - c - e$, 利用 r 的区间扩张可得到 r 的一个上估计常数 $\overline{r}(X)$.

注意: 以这种方法产生的 0 阶凸下界、凹上界函数, 不要求 f 的一阶和二阶导数, 且存在多种这样的构造方式.

2.3.2 利用一阶微分中值定理构造线性上、下界函数

当 f 可微时, 利用微分中值定理我们能构造 f 的一阶上、下界函数, 这种方法以下面的定理为基础.

定理 2.3.1[2] 给定连续可微函数 $f : S \subseteq R^n \to R$ 及区间向量 $X \in I(R^n)$, $X \subseteq S$. 假定存在两个向量 $\underline{d}$, $\overline{d}$ 使得不等式

$$\underline{d} \leqslant f'(x) \leqslant \overline{d}$$

对所有 $x \in X$ 成立, 且对任意固定的向量 $\sigma \in \{0,1\}^n$, 令 $x(\sigma) \in X$ 和 $d(\sigma) \in D := [\underline{d}, \overline{d}]$ 分别表示区间向量 X 和 D 的顶点. 则线性函数

$$\underline{f}(x,X,\sigma) := d(\sigma)^{\mathrm{T}} \cdot x + f(x(\sigma)) - d(\sigma)^{\mathrm{T}} \cdot x(\sigma),$$
$$\overline{f}(x,X,\sigma) := d(1-\sigma)^{\mathrm{T}} \cdot x + f(x(\sigma)) - d(1-\sigma)^{\mathrm{T}} \cdot x(\sigma),$$

满足不等式

$$\underline{f}(x,X,\sigma) \leqslant f(x) \leqslant \overline{f}(x,X,\sigma), \quad \text{对任意 } x \in X,$$

且 $\underline{f}(x,X,\sigma) = f(x(\sigma)) = \overline{f}(x,X,\sigma)$.

证明 利用一阶微分中值定理, 易证该结论成立.

由定理 2.3.1, 我们可以构造不同的上、下界线性函数, 其中 $f'(x)$ 的上、下界 $\overline{d}, \underline{d}$ 的计算是通过调用计算机程序采用完全自动的方式计算 $f'(x)$ 的区间扩张而得到的. 对不同的 σ, 可以产生不同的 $f(x)$ 的线性下界函数 $\underline{f}(x,X,\sigma)$, 且在 X 的顶点 $x(\sigma)$ 处与原函数 $f(x)$ 相一致, 因此, 选取最大化运算, 即

$$\max\{\underline{f}(x,X,\sigma) : \sigma \in \{0,1\}^n\}$$

是 $f(x)$ 的一个凸下界函数. 类似地, 可以构造 $f(x)$ 的较好的凹上界函数

$$\min\{\overline{f}(x,X,\sigma) : \sigma \in \{0,1\}^n\}.$$

另外, 将定理 2.3.1 应用到分解式 (2.3.2), 通过计算 $r'(x)$ 的区间扩张 $D = [\underline{d}, \overline{d}]$, 即对任意 $x \in X$, $r'(x) \in D$, 可得出

$$\underline{f}(x,X,\sigma) := c(x) + \underline{e}(x) + d(\sigma)^{\mathrm{T}} \cdot x + r(x(\sigma)) - d(\sigma)^{\mathrm{T}} \cdot x(\sigma)$$

是 $f(x)$ 的另一个凸下估计函数.

进一步地, 若将定理 2.3.1 中的界 $D = [\underline{d}, \overline{d}]$ 用相应的区间斜率代替, 则定理 2.3.1 的结论仍然成立. 所以, 利用与上面可微函数类似的方法, 对不可微函数 $f(x)$, 我们也能构造其相应的凸下估计函数和凹上估计函数.

2.4 利用分解技术构造拟凸函数的上、下界

一般来说, 要证明某一函数是拟凸或拟凹的是比较困难的, 同样利用拟凸或拟凹函数恰当地确定某一函数的上或下界也不容易, 但我们可以通过分解思想将这些函数分解成具有某种凸性或某个性质, 进而确定函数的拟凸下界或拟凹上界函数. 下面的定理对具有某些适合分解函数的拟凸下界函数的构造提供一些基本规则.

定理 2.4.1[2] 给定 $f, g : X \rightarrow R$, 其中 X 是凸的, 又设 $\underline{f}, \overline{f}$ 和 $\underline{g}, \overline{g} : X \rightarrow R$ 分别是 f 和 g 在 X 上的凸下估计和凹上估计函数. 那么

(1) $\underline{f} + \underline{g}$ 是 $f + g$ 在 X 上的凸下界函数;

(2) $\underline{f} - \overline{g}$ 是 $f - g$ 在 X 上的凸下界函数;

(3) 若 f 在 X 上非正, g 在 X 上非负, 则 $\underline{f} \cdot \overline{g}$ 是 $f \cdot g$ 在 X 上的一个拟凸下界函数;

(4) 若 $\underline{f}$ 和 $\underline{g}$ 在 X 上均是正的, 且 $1/\underline{f}$ 或者 $1/\underline{g}$ 在 X 上是凹的, 则 $\underline{f} \cdot \underline{g}$ 是 $f \cdot g$ 在 X 上的一个拟凸下界函数;

(5) 若 $\overline{f}$ 和 $\overline{g}$ 在 X 上均是负的, 且 $1/\overline{f}$ 或者 $1/\overline{g}$ 在 X 上是凸的, 则 $\overline{f} \cdot \overline{g}$ 是 $f \cdot g$ 在 X 上的一个拟凸下界函数;

(6) 若 $\underline{f}$ 在 X 上是非负的, g 在 X 上是正的, 则 $\underline{f}/\overline{g}$ 是 f/g 在 X 上的一个拟凸下界函数;

(7) 若 $\underline{f}$ 在 X 上是非正的, g 在 X 上是正的, 则 $\underline{f}/\underline{g}$ 是 f/g 在 X 上的一个拟凸下界函数;

(8) 若 f 在 X 上是正的, 则 $1/\overline{f}$ 是 $1/f$ 在 X 上的一个拟凸下界函数.

证明 略.

定理 2.4.2[2] 给定凸集 $X \subseteq R^n$, 设 $\underline{f}, \overline{f}$ 分别是 $f : X \rightarrow R$ 的凸下界和凹上界函数. 又设 $g : R^n \rightarrow R$ 是一仿射函数. 则

(1) 若 f 在 X 上是非正的, g 在 X 上是非负的, 则 $\underline{f} \cdot g$ 是 $f \cdot g$ 在 X 上的拟凸下界函数;

(2) 若 f 在 X 上是非负的, g 在 X 上是非正的, 则 $\overline{f} \cdot g$ 是 $f \cdot g$ 在 X 上的拟凸下界函数;

(3) 若 $\underline{f}$ 在 X 上是正的, $1/\underline{f}$ 在 X 上是凹的, g 在 X 上是非负的, 则 $\underline{f} \cdot g$ 是 $f \cdot g$ 在 X 上的拟凸下界函数;

(4) 若 $\overline{f}$ 在 X 上是负的, $1/\overline{f}$ 在 X 上是凸的, g 在 X 上是非正的, 则 $\overline{f} \cdot g$ 是 $f \cdot g$ 在 X 上的拟凸下界函数.

证明 略.

对两个函数的比, 可类似得出有关结论. 下面我们考虑复合函数的分解定理.

定理 2.4.3[2]　给定凸集 $X \subseteq R^n$, 对 $i = 1, \cdots, m$, 设 $\underline{g}_i$, $\overline{g}_i : X \to R$ 分别是 $g_i : X \to R$ 的凸下界和凹上界函数. 令 $I \subseteq \{1, \cdots, m\}$, $J := \{1, \cdots, m\} - I$, 对 $i \in I$ 令 $\hat{g}_i := \underline{g}_i$, 对 $j \in J$ 令 $\hat{g}_j := \overline{g}_j$. 又设 $f : Y \to R$ 是一拟凸函数, 其中 $Y \subseteq R^m$ 是凸的且包含函数 $g := (g_1, \cdots, g_m)$ 和 $\hat{g} := (\hat{g}_1, \cdots, \hat{g}_m)$ 在 X 上的值域. 如果 f 关于变量 y_i, $i \in I$ 是非降的, 关于变量 y_j, $j \in J$ 是非增的, 则 $f(\hat{g}(x))$ 是复合函数 $f(g(x))$ 在 X 上的拟凸下界函数.

证明　略.

对于拟凹上界函数, 同样有与上述拟凸下界函数类似的分解定理.

2.5　利用双线性函数或单分式函数的凸、凹包构造上、下界

凸规划问题的局部最优解就是全局最优解, 在全局优化问题的分支定界算法研究中, 为了充分利用这一性质, 我们引入函数的凸包络概念, 凸包络是一种重要的逼近工具. 凸包络和凹包络在全局优化问题的分支定界算法中可用于计算最优值的上界或下界. 本节我们仅介绍凸、凹包络的一般性质和结论, 该结论能给出一种构造凸包络和凹包络的思想. 在此基础上, 我们列举了比式函数和双线性函数在约束四边形上的凸包络和凹包络的构造方法, 并且暗示这些结果在构造全局优化问题的分支定界算法中的应用, 详见参考文献 [2,124].

定义 2.5.1　假设 $S \subseteq R^n$ 是一个非空紧凸集, f 是定义在 S 上的一个实值函数. 函数 $f_S : S \to R$ $(f^S : S \to R)$ 称为 f 在 S 上的凸包络 (凹包络), 当且仅当满足下列条件:

(1) $f_S(f^S)$ 是定义在 S 上的凸函数 (凹函数);

(2) 对所有的 $x \in S$, 有 $f_S(x) \leqslant f(x)$ $(f^S(x) \geqslant f(x))$;

(3) 不存在函数 $g : S \to R$ 满足条件 (1) 和 (2), 且对某个 $\bar{x} \in S$, 有 $f_S(\bar{x}) < g(\bar{x})$ $(f^S(\bar{x}) > g(\bar{x}))$.

由以上定义知, f 在 S 上的凸包络 f_S(凹包络 f^S) 是指, 对所有的 $x \in S$ 和所有的凸函数 (凹函数) $g(x)$, 满足 $g(x) \leqslant f(x)(g(x) \geqslant f(x))$, $f_S(\bar{x}) \geqslant g(\bar{x})(f^S(\bar{x}) \leqslant g(\bar{x}))$. 另外, 一个函数的凸包络和凹包络不一定存在, 它的形式依赖于 S 和 f. 我们能够证明 f 在 S 上的凸包络 (凹包络) 能定义为 f 在 S 上所有下估计的分段仿射函数的上确界 (下确界).

对于具有凸可行域的非凸优化问题, 通过目标函数的凸包络, 能够建立一个与之具有相同最优值的凸规划问题, 见下面的定理 2.5.1.

定理 2.5.1　设 S 是包含于 R^n 内的紧凸集, 令 f_S 是函数 $f(x)$ 在 S 上的凸

包络. 考虑问题 $\min\limits_{x \in S} f(x)$, 则

$$f^* = \min\{f(x): \ x \in S\} = \min\{f_S(x): \ x \in S\},$$

$$\{x \in S: \ f(x) = f^*\} \subseteq \{x \in S: \ f_S(x) = f^*\}.$$

证明 参考文献 [2].

定理 2.5.1 表明, 为了求解非凸问题, 通过凸包络可以尝试着求解相应的凸规划问题. 然而, 在通常情况下, 找到一个函数的凸包络是件不容易的事情. 下面, 我们针对约束四边形 S 上的一些特殊函数, 介绍相应的凸包络的构造方法.

定理 2.5.2 设 $S \subseteq R^2$ 是一个约束四边形, 顶点为 A, B, C, D, 其中 A 与 C 相对, B 与 D 相对. 设 f 是定义在集合 M 上的实函数, 其中 $M \subseteq R^2$, 且 $M \supset S$. 令 S_1 和 S_2 是 S 的一条对角线分 S 所得到的两个三角形. 假设 h_1, h_2 都是定义在 R^2 上的, 并且满足在 $S_i \ (i = 1, 2)$ 的顶点处 h_i 与 f 的函数值相等. 还假设:

(1) h_1 和 h_2 是 f 在 S 上的下估计 (上估计);

(2) 对所有的 $(x_1, x_2) \in S_1$, $\max\{h_1(x_1, x_2), h_2(x_1, x_2)\} = h_1(x_1, x_2)$ (对所有的 $(x_1, x_2) \in S_1$, $\min\{h_1(x_1, x_2), h_2(x_1, x_2)\} = h_1(x_1, x_2)$);

(3) 对所有的 $(x_1, x_2) \in S_2$, $\max\{h_1(x_1, x_2), h_2(x_1, x_2)\} = h_2(x_1, x_2)$ (对所有的 $(x_1, x_2) \in S_2$, $\min\{h_1(x_1, x_2), h_2(x_1, x_2)\} = h_2(x_1, x_2)$).

则 f 在 S 上的凸包络 f_S (f 在 S 上的凹包络 f^S) 为

$$f_S(x_1, x_2) = \max\{h_1(x_1, x_2), h_2(x_1, x_2)\}$$

$$(f^S(x_1, x_2) = \min\{h_1(x_1, x_2), h_2(x_1, x_2)\}).$$

证明 参考文献 [124].

定理 2.5.2 给出一种在约束四边形上构造比式函数和双线性函数凸包络和凹包络的方法.

下面我们考虑七种约束四边形, 并分别构造它们的凸包络或凹包络.

第一种约束四边形为矩形 RC, 其形式为

$$\mathrm{RC} = \{(x_1, x_2) \in R^2 | \underline{a} \leqslant x_1 \leqslant \bar{a}, \underline{b} \leqslant x_2 \leqslant \bar{b}\}, \tag{2.5.1}$$

其中 $\underline{a}, \bar{a}, \underline{b}, \bar{b}$, $\underline{a} < \bar{a}, \underline{b} < \bar{b}$. RC 顶点为 $A = (\underline{a}, \bar{b}), B = (\bar{a}, \bar{b}), C = (\bar{a}, \underline{b}), D = (\underline{a}, \underline{b})$, 这类矩形在全局优化的分支定界算法中有广泛的应用.

再考虑下面四种类型的平行四边形.

第一种平行四边形 $P1$, 其形式为

$$P1 = \{(x_1, x_2) \in R^2 | K_1 \leqslant mx_1 + x_2 \leqslant K_2, \underline{b} \leqslant x_2 \leqslant \bar{b}\}, \tag{2.5.2}$$

其中 $K_1 < K_2, \underline{b} < \bar{b}, \ m > 0$, $P1$ 的顶点为 $A = ((K_1 - \bar{b})/m, \bar{b}), B = ((K_2 - \bar{b})/m, \bar{b}), C = ((K_2 - \underline{b})/m, \underline{b}), D = ((K_1 - \underline{b})/m, \underline{b})$.

第二种平行四边形 $P2$ 与 $P1$ 有相同的形式, 但 $m < 0$, $P2$ 的顶点为 $A = ((K_2 - \bar{b})/m, \bar{b}), B = ((K_1 - \bar{b})/m, \bar{b}), C = ((K_1 - \underline{b})/m, \underline{b}), D = ((K_2 - \underline{b})/m, \underline{b})$.

另外两种平行四边形 $P3, P4$ 有如下相同的形式

$$P3 = P4 = \{(x_1, x_2) \in R^2 \mid \underline{a} \leqslant x_1 \leqslant \bar{a}, K_1 \leqslant mx_1 + x_2 \leqslant K_2\}, \tag{2.5.3}$$

其中 $K_1 < K_2, \underline{a} < \bar{a}$. 在 $P3$ 中, $m > 0$, 其顶点为 $A = (\underline{a}, K_2 - m\underline{a}), B = (\bar{a}, K_2 - m\bar{a}), C = (\bar{a}, K_1 - m\bar{a}), D = (\underline{a}, K_1 - m\underline{a})$. $P4$ 与 $P3$ 有相同的形式, 但 $m < 0$, $P4$ 顶点为 $A = (\underline{a}, K_2 - m\underline{a}), B = (\bar{a}, K_2 - m\bar{a}), C = (\bar{a}, K_1 - m\bar{a}), D = (\underline{a}, K_1 - m\underline{a})$.

最后考虑的约束四边形是梯形: 第一种梯形 $T1$ 形式为

$$T1 = \left\{(x_1, x_2) \in R^2 \,\middle|\, u \leqslant x_1 + x_2 \leqslant v, \frac{1}{t}x_1 \leqslant x_2 \leqslant \frac{1}{s}x_1\right\}, \tag{2.5.4}$$

其中 $0 < u < v, 0 < s < t$. $T1$ 的顶点为 $A = \left(\dfrac{s}{s+1}v, \dfrac{1}{s+1}v\right), B = \left(\dfrac{t}{t+1}v, \dfrac{1}{t+1}v\right), C = \left(\dfrac{t}{t+1}u, \dfrac{1}{t+1}u\right), D = \left(\dfrac{s}{s+1}u, \dfrac{1}{s+1}u\right)$. 第二种梯形 $T2$ 形式为

$$T2 = \{(x_1, x_2) \in R^2 \mid mx_1 + x_2 \leqslant K, \underline{a} \leqslant x_1 \leqslant \bar{a}, x_2 \leqslant \bar{b}\}, \tag{2.5.5}$$

其中 $K - m\underline{a} < \bar{b}, \ \underline{a} < \bar{a}, \ m > 0$, $T2$ 的顶点为 $A = (\underline{a}, \bar{b}), B = (\bar{a}, \bar{b}), C = (\bar{a}, K - m\bar{a}), D = (\underline{a}, K - m\underline{a})$.

2.5.1　双线性函数凸包络和凹包络的构造

下面利用定理 2.5.2, 在约束四边形上构造双线性函数 $fb(x_1, x_2) = x_1 x_2$ 的凸包络和凹包络, 这些结果可作为定理 2.5.2 的推论. 有关证明可参考文献 [124].

推论 2.5.1　双线性函数 $fb(x_1, x_2) = x_1 x_2$ 在由 (2.5.1) 式定义的矩形 RC 上的凸包络为 $fb_{\mathrm{RC}}(x_1, x_2)$, 凹包络为 $fb^{\mathrm{RC}}(x_1, x_2)$, 其中

$$fb_{\mathrm{RC}}(x_1, x_2) = \max\{\underline{b}x_1 + \underline{a}x_2 - \underline{a}\,\underline{b}, \bar{b}x_1 + \bar{a}x_2 - \bar{a}\bar{b}\},$$

$$fb^{\mathrm{RC}}(x_1, x_2) = \min\{\bar{b}x_1 + \underline{a}x_2 - \underline{a}\bar{b}, \underline{b}x_1 + \bar{a}x_2 - \bar{a}\underline{b}\}.$$

证明　参考文献 [124].

下面的两个结论分别给出了双线性函数在平行四边形和梯形上凸包络和凹包络的公式.

推论 2.5.2 (1) 双线性函数 $fb(x_1,x_2)$ 在由 (2.5.2) 式定义且 $m>0$ 的平行四边形 $P1$ 上的凸包络为 $fb_{P1}(x_1,x_2)$, 其中

$$fb_{P1}(x_1,x_2)=\max\left\{\underline{b}x_1+\left(\frac{K_1-\bar{b}}{m}\right)x_2-\underline{b}\left(\frac{K_1-\bar{b}}{m}\right),\right.$$
$$\left.\bar{b}x_1+\left(\frac{K_2-\underline{b}}{m}\right)x_2-\bar{b}\left(\frac{K_2-\underline{b}}{m}\right)\right\}.$$

(2) 双线性函数 $fb(x_1,x_2)$ 在由 (2.5.2) 式定义且 $m<0$ 的平行四边形 $P2$ 上的凹包络为 $fb^{P2}(x_1,x_2)$, 其中

$$fb^{P2}(x_1,x_2)=\min\left\{\underline{b}x_1+\left(\frac{K_1-\bar{b}}{m}\right)x_2-\underline{b}\left(\frac{K_1-\bar{b}}{m}\right),\right.$$
$$\left.\bar{b}x_1+\left(\frac{K_2-\underline{b}}{m}\right)x_2-\bar{b}\left(\frac{K_2-\underline{b}}{m}\right)\right\}.$$

(3) 双线性函数 $fb(x_1,x_2)$ 在由 (2.5.3) 式定义且 $m>0$ 的平行四边形 $P3$ 上的凸包络为 $fb_{P3}(x_1,x_2)$, 其中

$$fb_{P3}(x_1,x_2)=\max\{(K_1-m\bar{a})x_1+\underline{a}x_2-(K_1-m\bar{a})\underline{a},$$
$$(K_2-m\underline{a})x_1+\bar{a}x_2-(K_2-m\underline{a})\bar{a}\}.$$

(4) 双线性函数 $fb(x_1,x_2)$ 在由 (2.5.3) 式定义且 $m<0$ 的平行四边形 $P4$ 上的凹包络为 $fb^{P4}(x_1,x_2)$, 其中

$$fb^{P4}(x_1,x_2)=\min\{(K_1-m\underline{a})x_1+\bar{a}x_2-(K_1-m\underline{a})\bar{a},$$
$$(K_2-m\bar{a})x_1+\underline{a}x_2-(K_2-m\bar{a})\underline{a}\}.$$

证明 参考文献 [124].

推论 2.5.3 双线性函数 $fb(x_1,x_2)$ 在由 (2.5.5) 式定义且 $m>0$ 的梯形 $T2$ 上的凸包络为 $fb_{T2}(x_1,x_2)$, 其中

$$fb_{T2}(x_1,x_2)=\max\{\bar{b}x_1+\bar{a}x_2-\bar{b}\bar{a},(K-m\bar{a})x_1+\underline{a}x_2-(K-m\bar{a})\underline{a}\}.$$

证明 参考文献 [124].

2.5.2　比式函数凸包络和凹包络的构造

下面利用定理 2.5.2, 在约束四边形上构造比式函数 $ff(x_1,x_2)=x_1/x_2$ 的凸包络和凹包络.

推论 2.5.4　若比式函数 $ff(x_1, x_2)$ 在由 (2.5.1) 式定义的矩形上, 且矩形 RC 位于坐标轴的第一象限或者第三象限的内部, 则它的凹包络为 $ff^{\mathrm{RC}}(x_1, x_2)$, 其中

$$ff^{\mathrm{RC}}(x_1, x_2) = \min\left\{\frac{1}{\underline{b}}x_1 - \left(\frac{\underline{a}}{\underline{b}\overline{b}}\right)x_2 + \frac{\underline{a}}{\overline{b}}, \frac{1}{\overline{b}}x_1 - \left(\frac{\overline{a}}{\underline{b}\overline{b}}\right)x_2 + \frac{\overline{a}}{\underline{b}}\right\}.$$

证明　参考文献 [124].

下面的几个推论给出了比式函数在其他约束四边形上的凸包络和凹包络公式.

推论 2.5.5　若比式函数 $ff(x_1, x_2)$ 在由 (2.5.1) 式定义的矩形 RC 上, 并且在坐标轴的第二象限或者第四象限的内部, 则它的凸包络为 $ff_{\mathrm{RC}}(x_1, x_2)$, 其中

$$ff_{\mathrm{RC}}(x_1, x_2) = \max\left\{\frac{1}{\underline{b}}x_1 - \left(\frac{\overline{a}}{\underline{b}\overline{b}}\right)x_2 + \frac{\overline{a}}{\overline{b}}, \frac{1}{\overline{b}}x_1 - \left(\frac{\underline{a}}{\underline{b}\overline{b}}\right)x_2 + \frac{\underline{a}}{\underline{b}}\right\}.$$

证明　参考文献 [124].

推论 2.5.6　(1) 若比式函数 $ff(x_1, x_2)$ 在由 (2.5.2) 式定义的平行四边形 $P1$ 上, 且 $P1$ 满足 $m > 0$, 并在坐标轴的第一象限或者第三象限的内部, 则它的凹包络为 $ff^{P1}(x_1, x_2)$, 其中

$$ff^{P1}(x_1, x_2) = \min\left\{\frac{1}{\underline{b}}x_1 - \left(\frac{K_1 - \overline{b}}{m\underline{b}\overline{b}}\right)x_2 + \left(\frac{K_1 - \overline{b}}{m\overline{b}}\right),\right.$$
$$\left.\frac{1}{\overline{b}}x_1 - \left(\frac{K_2 - \underline{b}}{m\underline{b}\overline{b}}\right)x_2 + \left(\frac{K_2 - \underline{b}}{m\underline{b}}\right)\right\}.$$

(2) 若比式函数 $ff(x_1, x_2)$ 在由 (2.5.2) 式定义的平行四边形 $P2$ 上, 且 $P2$ 满足 $m < 0$, 并在坐标轴的第二象限或者第四象限的内部, 则它的凸包络为 $ff_{P2}(x_1, x_2)$, 其中

$$ff_{P2}(x_1, x_2) = \max\left\{\frac{1}{\underline{b}}x_1 - \left(\frac{K_1 - \overline{b}}{m\underline{b}\overline{b}}\right)x_2 + \left(\frac{K_1 - \overline{b}}{m\overline{b}}\right),\right.$$
$$\left.\frac{1}{\overline{b}} - \left(\frac{K_2 - \underline{b}}{m\underline{b}\overline{b}}\right)x_2 + \left(\frac{K_2 - \underline{b}}{m\underline{b}}\right)\right\}.$$

证明　参考文献 [2,124].

推论 2.5.7　比式函数 $ff(x_1, x_2)$ 在定义的梯形 $T1$ 上的凹包络为 $ff^{T1}(x_1, x_2)$, 其中

$$ff^{T1}(x_1, x_2) = \min\left\{\frac{t+1}{u}x_1 - \frac{s(t+1)}{u}x_2 + s, \frac{s+1}{v}x_1 - \frac{t(s+1)}{v}x_2 + t\right\}.$$

证明 参考文献 [2,124].

注 这一节为定义在约束四边形上的双线性函数和比式函数, 给出了一个构造其凸包络和凹包络的方法, 但这个方法也有一定的局限性.

第 3 章　二次规划问题的分支定界算法

首先, 本章利用单纯形剖分技巧和拉格朗日对偶定界理论, 为线性约束的非凸二次规划问题提出了一个单纯形分支定界算法. 其次, 本章对非凸二次约束二次规划全局优化问题, 利用二次函数的特性和微分中值定理构造参数线性松弛技巧, 并使用该技巧将问题 (NQP) 转化为一系列参数线性松弛规划问题, 为非凸二次约束二次规划问题提出了一个参数线性化方法. 本章的详细内容可参考文献 [3,4,147,148].

3.1　二次规划问题的单纯形分支定界算法

在这一节, 基于逐次单纯形剖分及通过线性规划确定下界, 我们给出求解线性约束二次规划问题的分支定界算法.

线性约束二次规划问题的数学模型如下

$$\begin{cases} \min & f(x) = x^{\mathrm{T}}Qx + q^{\mathrm{T}}x \\ \text{s.t.} & x \in D = \{Ax \leqslant b, x \geqslant 0\}, \end{cases}$$

其中 Q 为实的 n 阶矩阵, $q \in R^n$, D 为 R^n 中具有非空内点的多胞形, A 是实的 $m \times n$ 矩阵, $b \in R^m$.

3.1.1　单纯形分支定界算法

初始化　构造包含可行集 D 的一个单纯形 $S \subset R^n$; 确定一个有限集 $Q \subset D$, 令 $\gamma = \min f(x) : x \in Q$; 计算 $f(x)$ 在 D 上的一个下界 $\mu(S)$; 选择满足 $f(v) = \gamma$ 的点 $v \in Q$; 令 $\mu = \mu(S)$; $\hat{S} = \{S\}$; stop ← false; $k \leftarrow 1$.

只要 stop=false, 执行

若 $\gamma = \mu$, 则 stop ← ture (v 是最优解, γ 是问题的最优值).

否则, 将 S 细分成 r 个 n 子单纯形 $S_1, \cdots, S_r$, 满足 $\bigcup_{i=1}^r S_i = S$, 并且对于 $i \neq j$, $\text{int}S_i \bigcap S_j = \varnothing$; 对于每一个 $i = 1, \cdots, r$, 计算 f 在 $S_i \bigcap D$ 上, 满足 $\mu(S_i) \geqslant \mu$ 的一个下界 $\mu(S_i)$, 并确定一个有限集 $Q(S_i) \subset S_i \bigcap D$. 置 $Q \leftarrow Q \bigcup \{Q(S_i) : i = 1, \cdots, r\}$; $\gamma \leftarrow \min\{f(x) : x \in Q\}$; 选择满足 $f(v) = \gamma$ 的 $v \in Q$;

置 $\hat{S} \leftarrow \hat{S} \setminus \{S\} \bigcup \{S_i : i = 1, \cdots, r, \mu(S_i) < \gamma\}$;

$$\mu \leftarrow \begin{cases} \gamma, & S = \varnothing, \\ \min\{\mu(S) : S \in \hat{S}\}, & \text{否则}, \end{cases}$$

选择满足 $\mu(S) = \mu$ 的集合 $S \in \hat{S}$. 条件句终止. 置 $k \leftarrow k + 1$. 循环句终止.

这里, 单纯形的剖分可以使用任意穷举辐射状细分法, 如沿着 S 最长边的中点对分.

3.1.2 上、下界的构造

对于每个单纯形 $S = (v^1, \cdots, v^{n+1}) \subset R^n$, 下面命题给出了函数 $f(x) = x^{\mathrm{T}}Qx + q^{\mathrm{T}}x$ 在集合 $S \bigcap D$ 上的下界 $\mu(S)$.

命题 3.1.1 令 V 是 $v^1, \cdots, v^{n+1}$ 为列的矩阵, $e^{\mathrm{T}} = (1, \cdots, 1) \in R^{n+1}$. 对于每个 $i \in \{1, \cdots, n+1\}$, 令 d_i 是如下线性规划的最优目标函数值:

$$\begin{cases} \min & (v^i)^{\mathrm{T}}QV\lambda \\ \text{s.t.} & AV\lambda \leqslant b, \\ & V\lambda \geqslant 0, \\ & e^{\mathrm{T}}\lambda = 1, \lambda \geqslant 0. \end{cases}$$

则 f 在 $S \bigcap D$ 上的下界 $\mu(S)$ 由下式给出

$$\begin{cases} \mu(S) = \min & \sum\limits_{i=1}^{n+1} c_i\lambda_i \\ \text{s.t.} & AV\lambda \leqslant b, \\ & V\lambda \geqslant 0, \\ & e^{\mathrm{T}}\lambda = 1, \lambda \geqslant 0, \end{cases}$$

其中 $c_i = d_i + q^{\mathrm{T}}v^i$ $(i = 1, \cdots, n+1)$. 若上述问题中可行集为空集, 则约定 $\mu(S) = +\infty$.

证明 令 $h : R^n \to R$ 由下式定义

$$h(x) = q^{\mathrm{T}}x + \min_x\{x^{\mathrm{T}}Qz : z \in S \bigcap D\}.$$

只要 $S \bigcap D \neq \varnothing$, 函数 $h(x)$ 就是凹函数, 因为它是一个线性函数和一组线性函数逐点最小值之和. 令 $\delta(x)$ 是 $h(x)$ 在单纯形 S 上的凸包络, 且 $\delta(x)$ 由下式给出

$$\delta(x) = \sum_{i=1}^{n+1} h(v^i)\lambda_i,$$

其中 $\lambda^{\mathrm{T}} = (\lambda_1, \cdots, \lambda_{n+1})$ 满足 $x = V\lambda, e^{\mathrm{T}}\lambda = 1, \lambda \geqslant 0$. 根据凸包络的定义, 对于每个 $x \in S$, 有 $\delta(x) \leqslant h(x)$, 因此

$$\min\{q^{\mathrm{T}}x + x^{\mathrm{T}}Qx : x \in S \bigcap D\}$$

$$\geqslant \min_{x \in S \bigcap D}\{q^{\mathrm{T}}x + \min_z\{x^{\mathrm{T}}Qz : z \in S \bigcap D\}\}$$

$$= \min\{h(x) : x \in S \bigcap D\} \geqslant \min\{\delta(x) : x \in S \bigcap D\}.$$

考虑到 $x \in S$ 等价于 $x = V\lambda, e^{\mathrm{T}}\lambda = 1, \lambda \geqslant 0$, 以及 $D = \{x \in R^n : Ax \leqslant b, x \geqslant 0\}$, 可以看到 $\min\{\delta(x) : x \in S \bigcap D\}$ 由问题 $\mu(s)$ 给出.

注 (1) 当 $S \subset R_+^n$ 时, 约束 $V\lambda \geqslant 0$ 自然满足.

(2) $n+1$ 个线性规划有同样的可行集, 即得到所谓的多费用行线性规划, 它能够得到有效的求解.

(3) 根据众所周知的有关凸包络相应的单调特性, 对于每对满足 $\bar{S} \subset S$ 的单纯形 $S, \bar{S}$ 有 $\mu(S) \leqslant \mu(\bar{S})$.

显然, 在求解上面线性规划的过程中, 检测出来的 $S \bigcap D$ 内的点可以用于修正集合 Q.

3.1.3 算法及其收敛性

命题 3.1.2 假设上述算法无限地运行下去, 并且单纯形细分是穷举的, 即算法生成的每个单纯形无穷下降序列 $\{S^q\}$ 满足 $\bigcap_{q=1}^{\infty} S^q = \{s^*\}, s^* \in D$. 那么, 序列 $\{v^k\}$ 的每个聚点都是二次规划问题的最优解.

证明 只需证明, 对于每个下降序列 $\{S^q\}$, $\lim_{q \to \infty}(\gamma_q - \mu_q) = 0$. 对于每个 q, 令 $x^{q,i}(i = 1, \cdots, n+1)$ 和 x^q 分别是求解线性规划过程中获得的 S^q 内的可行点. 因为随着 $q \to \infty, S^q$ 收缩到一个点 s^*, 所以, 随着 $q \to \infty$, 有 $x^{q,i} \to s^*(i = 1, \cdots, n+1)$ 和 $x^{*q} \to s^*$. 此外, 当 $S^q = (v^{q,1}, \cdots, v^{q,n+1})$ 时, 对于 $i = 1, \cdots, n+1$ 以及 $q \to \infty$, 有 $x^{q,i} \to s^*$. 于是, $\lim_{q \to \infty} h(v^{q,i}) = f(s^*)$ $(i = 1, \cdots, n+1)$ 以及

$$\lim_{q \to \infty} \mu_q = \lim_{q \to \infty} \mu(S^q) = f(s^*).$$

因此

$$\lim_{q \to \infty}(\gamma_q - \mu_q) = \lim_{q \to \infty} \gamma_q - f(s^*) = f(s^*) - f(s^*) = 0.$$

3.2　二次规划问题的参数线性松弛算法

本节考虑如下形式的非凸二次规划问题:

$$(\mathrm{NQP})\begin{cases} \min & F_0(x) = x^{\mathrm{T}} Q^0 x + (d^0)^{\mathrm{T}} x \\ \mathrm{s.t.} & F_i(x) = x^{\mathrm{T}} Q^i x + (d^i)^{\mathrm{T}} x \leqslant b_i,\ i = 1, 2, \cdots, m, \\ & x \in X^0 = \{x \in R^n : l^0 \leqslant x \leqslant u^0\}, \end{cases}$$

其中 $Q^i = (q^i_{jk})_{n\times n}, i = 0, 1, \cdots, m$ 均为 $n \times n$ 的实对称矩阵; $d^0, d^i \in R^n, b_i \in R, i = 1, 2, \cdots, m; l^0 = (l^0_1, l^0_2, \cdots, l^0_n)^{\mathrm{T}}, u^0 = (u^0_1, u^0_2, \cdots, u^0_n)^{\mathrm{T}}$.

本节为非凸二次规划问题 (NQP) 提出了一个参数线性松弛算法. 首先, 利用二次函数的特性和微分中值定理构造参数线性松弛技巧, 并使用该技巧将问题 (NQP) 转化为一系列参数线性松弛规划问题. 为改进该算法的收敛速度, 基于参数线性松弛规划问题的特殊结构和当前算法已知的上、下界, 构造新的区域缩减技巧. 该区域缩减技巧能删除可行域中不含全局最优解的一大部分区域, 将其作为加速工具应用于分支定界算法中, 从而提高算法的计算效率. 通过对参数线性松弛规划问题可行域的逐次剖分以及求解一系列参数线性松弛规划问题, 从理论上证明了该算法能收敛到问题 (NQP) 的全局最优解. 最终数值实验结果表明, 本节提出的参数线性松弛算法与当前文献中已知的算法相比, 具有较高的计算效率.

3.2.1　参数线性化技巧

在这一节中, 利用参数线性函数 $F_i^L(x, X, \sigma)$ 下估计每个非凸二次函数 $F_i(x)$, $i = 0, 1, \cdots, m$, 从而建立非凸二次规划问题 (NQP) 的参数线性松弛规划问题, 详细的参数线性化技巧叙述如下:

令 $X = \{x = (x_1, x_2, \cdots, x_n)^{\mathrm{T}} \in R^n : -\infty < l_j \leqslant x_j \leqslant u_j < +\infty, j = 1, 2, \cdots, n\}$. 定义 $\sigma = (\sigma_{jk})_{n\times n} \in R^{n\times n}$ 为一个对称的参数矩阵, 其中 $\sigma_{jk} \in \{0, 1\}$. 对任意的 $x \in X$ 及对任意的 $j \in \{1, 2, \cdots, n\}, k \in \{1, 2, \cdots, n\}, j \neq k$, 令

$$x_j(\sigma_{jk}) = l_j + \sigma_{jk}(u_j - l_j), \quad x_k(\sigma_{jk}) = l_k + \sigma_{jk}(u_k - l_k),$$

$$x_j(1 - \sigma_{jk}) = l_j + (1 - \sigma_{jk})(u_j - l_j), \quad x_k(1 - \sigma_{jk}) = l_k + (1 - \sigma_{jk})(u_k - l_k),$$

$$f_{jk}(x) = x_j x_k,$$

$$\underline{f}_{jk}(x, X, \sigma_{jk}) = x_j(\sigma_{jk})x_k(\sigma_{jk}) + x_k(\sigma_{jk})(x_j - x_j(\sigma_{jk})) + x_j(\sigma_{jk})(x_k - x_k(\sigma_{jk})),$$

$$\overline{f}_{jk}(x, X, \sigma_{jk}) = x_j(\sigma_{jk})x_k(\sigma_{jk}) + x_k(1 - \sigma_{jk})(x_j - x_j(\sigma_{jk}))$$

$$+ x_j(1 - \sigma_{jk})(x_k - x_k(\sigma_{jk})).$$

显然有

$$x_j(0) = l_j, \quad x_j(1) = u_j, \quad x_k(0) = l_k, \quad x_k(1) = u_k.$$

定理 3.2.1 对任意的 $x \in X$, $j \in \{1, 2, \cdots, n\}$, $k \in \{1, 2, \cdots, n\}$, $j \neq k$, 关于函数 $f_{jk}(x) = x_j x_k$, 有

$$\underline{f}_{jk}(x, X, \sigma_{jk}) \leqslant f_{jk}(x) \leqslant \overline{f}_{jk}(x, X, \sigma_{jk})$$

且

$$\underline{f}_{jk}(x(\sigma_{jk}), X, \sigma_{jk}) = \overline{f}_{jk}(x(\sigma_{jk}), X, \sigma_{jk}) = f_{jk}(x(\sigma_{jk})).$$

证明 函数 $f_{jk}(x) = x_j x_k$ 的梯度可表示为

$$\frac{\partial f_{jk}(x)}{\partial x} = \begin{pmatrix} x_k \\ x_j \end{pmatrix}.$$

显然, 我们有

$$\begin{pmatrix} l_k \\ l_j \end{pmatrix} \leqslant \frac{\partial f_{jk}(x)}{\partial x} \leqslant \begin{pmatrix} u_k \\ u_j \end{pmatrix}.$$

由微分中值定理, 对任意的 $x \in X$, 存在一个点 $\xi = \alpha x + (1 - \alpha) x(\sigma_{jk})$, 这里 $\alpha \in [0, 1]$, 使得

$$f_{jk}(x) = f_{jk}(x(\sigma_{jk})) + \left(\frac{\partial f_{jk}(\xi)}{\partial x} \right)^{\mathrm{T}} (x - x(\sigma_{jk}))$$

$$= x_j(\sigma_{jk}) x_k(\sigma_{jk}) + (\xi_k, \xi_j) \begin{pmatrix} x_j - x_j(\sigma_{jk}) \\ x_k - x_k(\sigma_{jk}) \end{pmatrix}.$$

若 $\sigma_{jk} = 0$, 则有

$$\frac{\partial f_{jk}(\xi)}{\partial x} = \begin{pmatrix} \xi_k \\ \xi_j \end{pmatrix} \geqslant \begin{pmatrix} l_k \\ l_j \end{pmatrix} = \begin{pmatrix} x_k(\sigma_{jk}) \\ x_j(\sigma_{jk}) \end{pmatrix},$$

$$x_j - x_j(\sigma_{jk}) = x_j - l_j \geqslant 0, \quad x_k - x_k(\sigma_{jk}) = x_k - l_k \geqslant 0.$$

若 $\sigma_{jk} = 1$, 则有

$$\frac{\partial f_{jk}(\xi)}{\partial x} = \begin{pmatrix} \xi_k \\ \xi_j \end{pmatrix} \leqslant \begin{pmatrix} u_k \\ u_j \end{pmatrix} = \begin{pmatrix} x_k(\sigma_{jk}) \\ x_j(\sigma_{jk}) \end{pmatrix},$$

$$x_j - x_j(\sigma_{jk}) = x_j - u_j \leqslant 0, \quad x_k - x_k(\sigma_{jk}) = x_k - u_k \leqslant 0.$$

因此, 可得

$$
\begin{aligned}
f_{jk}(x) &= f_{jk}(x(\sigma_{jk})) + \left(\frac{\partial f_{jk}(\xi)}{\partial x}\right)^{\mathrm{T}} (x - x(\sigma_{jk})) \\
&= x_j(\sigma_{jk})x_k(\sigma_{jk}) + (\xi_k, \xi_j)\begin{pmatrix} x_j - x_j(\sigma_{jk}) \\ x_k - x_k(\sigma_{jk}) \end{pmatrix} \\
&\geqslant x_j(\sigma_{jk})x_k(\sigma_{jk}) + (x_k(\sigma_{jk}), x_j(\sigma_{jk}))\begin{pmatrix} x_j - x_j(\sigma_{jk}) \\ x_k - x_k(\sigma_{jk}) \end{pmatrix} \\
&= x_j(\sigma_{jk})x_k(\sigma_{jk}) + x_k(\sigma_{jk})(x_j - x_j(\sigma_{jk})) + x_j(\sigma_{jk})(x_k - x_k(\sigma_{jk})) \\
&= \underline{f}_{jk}(x, X, \sigma_{jk}).
\end{aligned}
$$

因此, 对任意的 $x \in X$, 有

$$\underline{f}_{jk}(x, X, \sigma_{jk}) \leqslant f_{jk}(x) \quad 且 \quad \underline{f}_{jk}(x(\sigma_{jk}), X, \sigma_{jk}) = f_{jk}(x(\sigma_{jk})).$$

类似地, 对任意的 $x \in X$, 若 $\sigma_{jk} = 0$, 则有

$$\frac{\partial f_{jk}(\xi)}{\partial x} = \begin{pmatrix} \xi_k \\ \xi_j \end{pmatrix} \leqslant \begin{pmatrix} u_k \\ u_j \end{pmatrix} = \begin{pmatrix} x_k(1-\sigma_{jk}) \\ x_j(1-\sigma_{jk}) \end{pmatrix},$$

$$x_j - x_j(\sigma_{jk}) = x_j - l_j \geqslant 0, \quad x_k - x_k(\sigma_{jk}) = x_k - l_k \geqslant 0.$$

若 $\sigma_{jk} = 1$, 则有

$$\frac{\partial f_{jk}(\xi)}{\partial x} = \begin{pmatrix} \xi_k \\ \xi_j \end{pmatrix} \geqslant \begin{pmatrix} l_k \\ l_j \end{pmatrix} = \begin{pmatrix} x_k(1-\sigma_{jk}) \\ x_j(1-\sigma_{jk}) \end{pmatrix},$$

$$x_j - x_j(\sigma_{jk}) = x_j - u_j \leqslant 0, \quad x_k - x_k(\sigma_{jk}) = x_k - u_k \leqslant 0.$$

因此, 可得

$$
\begin{aligned}
f_{jk}(x) &= f_{jk}(x(\sigma_{jk})) + \left(\frac{\partial f_{jk}(\xi)}{\partial x}\right)^{\mathrm{T}} (x - x(\sigma_{jk})) \\
&= x_j(\sigma_{jk})x_k(\sigma_{jk}) + (\xi_k, \xi_j)\begin{pmatrix} x_j - x_j(\sigma_{jk}) \\ x_k - x_k(\sigma_{jk}) \end{pmatrix}
\end{aligned}
$$

$$\leqslant x_j(\sigma_{jk})x_k(\sigma_{jk}) + (x_k(1-\sigma_{jk}), x_j(1-\sigma_{jk})) \begin{pmatrix} x_j - x_j(\sigma_{jk}) \\ x_k - x_k(\sigma_{jk}) \end{pmatrix}$$

$$= x_j(\sigma_{jk})x_k(\sigma_{jk}) + x_k(1-\sigma_{jk})(x_j - x_j(\sigma_{jk})) + x_j(1-\sigma_{jk})(x_k - x_k(\sigma_{jk}))$$

$$= \overline{f}_{jk}(x, X, \sigma_{jk}).$$

因此, 对任意的 $x \in X$, 有

$$f_{jk}(x) \leqslant \overline{f}_{jk}(x, X, \sigma_{jk}) \quad \text{且} \quad \overline{f}_{jk}(x(\sigma_{jk}), X, \sigma_{jk}) = f_{jk}(x(\sigma_{jk})).$$

证明完毕.

　　类似地, 对任意的 $k \in \{1, 2, \cdots, n\}$, 易证下面的定理 3.2.2 结论成立. 为叙述方便, 对任意的 $x \in X \subseteq X^0$, 我们记:

$$x_k(\sigma_{kk}) = l_k + \sigma_{kk}(u_k - l_k), \quad x_k(1-\sigma_{kk}) = l_k + (1-\sigma_{kk})(u_k - l_k), \quad x_k(0) = l_k,$$

$$x_k(1) = u_k, \quad f_{kk}(x) = x_k^2, \quad \underline{f}_{kk}(x, X, \sigma_{kk}) = x_k^2(\sigma_{kk}) + 2x_k(\sigma_{kk})(x_k - x_k(\sigma_{kk})),$$

$$\overline{f}_{kk}(x, X, \sigma_{kk}) = x_k^2(\sigma_{kk}) + 2x_k(1-\sigma_{kk})(x_k - x_k(\sigma_{kk})).$$

　　定理 3.2.2　对于 $k = 1, 2, \cdots, n$, 考虑函数 $f_{kk}(x)$, $\underline{f}_{kk}(x, X, \sigma_{kk})$ 和 $\overline{f}_{kk}(x, X, \sigma_{kk})$, 则对任意的 $x \in X$, 有 $\underline{f}_{kk}(x, X, \sigma_{kk}) \leqslant f_{kk}(x) \leqslant \overline{f}_{kk}(x, X, \sigma_{kk})$, 且 $\underline{f}_{kk}(x(\sigma_{kk}), X, \sigma_{kk}) = f_{kk}(x(\sigma_{kk})) = \overline{f}_{kk}(x(\sigma_{kk}), X, \sigma_{kk})$.

　　证明　使用与定理 3.2.1 类似的证明方法, 易知结论成立.

　　定理 3.2.1 和定理 3.2.2 为构造每个函数 $F_i(x) = x^{\mathrm{T}}Q^i x + (d^i)^{\mathrm{T}}x$ ($i = 0, 1, \cdots, m$) 的参数线性下估计函数提供了可能性.

　　不失一般性, 函数 $F_i(x) = x^{\mathrm{T}}Q^i x + (d^i)^{\mathrm{T}}x$ 可以重写为下面的形式:

$$F_i(x) = \sum_{k=1}^{n} d_k^i x_k + \sum_{k=1}^{n} q_{kk}^i x_k^2 + \sum_{j=1}^{n} \sum_{k=1, k \neq j}^{n} q_{jk}^i x_j x_k. \tag{3.2.1}$$

由定理 3.2.1 和定理 3.2.2, 对任意的 $j, k \in \{1, 2, \cdots, n\}$, 有定义

$$F_i^L(x, X, \sigma) = \sum_{k=1}^{n} (d_k^i x_k + \underline{\varphi}_{kk}^i(x, X, \sigma_{kk}))$$

$$+ \sum_{j=1}^{n} \sum_{k=1, k \neq j}^{n} \underline{\varphi}_{jk}^i(x, X, \sigma_{jk}), \quad i = 0, 1, \cdots, m.$$

则由定理 3.2.1 和定理 3.2.2 可知: 对任意的 $x \in X \subseteq X^0$, 有

$$
\begin{aligned}
F_i(x) &= \sum_{k=1}^{n} d_k^i x_k + \sum_{k=1}^{n} q_{kk}^i x_k^2 + \sum_{j=1}^{n} \sum_{k=1, k \neq j}^{n} q_{jk}^i x_j x_k \\
&\geqslant \sum_{k=1}^{n} (d_k^i x_k + \underline{\varphi}_{kk}^i(x, X, \sigma_{kk})) + \sum_{j=1}^{n} \sum_{k=1, k \neq j}^{n} \underline{\varphi}_{jk}^i(x, X, \sigma_{jk}) \\
&= F_i^L(x, X, \sigma),
\end{aligned}
$$

即

$$
F_i(x) \geqslant F_i^L(x, X, \sigma). \tag{3.2.2}
$$

因此, 可得问题 (NQP) 在区域 X 上的参数线性松弛规划问题 (PLRP) 如下

$$
(\text{PLRP}) \begin{cases} \min & F_0^L(x, X, \sigma) \\ \text{s.t.} & F_i^L(x, X, \sigma) \leqslant b_i, \ i = 1, 2, \cdots, m, \\ & x \in X = \{x : l \leqslant x \leqslant u\}, \end{cases}
$$

其中

$$
\begin{aligned}
F_i^L(x, X, \sigma) &= \sum_{k=1}^{n} (d_k^i x_k + \underline{\varphi}_{kk}^i(x, X, \sigma_{kk})) \\
&+ \sum_{j=1}^{n} \sum_{k=1, k \neq j}^{n} \underline{\varphi}_{jk}^i(x, X, \sigma_{jk}), \quad i = 0, 1, \cdots, m.
\end{aligned}
$$

由参数线性松弛规划问题 (PLRP) 的构造过程可知, 在子区域 X 上, 问题 (NQP) 的每个可行点也是问题 (PLRP) 的可行点, 问题 (PLRP) 的最优值小于等于问题 (NQP) 的最优值. 因此, 在任意的子区域 X 上, 参数线性松弛规划问题 (PLRP) 能够为问题 (NQP) 提供一个可靠的下界.

3.2.2 算法及其收敛性

下面将给出一个参数线性松弛算法. 在这个算法中, 有三个基本的操作, 分别是: 分支操作、定界操作和剪枝操作.

分支操作产生一个更精细的区域剖分集. 在这一节中选取简单的矩形二分方法, 该分支方法能够确保分支定界算法的全局收敛性. 对任意挑选的矩形 $X' = [l', u'] \subseteq X^0$. 令 $\eta \in \arg\max\{u_i' - l_i' : i = 1, 2, \cdots, n\}$, 通过将区间 $[\underline{x}_\eta', \overline{x}_\eta']$ 二分为两个子区间 $[\underline{x}_\eta', (\underline{x}_\eta' + \overline{x}_\eta')/2]$ 和 $[(\underline{x}_\eta' + \overline{x}_\eta')/2, \overline{x}_\eta']$, 可以将区域 X' 剖分为两个子区域.

定界操作需要求解一系列参数线性松弛规划问题 (PLRP) 来更新下界, 通过判断每个子矩形区域 X^s 中点的可行性及参数线性松弛规划问题 (PLRP) 最优解的可行性, 并计算可行点处的目标函数值来确定是否更新上界.

为了提高算法的计算效率, 下面给出一个剪枝技巧. 为方便叙述, 对任意的 $x \in X$ 及任意给定的参数矩阵 $\sigma = (\sigma_{jk})_{n \times n} \in R^{n \times n}$, 其中 $\sigma_{jk} \in \{0,1\}$, 假设 FUB 是问题 (NQP) 当前已知的最优值 F_0^* 的上界, 定义

$$F_i^L(x, X, \sigma) = \sum_{j=1}^n \alpha_{ij}(\sigma)x_j + \beta_i(\sigma), \quad i = 0, 1, \cdots, m.$$

$$\mathrm{RLB}_i(\sigma) = \sum_{j=1}^n \min\{\alpha_{ij}(\sigma)l_j, \alpha_{ij}(\sigma)u_j\} + \beta_i(\sigma), \quad i = 0, 1, \cdots, m,$$

$$\lambda_p(\sigma) = \mathrm{FUB} - \mathrm{RLB}_0(\sigma) + \min\{\alpha_{0p}(\sigma)l_p, \alpha_{0p}(\sigma)u_p\}, \quad p = 1, 2, \cdots, n,$$

$$\gamma_{ip}(\sigma) = b_i - \mathrm{RLB}_i(\sigma) + \min\{\alpha_{ip}(\sigma)l_p, \alpha_{ip}(\sigma)u_p\}, \quad i = 1, 2, \cdots, m, \ p = 1, 2, \cdots, n.$$

$$\overline{X}_j = \begin{cases} X_j, j \neq p, j = 1, 2, \cdots, n, \\ \left(\dfrac{\lambda_p(\sigma)}{\alpha_{0p}(\sigma)}, u_p \right] \bigcap X_p, j = p; \end{cases} \qquad \underline{X}_j = \begin{cases} X_j, j \neq p, j = 1, 2, \cdots, n, \\ \left[l_p, \dfrac{\lambda_p(\sigma)}{\alpha_{0p}(\sigma)} \right) \bigcap X_p, j = p; \end{cases}$$

$$\widetilde{X}_j = \begin{cases} X_j, j \neq p, j = 1, 2, \cdots, n, \\ \left(\dfrac{\gamma_{ip}(\sigma)}{\alpha_{ip}(\sigma)}, u_p \right] \bigcap X_p, j = p; \end{cases} \qquad \widehat{X}_j = \begin{cases} X_j, j \neq p, j = 1, 2, \cdots, n, \\ \left[l_p, \dfrac{\gamma_{ip}(\sigma)}{\alpha_{ip}(\sigma)} \right) \bigcap X_p, j = p. \end{cases}$$

定理 3.2.3　对任意的子矩形 $X \subseteq X^0$, 我们有下面的结论:

(1) 若 $\mathrm{RLB}_0(\sigma) > \mathrm{FUB}$, 则可以删除整个子区域 X. 否则, 若 $\mathrm{RLB}_0(\sigma) \leqslant$ FUB, 则对每一个 $p \in \{1, 2, \cdots, n\}$, 若 $\alpha_{0p}(\sigma) > 0$, 则可以删除子区域 $\overline{X} = (\overline{X}_j)_{n \times 1}$; 若 $\alpha_{0p}(\sigma) < 0$, 则可以删除子区域 $\underline{X} = (\underline{X}_j)_{n \times 1}$.

(2) 如果存在某一个 $i \in \{1, 2, \cdots, m\}$, 使得 $\mathrm{RLB}_i(\sigma) > b_i$, 则可以删除子区域 X. 否则, 如果对所有的 $i \in \{1, 2, \cdots, m\}$, 均有 $\mathrm{RLB}_i(\sigma) \leqslant b_i$, 那么, 对任意的 $p \in \{1, 2, \cdots, n\}$, 若 $\alpha_{ip}(\sigma) > 0$, 则可以删除子区域 $\widetilde{X} = (\widetilde{X}_j)_{n \times 1}$; 若 $\alpha_{ip}(\sigma) < 0$, 则可以删除子区域 $\widehat{X} = (\widehat{X}_j)_{n \times 1}$.

证明　参考文献 [147] 中的定理 2 和定理 3, 可以类似地给出这个定理的证明.

由定理 3.2.3 可知, 当满足一定条件的时候, 我们能够删除所考察子区域中不含全局最优解的一大部分区域. 对任意给定的参数矩阵 σ, 下面给出算法在执行过程中所考察子区域的详细删除程序.

对每一个 $i = 1, 2, \cdots, m$, 执行下面的操作:

对于所考察的子区域 X, 计算 $\mathrm{RLB}_i(\sigma)$.

如果 $\mathrm{RLB}_i(\sigma) > b_i$, 那么

令 $X = \varnothing$.

否则

对每一个 $p = 1, 2, \cdots, n$, 执行下面的循环

如果 $\alpha_{ip}(\sigma) > 0$ 且 $\dfrac{\gamma_{ip}(\sigma)}{\alpha_{ip}(\sigma)} < u_p$, 那么令

$$u_p = \frac{\gamma_{ip}(\sigma)}{\alpha_{ip}(\sigma)};$$

否则, 如果 $\alpha_{0p}(\sigma) < 0$ 且 $\dfrac{\gamma_{ip}(\sigma)}{\alpha_{ip}(\sigma)} > l_p$, 那么令

$$l_p = \frac{\gamma_{ip}(\sigma)}{\alpha_{ip}(\sigma)}.$$

对于所考察的子区域 X, 计算 $\mathrm{RLB}_0(\sigma)$.

如果 $\mathrm{RLB}_0 > \mathrm{FUB}$, 那么

令 $X = \varnothing$.

否则

对每一个 $p = 1, 2, \cdots, n$, 执行下面的循环

如果 $\alpha_{0p}(\sigma) > 0$ 且 $\dfrac{\lambda_p(\sigma)}{\alpha_{0p}(\sigma)} < u_p$, 那么令

$$u_p = \frac{\lambda_p(\sigma)}{\alpha_{0p}(\sigma)};$$

否则, 如果 $\alpha_{0p}(\sigma) < 0$ 且 $\dfrac{\lambda_p(\sigma)}{\alpha_{0p}(\sigma)} > l_p$, 那么令

$$l_p = \frac{\lambda_p(\sigma)}{\alpha_{0p}(\sigma)}.$$

使用上述删除程序, 我们可以压缩所考察的子区域 X, 压缩后的子区域仍记为 X, 显然该子区域小于等于其被压缩之前的区域.

参数线性松弛算法:

假定 $\mathrm{LB}(X^s)$ 和 $x^s = x(X^s)$ 分别是参数线性松弛规划问题 (PLRP) 在子区域 X^s 上的最优值和最优解. 基于上述分支操作、定界操作及删除技巧, 下面给出求解问题 (NQP) 的参数线性松弛算法.

算法步骤

步 1　选取收敛性误差 $\epsilon > 0$. 求解参数线性松弛规划问题 (PLRP) X^0, 分别得最优解 x^0 和最优值 $\mathrm{LB}(X^0)$, 并令 $\mathrm{LB}_0 = \mathrm{LB}(X^0)$. 若 x^0 是问题 (NQP) 的一个可行解, 则令 $\Theta = \{x^0\}$, 上界 $\mathrm{UB}_0 = F_0(x^0)$. 如果 $\mathrm{UB}_0 - \mathrm{LB}_0 \leqslant \epsilon$, 那么算法终止, x^0 是问题 (NQP) 的一个 ϵ-全局最优解. 否则, 令 $\Omega_0 = \{X^0\}$, $\Lambda = \varnothing$, $s = 1$. 执行步 2.

步 2　令 $\mathrm{UB}_s = \mathrm{UB}_{s-1}$. 根据前面描述的分支操作, 剖分 X^{s-1} 得到两个新的子区域 $X^{s,1}, X^{s,2}$, 并令 $\Lambda = \Lambda \bigcup \{X^{s-1}\}$.

步 3　对每个子区域 $X^{s,t}, t = 1, 2$, 使用上述剪枝技巧进行压缩, 仍记 $X^{s,t}$ 为删除或压缩后剩余的子区域, 并更新对应参数线性松弛规划问题 (PLRP) 的系数.

对每个剩余的子区域 $X^{s,t}, t = 1, 2$, 求解 (PLRP) $X^{s,t}$ 得最优值 $\mathrm{LB}(X^{s,t})$ 和最优解 $x^{s,t}$.

如果子区域 $X^{s,t}$ 的中点 x^{mid} 满足 $F_i(x^{\mathrm{mid}}) \leqslant b_i$, $i = 1, \cdots, m$, 那么 x^{mid} 是问题 (NQP) 的可行点, 并令 $\Theta := \Theta \bigcup \{x^{\mathrm{mid}}\}$, 更新上界 $\mathrm{UB}_s = \min\limits_{x \in \Theta} F_0(x)$.

如果 $x^{s,t}$ 是问题 (NQP) 的可行点, 令 $\Theta := \Theta \bigcup \{x^{s,t}\}$, 更新上界

$$\mathrm{UB}_s = \min\{\mathrm{UB}_s, F_0(x^{s,t})\},$$

并指定满足 $\mathrm{UB}_s = F_0(x^s)$ 的点 x^s 为当前最好的可行点.

步 4　如果 $\mathrm{UB}_s \leqslant \mathrm{LB}(X^{s,t})$, 那么令 $\Lambda := \Lambda \bigcup \{X^{s,t}\}$.

步 5　令 $\Lambda := \Lambda \bigcup \{X \in \Omega_{s-1} | \mathrm{UB}_s \leqslant \mathrm{LB}(X)\}$.

步 6　令 $\Omega_s = \{X | X \in \Omega_{s-1} \bigcup \{X^{s,1}, X^{s,2}\}, X \notin \Lambda\}$.

步 7　令 $\mathrm{LB}_s = \min\{\mathrm{LB}(X) | X \in \Omega_s\}$, 选取满足 $\mathrm{LB}_s = \mathrm{LB}(X)$ 的子区域 X, $X \in \Omega_s$. 如果 $\mathrm{UB}_s - \mathrm{LB}_s \leqslant \epsilon$, 那么算法终止, x^s 为问题 (NQP) 的一个 ϵ-全局最优解. 否则, 令 $s = s + 1$, 并返回步 2.

收敛性分析

为证明算法的全局收敛性, 我们首先证明: 当 $\|u - l\| \to 0$ 时, 参数线性松弛规划问题 (PLRP) 将无限逼近问题 (NQP).

由定理 3.2.1 和定理 3.2.2, 对任意的 $X = [l, u] \subseteq X^0$, 固定参数矩阵 $\sigma = (\sigma_{jk})_{n \times n}$, 对任意的 $x \in X$, $i \in \{0, 1, \cdots, m\}$, 则下面的不等式成立.

定义

$$F_i^U(x, X, \sigma) = \sum_{k=1}^{n} (d_k^i x_k + \overline{\varphi}_{kk}^i(x, X, \sigma_{kk}))$$

$$+ \sum_{j=1}^{n} \sum_{k=1, k \neq j}^{n} \overline{\varphi}_{jk}^i(x, X, \sigma_{jk}), \quad i = 0, 1, \cdots, m.$$

则由定理 3.2.1 和定理 3.2.2 知, 对任意的 $x \in X \subseteq X^0$, 有

$$F_i(x) \leqslant \sum_{k=1}^{n}(d_k^i x_k + \overline{\varphi}_{kk}^i(x, X, \sigma_{kk})) + \sum_{j=1}^{n}\sum_{k=1,k\neq j}^{n}\overline{\varphi}_{jk}^i(x, X, \sigma_{jk}) = F_i^U(x, X, \sigma).$$

(3.2.3)

定理 3.2.4 对任意的 $x \in X = [l, u] \subseteq X^0$ 及任意给定的参数矩阵 $\sigma = (\sigma_{jk})_{n\times n}$, 有下面的结论:

(1) $F_i^L(x, X, \sigma) \leqslant F_i(x) \leqslant F_i^U(x, X, \sigma), i = 0, 1, \cdots, m;$

(2) 当 $\|u - l\| \to 0$ 时, $\Delta_i(x, X, \sigma) = F_i(x) - F_i^L(x, X, \sigma) \to 0$, $\nabla_i(x, X, \sigma) = F_i^U(x, X, \sigma) - F_i(x) \to 0, i = 0, 1, \cdots, m.$

证明 (1) 由 (3.2.2) 和 (3.2.3) 式, 易知结论 (1) 成立.

(2) 令

$$\Delta_{kk}(x, X, \sigma_{kk}) = x_k^2 - \underline{f}_{kk}(x, X, \sigma_{kk}), \quad \nabla_{kk}(x, X, \sigma_{kk}) = \overline{f}_{kk}(x, X, \sigma_{kk}) - x_k^2,$$

$$\Delta_{jk}(x, X, \sigma_{jk}) = x_j x_k - \underline{f}_{jk}(x, X, \sigma_{jk}), \quad \nabla_{jk}(x, X, \sigma_{jk}) = \overline{f}_{jk}(x, X, \sigma_{jk}) - x_j x_k.$$

显然, 由定理 3.2.1 和定理 3.2.2 可得

$$\Delta_{kk}(x, X, \sigma_{kk}) \geqslant 0, \quad \nabla_{kk}(x, X, \sigma_{kk}) \geqslant 0,$$

$$\Delta_{jk}(x, X, \sigma_{jk}) \geqslant 0, \quad \nabla_{jk}(x, X, \sigma_{jk}) \geqslant 0.$$

考虑差 $\Delta_i(x, X, \sigma) = F_i(x) - F_i^L(x, X, \sigma)$, 有

$$\Delta_i(x, X, \sigma)$$

$$= F_i(x) - F_i^L(x, X, \sigma)$$

$$= \sum_{k=1}^{n} d_k^i x_k + \sum_{k=1}^{n} q_{kk}^i x_k^2 + \sum_{j=1}^{n}\sum_{k=1,k\neq j}^{n} q_{jk}^i x_j x_k$$

$$- \left[\sum_{k=1}^{n} d_k^i x_k + \sum_{k=1}^{n} \underline{\varphi}_{kk}^i(x, X, \sigma_{kk}) + \sum_{j=1}^{n}\sum_{k=1,k\neq j}^{n} \underline{\varphi}_{jk}^i(x, X, \sigma_{jk})\right]$$

$$= \sum_{k=1}^{n}[q_{kk}^i x_k^2 - \underline{\varphi}_{kk}^i(x, X, \sigma_{kk})] + \sum_{j=1}^{n}\sum_{k=1,k\neq j}^{n}[q_{jk}^i x_j x_k - \underline{\varphi}_{jk}^i(x, X, \sigma_{jk})]$$

$$= \sum_{k=1,q_{kk}^i>0}^{n} q_{kk}^i[x_k^2 - \underline{f}_{kk}(x, X, \sigma_{kk})] + \sum_{k=1,q_{kk}^i<0}^{n} q_{kk}^i[x_k^2 - \overline{f}_{kk}(x, X, \sigma_{kk})]$$

$$+ \sum_{j=1}^{n} \sum_{k=1, k \neq j, q_{jk}^i > 0}^{n} q_{jk}^i [x_j x_k - \underline{f}_{jk}(x, X, \sigma_{jk})]$$

$$+ \sum_{j=1}^{n} \sum_{k=1, k \neq j, q_{jk}^i < 0}^{n} q_{jk}^i [x_j x_k - \overline{f}_{jk}(x, X, \sigma_{jk})]$$

$$= \sum_{k=1, q_{kk}^i > 0}^{n} q_{kk}^i \Delta_{kk}(x, X, \sigma_{kk}) - \sum_{k=1, q_{kk}^i < 0}^{n} q_{kk}^i \nabla_{kk}(x, X, \sigma_{kk})$$

$$+ \sum_{j=1}^{n} \sum_{k=1, k \neq j, q_{jk}^i > 0}^{n} q_{jk}^i \Delta_{jk}(x, X, \sigma_{jk}) - \sum_{j=1}^{n} \sum_{k=1, k \neq j, q_{jk}^i < 0}^{n} q_{jk}^i \nabla_{jk}(x, X, \sigma_{jk}).$$

因此, 下面只需证明: 当 $\|u - l\| \to 0$ 时, $\Delta_{kk}(x, X, \sigma_{kk}) \to 0$, $\nabla_{kk}(x, X, \sigma_{kk}) \to 0$, $\Delta_{jk}(x, X, \sigma_{jk}) \to 0$, $\nabla_{jk}(x, X, \sigma_{jk}) \to 0$.

首先, 考虑 $\Delta_{kk}(x, X, \sigma_{kk})$, 由于

$$\begin{aligned}
\Delta_{kk}(x, X, \sigma_{kk}) &= x_k^2 - \underline{f}_{kk}(x, X, \sigma_{kk}) \\
&= x_k^2 - [x_k^2(\sigma_{kk}) + 2x_k(\sigma_{kk})(x_k - x_k(\sigma_{kk}))] \\
&= (x_k - x_k(\sigma_{kk}))^2 \\
&\leqslant (u_k - l_k)^2,
\end{aligned}$$

因此, 当 $\|u - l\| \to 0$ 时, 有 $\Delta_{kk}(x, X, \sigma_{kk}) \to 0$.

其次, 考虑 $\nabla_{kk}(x, X, \sigma_{kk})$, 由于

$$\begin{aligned}
\nabla_{kk}(x, X, \sigma_{kk}) &= \overline{f}_{kk}(x, X, \sigma_{kk}) - x_k^2 \\
&= [x_k^2(\sigma_{kk}) + 2x_k(1 - \sigma_{kk})(x_k - x_k(\sigma_{kk}))] - x_k^2 \\
&= (x_k(\sigma_{kk}) + x_k)(x_k(\sigma_{kk}) - x_k) + 2x_k(1 - \sigma_{kk})(x_k - x_k(\sigma_{kk})) \\
&= [x_k - x_k(\sigma_{kk})][2x_k(1 - \sigma_{kk}) - x_k(\sigma_{kk}) - x_k] \\
&= [x_k - x_k(\sigma_{kk})][x_k(1 - \sigma_{kk}) - x_k(\sigma_{kk})] \\
&\quad + [x_k - x_k(\sigma_{kk})][x_k(1 - \sigma_{kk}) - x_k] \\
&\leqslant 2(u_k - l_k)^2,
\end{aligned}$$

因此, 当 $\|u - l\| \to 0$ 时, $\nabla_{kk}(x, X, \sigma_{kk}) \to 0$.

再次, 考虑 $\Delta_{jk}(x, X, \sigma_{jk})$, 由于

$$
\begin{aligned}
\Delta_{jk}(x, X, \sigma_{jk}) &= x_j x_k - \underline{f}_{jk}(x, X, \sigma_{jk}) \\
&= x_j x_k - [x_k(\sigma_{jk})x_j + x_j(\sigma_{jk})x_k - x_j(\sigma_{jk})x_k(\sigma_{jk})] \\
&= (x_j - x_j(\sigma_{jk}))(x_k - x_k(\sigma_{jk})) \\
&\leqslant (u_j - l_j)(u_k - l_k),
\end{aligned}
$$

因此, 当 $\|u - l\| \to 0$ 时, $\Delta_{jk}(x, X, \sigma_{jk}) \to 0$.

最后, 考虑 $\nabla_{jk}(x, X, \sigma_{jk})$, 由于

$$
\begin{aligned}
\nabla_{jk}(x, X, \sigma_{jk}) &= \overline{f}_{jk}(x, X, \sigma_{jk}) - x_j x_k \\
&= x_j(\sigma_{jk})x_k(\sigma_{jk}) + x_k(1 - \sigma_{jk})(x_j - x_j(\sigma_{jk})) \\
&\quad + x_j(1 - \sigma_{jk})(x_k - x_k(\sigma_{jk})) - x_j x_k \\
&= [x_k(1 - \sigma_{jk}) - x_k][x_j - x_j(\sigma_{jk})] \\
&\quad + [x_k - x_k(\sigma_{jk})][x_j(1 - \sigma_{jk}) - x_j(\sigma_{jk})] \\
&\leqslant 2(u_j - l_j)(u_k - l_k),
\end{aligned}
$$

因此, 当 $\|u - l\| \to 0$ 时, $\nabla_{jk}(x, X, \sigma_{jk}) \to 0$.

因此, 由上面证明可知: 当 $\|u - l\| \to 0$ 时,

$$
\Delta_i(x, X, \sigma) = F_i(x) - F_i^L(x, X, \sigma) \to 0.
$$

类似地, 可证: 当 $\|u - l\| \to 0$ 时,

$$
\nabla_i(x, X, \sigma) = F_i^U(x, X, \sigma) - F_i(x) \to 0.
$$

证明完毕.

定理 3.2.4 表明: 当 $\|u - l\| \to 0$ 时, 问题 (PLRP) 将无限逼近问题 (NQP), 这也保证了本章算法的全局收敛性.

下面给出上述算法的收敛性定理.

定理 3.2.5 如果上面给出的算法有限步终止, 则当算法终止时, x^s 是问题 (NQP) 的全局最优解. 否则, 对任意初始矩形区域的无穷分支, 将产生一个无穷的剖分矩形序列 $\{X^s\}$, 该序列的任意聚点一定是问题 (NQP) 的全局最优解.

证明 假设上面的算法在阶段 $s, s \geqslant 0$, 有限步终止, 则算法终止时, 可得 $\mathrm{UB}_s - \mathrm{LB}_s \leqslant \epsilon$. 由算法步 1 和步 3 知, 存在问题 (NQP) 的一个可行解 x^s 满足

$F_0(x^s) = \mathrm{UB}_s$, 这表明 $F_0(x^s) - \mathrm{LB}_s \leqslant \epsilon$. 令 F_0^* 为问题 (NQP) 的最优值, 则由算法结构可知 $\mathrm{LB}_k \leqslant F_0^*$. 由 x^s 是问题 (NQP) 的一个可行点可知, $F_0^* \leqslant F_0(x^s)$. 联合上面的不等式, 可得 $F_0^* \leqslant F_0(x^s) \leqslant \mathrm{LB}_s + \epsilon \leqslant F_0^* + \epsilon$, 即 $F_0^* \leqslant F_0(x^s) \leqslant F_0^* + \epsilon$. 因此, x^s 是问题 (NQP) 的一个 ϵ-全局最优解.

如果算法不能有限步终止, 则文献 [29] 讨论了分支定界算法收敛到问题全局最优解的充分条件, 该条件要求满足: 初始区域的剖分必须是无限的, 且定界操作必须是一致的, 选取操作必须是改进的.

由于所使用分支操作是二分矩形最大边, 所以分支操作是无限的. 由定理 3.2.4 可知, 极限 $\lim\limits_{s\to\infty}(\mathrm{UB}_s - \mathrm{LB}_s) = 0$ 存在, 所以定界操作是一致的. 由于每一次分支都选取下界最小的子矩形区域进行剖分, 所以选取操作是可改进的. 因此, 由文献 [29] 的定理 IV.3 知, 上述算法收敛到问题 (NQP) 的全局最优解.

3.2.3　数值实验

在这一部分, 首先求解一个热交换网络设计工程问题来验证本章算法的可行性, 该问题的数学模型如下

$$
\begin{cases}
\min\ x_1 + x_2 + x_3 \\
\text{s.t.}\ \ 0.0025(x_4 + x_6) - 1 \leqslant 0, \\
\qquad 0.0025(-x_4 + x_5 + x_7) - 1 \leqslant 0, \\
\qquad 0.01(-x_5 + x_8) - 1 \leqslant 0, \\
\qquad 100x_1 - x_1 x_6 + 833.33252 x_4 - 83333.333 \leqslant 0, \\
\qquad x_2 x_4 - x_2 x_7 - 1250 x_4 + 1250 x_5 \leqslant 0, \\
\qquad x_3 x_5 + x_3 x_8 - 2500 x_5 + 1250000 \leqslant 0, \\
\qquad 100 \leqslant x_1 \leqslant 10000, 1000 \leqslant x_2, x_3 \leqslant 10000, 10 \leqslant x_4, x_5, x_6, x_7, x_8 \leqslant 1000.
\end{cases}
$$

选取收敛性误差 $\epsilon = 10^{-5}$ 和参数矩阵 $\sigma = (0)_{n\times n}$, 使用本章算法求解该问题, 经过 17998 次迭代, 得 ϵ-全局最优解为

$$(579.307, 1359.971, 5109.970, 182.018, 295.601, 217.982, 286.417, 395.601),$$

最优值为 7049.248, 最大节点数为 10233, 算法运行时间为 14.935s.

选取误差 $\epsilon = 10^{-6}$, 使用文献 [149] 的方法求解该问题, 得 ϵ-全局最优解为

$$(578.973, 1359.573, 5110.701, 181.990, 295.572, 218.010, 286.418, 395.572),$$

最优值为 7049.247.

选取误差 $\epsilon = 10^{-4}$, 使用文献 [150] 的方法求解该问题, 得 ϵ-全局最优解为

$$(579.31, 1359.97, 5109.97, 182.01, 295.60, 217.98, 286.42, 395.60),$$

最优值为 7049.25.

为比较本章算法与当前已知算法的运行速度及求解质量等, 在计算机上用 C ++语言编程计算文献 [50] 中的一些测试例子. 选取收敛性误差 $\epsilon = 10^{-6}$, 使用单纯形方法求解参数线性松弛规划问题, 选取参数矩阵 $\sigma = (\sigma_{jk})_{n \times n} \in R^{n \times n}$, 其中 $\sigma_{jk} \in \{0,1\}$, 并进行数值结果对比. 数值实验结果表明, 本章提出的参数线性松弛算法具有较高的计算效率. 下面给出两个数值例子及计算结果 (见表 3.1— 表 3.2). 关于本节算法详细数值实验请参考文献 [147, 148].

例 3.2.1

$$\begin{cases} \min & F_0(x) = \frac{1}{2} \langle x, Q^0 x \rangle + \langle d^0, x \rangle \\ \text{s.t.} & F_i(x) = \frac{1}{2} \langle x, Q^i x \rangle + \langle d^i, x \rangle \leqslant b_i, \ i = 1, 2, \cdots, m, \\ & 0 \leqslant x_j \leqslant 10, \ j = 1, 2, \cdots, n, \end{cases}$$

其中 Q^0 的每个元素从 $[0,1]$ 中随机产生, Q^i $(i = 1, 2, \cdots, m)$ 的每个元素从 $[-1,0]$ 中随机产生; d^0 的每个元素也是从 $[0,1]$ 中随机产生; d^i $(i = 1, 2, \cdots, m)$ 的每个元素从 $[-1,0]$ 中随机产生; 每个 b_i $(i = 1, 2, \cdots, m)$ 在 -300 到 -90 之间随机取值; 且选取固定参数矩阵 $\sigma \in R^{n \times n} = \sigma = (0)_{n \times n}$.

表 3.1　例 3.2.1 的数值结果

m	n	迭代次数	节点个数	运行时间/s
5	5	1571	300	2.930
10	5	754	171	2.562
5	7	996	543	3.487
5	9	1419	1267	8.521
5	12	9990	6552	131.539
20	5	1490	462	14.471
30	5	1829	562	36.140
40	5	1700	467	60.947
50	5	2722	429	160.367
60	5	3054	518	276.695
70	5	1965	521	256.028
80	5	2299	540	434.802
90	5	1961	623	485.656
100	4	340	111	100.184
200	4	440	153	863.428

为方便叙述, 在例 3.2.1 及表 3.1、表 3.2 中, 用 n 表示问题的维数, 用 m 表示问题约束的个数, 数值实验结果表明本章算法具有较高的计算效率.

例 3.2.2[50]

$$
\begin{cases}
\min & -\sum_{i=1}^{n} x_i^2 \\
\text{s.t.} & \sum_{i=1}^{j} x_i \leqslant j, \; j = 1, 2, \cdots, n, \\
& x_i \geqslant 0, \quad i = 1, 2, \cdots, n.
\end{cases}
$$

分别使用本章算法与 Gao 等 [50] 提出的算法求解例 3.2.2, 并把所得数值结果与文献 [50] 进行对比, 在表 3.2 中给出. 由表 3.2 可知, 本章算法与文献 [50] 中的算法相比, 其迭代次数、运算时间都有明显改进.

表 3.2　例 3.2.2 的数值结果比较

维数 n	文献	矩阵 σ	最优值	迭代次数	运行时间/s
5	本章	$(0)_{n \times n}$	−25.0	12	0.019
	[50]		−25.0	141	10.110
10	本章	$(0)_{n \times n}$	−100.0	31	0.334
	[50]		−100.0	283	21.860
20	本章	$(0)_{n \times n}$	−400.0	86	5.940
	[50]		−400.0	651	47.000
30	本章	$(0)_{n \times n}$	−900.0	204	44.858
	[50]		−900.0	965	106.330

3.3　本 章 小 结

由以上讨论我们看到, 本章给出的求解非凸二次约束二次规划问题的参数线性化方法和线性约束二次规划问题的单纯形分支定界算法, 具有形式简单, 容易编程, 能求出问题的全局极小点等特点. 与同类方法相比, 算法在运行所需的迭代次数、CPU 空间、计算时间等方面都有明显的改进.

第 4 章　线性多乘积规划问题的分支定界算法

本章研究一类带指数的线性多乘积规划问题, 通过利用等价转化技巧, 将原问题转化为等价的非凸规划问题, 通过构造新的线性松弛定界技巧和区间缩减方法, 并基于分支定界框架结构给出带指数的线性多乘积规划问题的两种可行的分支定界算法. 具体内容如下.

4.1　问 题 描 述

本章考虑如下形式带指数的线性多乘积规划问题:

$$
\text{(LMP)}\begin{cases}
\min & \phi_0(x) = \prod_{i=1}^{T_0}(c_{0i}^{\mathrm{T}}x + d_{0i})^{\gamma_{0i}} \\
\text{s.t.} & \phi_j(x) = \prod_{i=1}^{T_j}(c_{ji}^{\mathrm{T}}x + d_{ji})^{\gamma_{ji}} \leqslant \beta_j, \quad j = 1, \cdots, m, \\
& x \in X^0 = [l, u] \subset R^n,
\end{cases}
$$

其中 $c_{ji} = (c_{ji1}, c_{ji2}, \cdots, c_{jin})^{\mathrm{T}} \in R^n$, $d_{ji} \in R$, $\beta_j \in R$, $\gamma_{ji} \in R$, $\beta_j > 0$, 且对所有 $x \in X^0$, 有 $c_{ji}^{\mathrm{T}}x + d_{ji} > 0$, $j = 0, \cdots, m$, $i = 1, \cdots, T_j$.

针对问题 (LMP), 首先通过等价转换, 可以得到一个与其等价的问题 (EP). 其次, 利用等价问题 (EP) 本身的结构特点, 提出两个新的线性化方法. 基于这两个线性化方法, 本章给出两个确定原问题全局最优解的方法. 最后, 分别研究改善算法收敛速度的加速技巧. 与其他方法相比, 这两个方法具有以下特点: ① 为求解问题 (EP), 提出了两个新的线性化方法, 这些方法使用了函数的二阶信息; ② 在不增加新的变量和约束的情况下, 结合新的线性化方法, 设计了两个全局的分支定界算法; ③本章所考虑问题的模型比文献 [71—76, 151] 中的要广; ④ 与文献 [71, 72, 77—80, 146] 的数值算例比较显示, 这两个方法可以有效地确定出问题 (LMP) 的全局最优解.

4.2　第一种分支定界算法

通过使用凸分离技巧和线性化方法, 这一部分给出求解问题 (LMP) 的第一种方法. 在这个方法中, 首先通过转换得到问题 (LMP) 的一个等价问题 (EP), 这两个问题具有相同的最优解; 其次, 利用等价问题本身的结构特点和对数函数的性质, 将等价问题 (EP) 转化为一个 D. C. 规划问题 (关于 D. C. 规划问题的求解, 可参看文献 [152—157]); 然后, 在 D. C. 分解的基础上, 构造一个新的线性化松弛方法; 最后, 给出求解问题 (LMP) 的第一种全局优化方法. 同时, 为改善该方法的收敛性能, 研究相应的加速技巧.

4.2.1　等价转换及其线性松弛

通过利用对数函数性质, 可以获得问题 (LMP) 的等价问题 (EP) 如下

$$(\text{EP}) \begin{cases} \min \quad \phi_0(x) = \sum_{i=1}^{T_0} \gamma_{0i} \ln(c_{0i}^{\mathrm{T}} x + d_{0i}) \\ \text{s.t.} \quad \phi_j(x) = \sum_{i=1}^{T_j} \gamma_{ji} \ln(c_{ji}^{\mathrm{T}} x + d_{ji}) \leqslant \ln \beta_j, \quad j = 1, \cdots, m, \\ x \in X^0 = [l, u] \subset R^n. \end{cases}$$

显然, 问题 (LMP) 和 (EP) 具有相同的最优解. 因此, 为求解问题 (LMP), 可以转化为其等价问题 (EP) 的求解. 故以下仅考虑问题 (EP).

为确定问题 (EP) 的全局最优解, 我们提出了一个分支定界算法. 在算法中, 一个很重要的任务就是为问题 (EP) 构造线性松弛规划问题 (LRP), 其最优值可以为问题 (EP) 的最优值提供下界. 问题 (LRP) 可以通过对 $\phi_j(x)(j = 0, \cdots, m)$ 进行线性松弛来获得.

以下令 $X = [\underline{x}, \overline{x}]$ 表示问题 (EP) 的初始矩形, 或者是由算法产生的子矩形, $\|\cdot\|$ 表示 2-范数. 为表述方便, 文中引入符号:

$$x_{\mathrm{mid}} = \frac{1}{2}(\underline{x} + \overline{x}),$$

$$\gamma_j = (\gamma_{j1}, \gamma_{j2}, \cdots, \gamma_{jT_j})^{\mathrm{T}},$$

$$\mathrm{diag}\,(x_1, \cdots, x_n) = \begin{pmatrix} x_1 & & \\ & \ddots & \\ & & x_n \end{pmatrix},$$

$$C_j = \begin{pmatrix} c_{j11} & c_{j12} & \cdots & c_{j1n} \\ \vdots & \vdots & & \vdots \\ c_{jT_j1} & c_{jT_j2} & \cdots & c_{jT_jn} \end{pmatrix}.$$

下面介绍构造函数 $\phi_j(x)$ 的线性松弛函数 $\phi_j^l(x, X, x_{\mathrm{mid}})$ 的具体过程.

考虑函数 $\phi_j(x) = \sum\limits_{i=1}^{T_j} \gamma_{ji} \ln(c_{ji}^{\mathrm{T}}x + d_{ji}), \ j = 0, \cdots, m.$ 根据对数函数的性质, 可以导出函数 $\phi_j(x)$ 的梯度和黑塞矩阵如下

$$g_j(x) \triangleq \nabla\phi_j(x) = \begin{pmatrix} \dfrac{\gamma_{j1}c_{j11}}{c_{j1}^{\mathrm{T}}x + d_{j1}} + \dfrac{\gamma_{j2}c_{j21}}{c_{j2}^{\mathrm{T}}x + d_{j2}} + \cdots + \dfrac{\gamma_{jT_j}c_{jT_j1}}{c_{jT_j}^{\mathrm{T}}x + d_{jT_j}} \\ \vdots \\ \dfrac{\gamma_{j1}c_{j1n}}{c_{j1}^{\mathrm{T}}x + d_{j1}} + \dfrac{\gamma_{j2}c_{j2n}}{c_{j2}^{\mathrm{T}}x + d_{j2}} + \cdots + \dfrac{\gamma_{jT_j}c_{jT_jn}}{c_{jT_j}^{\mathrm{T}}x + d_{jT_j}} \end{pmatrix}$$

$$= C_j^{\mathrm{T}} \begin{pmatrix} \dfrac{1}{c_{j1}^{\mathrm{T}}x + d_{j1}} & & \\ & \ddots & \\ & & \dfrac{1}{c_{jT_j}^{\mathrm{T}}x + d_{jT_j}} \end{pmatrix} \begin{pmatrix} \gamma_{j1} \\ \vdots \\ \gamma_{jT_j} \end{pmatrix}$$

$$= C_j^{\mathrm{T}}\mathrm{diag}\left(\dfrac{1}{c_{j1}^{\mathrm{T}}x + d_{j1}}, \cdots, \dfrac{1}{c_{jT_j}^{\mathrm{T}}x + d_{jT_j}}\right)\gamma_j,$$

$$G_j(x) \triangleq \nabla^2\phi_j(x)$$

$$= C_j^{\mathrm{T}}\mathrm{diag}\left(\gamma_{j1}, \cdots, \gamma_{jT_j}\right)\mathrm{diag}\left(\dfrac{-1}{(c_{j1}^{\mathrm{T}}x + d_{j1})^2}, \cdots, \dfrac{-1}{(c_{jT_j}^{\mathrm{T}}x + d_{jT_j})^2}\right)C_j.$$

由 $G_j(x)$ 知以下关系成立

$$\| G_j(x) \|$$

$$= \left\| C_j^{\mathrm{T}}\mathrm{diag}\left(\gamma_{j1}, \cdots, \gamma_{jT_j}\right)\mathrm{diag}\left(\dfrac{-1}{(c_{j1}^{\mathrm{T}}x + d_{j1})^2}, \cdots, \dfrac{-1}{(c_{jT_j}^{\mathrm{T}}x + d_{jT_j})^2}\right)C_j \right\|$$

$$\leqslant \| C_j \|^2 \max_{1\leqslant i\leqslant T_j} | \gamma_{ji} | \max_{1\leqslant i\leqslant T_j} \dfrac{1}{(c_{ji}^{\mathrm{T}}x + d_{ji})^2}.$$

记

$$F_{ji}(x) = c_{ji}^{\mathrm{T}}x + d_{ji} = \sum_{t=1}^{n} c_{jit}x_t + d_{ji}, \quad j = 0, \cdots, m, \quad i = 1, \cdots, T_j.$$

令 $\underline{F}_{ji}$ 表示函数 $F_{ji}(x)$ 在 X 上的下界, 则有

$$\underline{F}_{ji} = \sum_{t=1}^{n} \min\{c_{jit}\underline{x}_t, c_{jit}\overline{x}_t\} + d_{ji}.$$

令

$$\overline{\lambda}_j = \| C_j \|^2 \max_{1 \le i \le T_j} | \gamma_{ji} | \max_{1 \le i \le T_j} \frac{1}{\underline{F}_{ji}^2} + 0.1,$$

则对所有 $x \in X$, 有 $\| G_j(x) \| < \overline{\lambda}_j,\ j = 0, \cdots, m$. 因此, 函数

$$\frac{1}{2}\overline{\lambda}_j \| x \|^2 + \phi_j(x)$$

在 X 上是一凸函数. 于是, 可以将函数 $\phi_j(x)$ 分解为两个凸函数相减的形式, i.e. $\phi_j(x)$ 具有如下 D. C. 分解

$$\phi_j(x) = \varphi_j(x) - \frac{1}{2}\overline{\lambda}_j \| x \|^2, \tag{4.2.1}$$

其中 $\varphi_j(x) = \frac{1}{2}\overline{\lambda}_j \| x \|^2 + \phi_j(x)$.

对于 (4.2.1) 式中的函数 $\varphi_j(x)$, 利用凸函数性质可得

$$\varphi_j(x) \ge \varphi_j(x_{\mathrm{mid}}) + \nabla\varphi_j(x_{\mathrm{mid}})^{\mathrm{T}}(x - x_{\mathrm{mid}}) \triangleq \varphi_j^l(x, X, x_{\mathrm{mid}}). \tag{4.2.2}$$

一方面, 对 $\forall x_t \in [\underline{x}_t, \overline{x}_t],\ t = 1, \cdots, n$, 知

$$(\underline{x}_t + \overline{x}_t)x_t - \underline{x}_t\overline{x}_t \ge x_t^2,$$

进而求和可得

$$\sum_{t=1}^n ((\underline{x}_t + \overline{x}_t)x_t - \underline{x}_t\overline{x}_t) \ge \| x \|^2.$$

又因为 $\overline{\lambda}_j > 0$, 所以有

$$\psi_j^l(x, X) \triangleq \frac{1}{2}\overline{\lambda}_j \sum_{t=1}^n ((\underline{x}_t + \overline{x}_t)x_t - \underline{x}_t\overline{x}_t) \ge \frac{1}{2}\overline{\lambda}_j \| x \|^2. \tag{4.2.3}$$

结合 (4.2.1)—(4.2.3) 式可得

$$\phi_j^l(x, X, x_{\mathrm{mid}}) \triangleq \varphi_j^l(x, X, x_{\mathrm{mid}}) - \psi_j^l(x, X) \le \phi_j(x). \tag{4.2.4}$$

另一方面, 因为 $\| x \|^2$ 是一凸函数, 所以有

$$\| x \|^2 \ge 2x^{\mathrm{T}}x_{\mathrm{mid}} - \| x_{\mathrm{mid}} \|^2 \triangleq \psi_j^u(x, X, x_{\mathrm{mid}}). \tag{4.2.5}$$

由 (4.2.1) 式、(4.2.5) 式以及 $\overline{\lambda}_j > 0$, 知

$$\phi_j(x) \leqslant \varphi_j(x) - \frac{1}{2}\overline{\lambda}_j \psi_j^u(x, X, x_{\text{mid}}) \triangleq \phi_j^u(x, X, x_{\text{mid}}).$$

综上, 对所有 $x \in X$, 有

$$\phi_j^l(x, X, x_{\text{mid}}) \leqslant \phi_j(x) \leqslant \phi_j^u(x, X, x_{\text{mid}}).$$

定理 4.2.1 对所有 $x \in X$, 考虑函数 $\phi_j(x)$, $\phi_j^l(x, X, x_{\text{mid}})$ 和 $\phi_j^u(x, X, x_{\text{mid}})$, $j = 0, \cdots, m$. 则 $\phi_j^l(x, X, x_{\text{mid}})$ 与 $\phi_j(x)$ 的差, 以及 $\phi_j^u(x, X, x_{\text{mid}})$ 与 $\phi_j(x)$ 的差满足

$$\lim_{\|\overline{x} - \underline{x}\| \to 0} \max_{x \in X} \Delta_j^1(x, X, x_{\text{mid}}) = \lim_{\|\overline{x} - \underline{x}\| \to 0} \max_{x \in X} \Delta_j^2(x, X, x_{\text{mid}}) = 0,$$

其中

$$\Delta_j^1(x, X, x_{\text{mid}}) = \phi_j(x) - \phi_j^l(x, X, x_{\text{mid}}),$$
$$\Delta_j^2(x, X, x_{\text{mid}}) = \phi_j^u(x, X, x_{\text{mid}}) - \phi_j(x).$$

证明 一方面, 因为

$$\Delta_j^1(x, X, x_{\text{mid}}) = \phi_j(x) - \phi_j^l(x, X, x_{\text{mid}})$$
$$= \varphi_j(x) - \frac{1}{2}\overline{\lambda}_j \parallel x \parallel^2 -\varphi_j(x_{\text{mid}}) - \nabla\varphi_j(x_{\text{mid}})^{\text{T}}(x - x_{\text{mid}})$$
$$\quad + \frac{1}{2}\overline{\lambda}_j \sum_{t=1}^{n}((\underline{x}_t + \overline{x}_t)x_t - \underline{x}_t\overline{x}_t)$$
$$\leqslant (\nabla\varphi_j(\xi) - \nabla\varphi_j(x_{\text{mid}}))^{\text{T}}(x - x_{\text{mid}})$$
$$\quad + \frac{1}{2}\overline{\lambda}_j \sum_{t=1}^{n}((\underline{x}_t + \overline{x}_t)x_t - \underline{x}_t\overline{x}_t) - \frac{1}{2}\overline{\lambda}_j \parallel x \parallel^2$$
$$\leqslant \parallel \nabla^2\varphi_j(\eta) \parallel\parallel \xi - x_{\text{mid}} \parallel\parallel x - x_{\text{mid}} \parallel$$
$$\quad + \frac{1}{2}\overline{\lambda}_j \sum_{t=1}^{n}((\underline{x}_t + \overline{x}_t)x_t - \underline{x}_t\overline{x}_t) - \frac{1}{2}\overline{\lambda}_j \parallel x \parallel^2$$
$$= \parallel \overline{\lambda}_j + \nabla^2\phi_j(\eta) \parallel\parallel \xi - x_{\text{mid}} \parallel\parallel x - x_{\text{mid}} \parallel$$
$$\quad + \frac{1}{2}\overline{\lambda}_j \sum_{t=1}^{n}((\underline{x}_t + \overline{x}_t)x_t - \underline{x}_t\overline{x}_t) - \frac{1}{2}\overline{\lambda}_j \parallel x \parallel^2$$

$$\leqslant 2\overline{\lambda}_j \parallel \xi - x_{\mathrm{mid}} \parallel \parallel x - x_{\mathrm{mid}} \parallel + \frac{1}{2}\overline{\lambda}_j \parallel \overline{x} - \underline{x} \parallel^2$$

$$\leqslant \frac{5}{2}\overline{\lambda}_j \parallel \overline{x} - \underline{x} \parallel^2,$$

其中 ξ, η 分别是满足 $\varphi_j(x) - \varphi_j(x_{\mathrm{mid}}) = \nabla\varphi_j(\xi)^{\mathrm{T}}(x - x_{\mathrm{mid}})$ 和 $\nabla\varphi_j(\xi) - \nabla\varphi_j(x_{\mathrm{mid}})$ $= \nabla^2\varphi_j(\eta)^{\mathrm{T}}(\xi - x_{\mathrm{mid}})$ 的常向量, 所以有 $\lim\limits_{\parallel\overline{x}-\underline{x}\parallel\to 0}\max\limits_{x\in X}\Delta_j^1(x, X, x_{\mathrm{mid}}) = 0.$

另一方面, 因为

$$\Delta_j^2(x, X, x_{\mathrm{mid}}) = \frac{1}{2}\overline{\lambda}_j(\parallel x \parallel^2 - 2x^{\mathrm{T}}x_{\mathrm{mid}} + \parallel x_{\mathrm{mid}} \parallel^2)$$

$$= \frac{1}{2}\overline{\lambda}_j \parallel x - x_{\mathrm{mid}} \parallel^2 \leqslant \frac{1}{2}\overline{\lambda}_j \parallel \overline{x} - \underline{x} \parallel^2,$$

所以有 $\lim\limits_{\parallel\overline{x}-\underline{x}\parallel\to 0}\max\limits_{x\in X}\Delta_j^2(x, X, x_{\mathrm{mid}}) = 0$, 即证.

注 1 根据定理 4.2.1 知, 随着 $\parallel \overline{x} - \underline{x} \parallel \to 0$, $\phi_j^l(x, X, x_{\mathrm{mid}})$ 和 $\phi_j^u(x, X, x_{\mathrm{mid}})$ 可以无限逼近 $\phi_j(x)$.

在前面讨论的基础上, 可构造问题 (EP) 在 X 上的线性松弛规划问题 (LRP) 如下

$$(\mathrm{LRP})\begin{cases} \min & \phi_0^l(x, X, x_{\mathrm{mid}}) \\ \mathrm{s.t.} & \phi_j^l(x, X, x_{\mathrm{mid}}) \leqslant \ln\beta_j, \quad j = 1, \cdots, m, \\ & x \in X = [\underline{x}, \overline{x}] \subset R^n. \end{cases}$$

注 2 显然, 问题 (LRP) 的可行域包含问题 (EP) 的可行域, 因此, 问题 (LRP) 在 X 上的最优值为问题 (EP) 的最优值提供了一个下界.

4.2.2 删除规则

为改善算法的收敛性能, 我们提出了一个删除技巧, 使用该技巧可以删除问题 (LMP) 盒子区域中不包含全局最优解的部分.

假定 UB 是问题 (EP) 最优值 ϕ_0^* 的当前已知最好上界. 令

$$\alpha_t = (\nabla\varphi_0(x_{\mathrm{mid}}))_t - \frac{1}{2}\overline{\lambda}_0(\underline{x}_t + \overline{x}_t), \quad t = 1, \cdots, n,$$

$$T = \varphi_0(x_{\mathrm{mid}}) - \nabla\varphi_0(x_{\mathrm{mid}})^{\mathrm{T}}x_{\mathrm{mid}} + \frac{1}{2}\overline{\lambda}_0\sum_{t=1}^{n}\underline{x}_t\overline{x}_t.$$

删除技巧由下面定理给出.

定理 4.2.2 对任一子矩形 $X = (X_t)_{n \times 1} \subseteq X^0$, 其中 $X_t = [\underline{x}_t, \overline{x}_t]$. 令

$$\rho_k = \text{UB} - \sum_{t=1, t \neq k}^{n} \min\{\alpha_t \underline{x}_t, \alpha_t \overline{x}_t\} - T, \quad k = 1, \cdots, n.$$

若存在某个指标 $k \in \{1, 2, \cdots, n\}$ 使得 $\alpha_k > 0$ 且 $\rho_k < \alpha_k \overline{x}_k$, 则问题 (EP) 在 X^1 上不可能存在全局最优解; 若存在某个 k 使得 $\alpha_k < 0$ 且 $\rho_k > \alpha_k \underline{x}_k$, 则问题 (EP) 在 X^2 上不可能存在全局最优解, 这里

$$X^1 = (X_t^1)_{n \times 1} \subseteq X, \quad \text{其中} \quad X_t^1 = \begin{cases} X_t, & t \neq k, \\ \left(\dfrac{\rho_k}{\alpha_k}, \overline{x}_k\right] \bigcap X_t, & t = k, \end{cases}$$

$$X^2 = (X_t^2)_{n \times 1} \subseteq X, \quad \text{其中} \quad X_t^2 = \begin{cases} X_t, & t \neq k, \\ \left[\underline{x}_k, \dfrac{\rho_k}{\alpha_k}\right) \bigcap X_t, & t = k, \end{cases}$$

证明 首先, 证明对于所有 $x \in X^1$, 有 $\phi_0(x) > \text{UB}$. 当 $x \in X^1$ 时, 考虑 x 的第 k 个分量 x_k. 因为 $x_k \in \left(\dfrac{\rho_k}{\alpha_k}, \overline{x}_k\right]$, 所以有

$$\frac{\rho_k}{\alpha_k} < x_k \leqslant \overline{x}_k.$$

又因为 $\alpha_k > 0$, 所以 $\rho_k < \alpha_k x_k$. 对于所有 $x \in X^1$, 根据 ρ_k 的定义及上述不等式, 知

$$\text{UB} - \sum_{t=1, t \neq k}^{n} \min\{\alpha_t \underline{x}_t, \alpha_t \overline{x}_t\} - T < \alpha_k x_k,$$

即

$$\text{UB} < \sum_{t=1, t \neq k}^{n} \min\{\alpha_t \underline{x}_t, \alpha_t \overline{x}_t\} + \alpha_k x_k + T$$

$$\leqslant \sum_{t=1}^{n} \alpha_t x_t + \varphi_0(x_{\text{mid}}) - \nabla \varphi_0(x_{\text{mid}})^{\text{T}} x_{\text{mid}} + \frac{1}{2} \overline{\lambda}_0 \sum_{t=1}^{n} \underline{x}_t \overline{x}_t = \phi_0^l(x, X, x_{\text{mid}}).$$

这说明, 对所有 $x \in X^1$, 有 $\phi_0(x) \geqslant \phi_0^l(x, X, x_{\text{mid}}) > \text{UB} \geqslant \phi_0^*$. 换句话说, 对所有 $x \in X^1$, $\phi_0(x)$ 总是大于问题 (EP) 的最优值 ϕ_0^*. 因此, 问题 (EP) 在 X^1 上不可能存在全局最优解.

其次, 证明对于所有 $x \in X^2$, 有 $\phi_0(x) > \mathrm{UB}$. 当 $x \in X^2$ 时, 考虑 x 的第 k 个分量 x_k. 因为 $\left[\underline{x}_k, \dfrac{\rho_k}{\alpha_k}\right)$, 所以有

$$\underline{x}_k \leqslant x_k < \frac{\rho_k}{\alpha_k}.$$

再由 $\alpha_k < 0$, ρ_k 的定义及上述不等式, 知

$$\mathrm{UB} - \sum_{t=1, t\neq k}^{n} \min\{\alpha_t \underline{x}_t, \alpha_t \overline{x}_t\} - T < \alpha_k x_k,$$

即

$$\mathrm{UB} < \sum_{t=1, t\neq k}^{n} \min\{\alpha_t \underline{x}_t, \alpha_t \overline{x}_t\} + \alpha_k x_k + T$$

$$\leqslant \sum_{t=1}^{n} \alpha_t x_t + \varphi_0(x_{\mathrm{mid}}) - \nabla\varphi_0(x_{\mathrm{mid}})^{\mathrm{T}} x_{\mathrm{mid}} + \frac{1}{2}\overline{\lambda}_0 \sum_{t=1}^{n} \underline{x}_t \overline{x}_t = \phi_0^l(x, X, x_{\mathrm{mid}}).$$

这表示, 对所有 $x \in X^2$, 有 $\phi_0(x) \geqslant \phi_0^l(x, X, x_{\mathrm{mid}}) > \mathrm{UB} \geqslant \phi_0^*$, 即对所有 $x \in X^2$, $\phi_0(x)$ 总是大于问题 (EP) 的最优值 ϕ_0^*. 因此, 问题 (EP) 在 X^2 上不可能存在全局最优解.

在定理 4.2.2 的基础上, 下面给出割去盒子区域中不包含全局最优解部分的缩减技巧. 令 $X = (X_t)_{n\times 1}$ 表示将被进行区域缩减的盒子, 其中 $X_t = [\underline{x}_t, \overline{x}_t]$. 如果存在 $\alpha_t \neq 0$, 则计算 α_t, T, ρ_t. 用 E_t 表示盒子区间分量 X_t 中被删除的部分, 则 E_t 可由下面规则确定:

如果 $\alpha_t > 0$ 且 $\dfrac{\rho_t}{\alpha_t} < \overline{x}_t$, 则 $E_t = \begin{cases} \left(\dfrac{\rho_t}{\alpha_t}, \overline{x}_t\right], & \dfrac{\rho_t}{\alpha_t} \geqslant \underline{x}_t, \\[2mm] [\underline{x}_t, \overline{x}_t], & \dfrac{\rho_t}{\alpha_t} < \underline{x}_t; \end{cases}$

如果 $\alpha_t < 0$ 且 $\dfrac{\rho_t}{\alpha_t} > \underline{x}_t$, 则 $E_t = \begin{cases} \left[\underline{x}_t, \dfrac{\rho_t}{\alpha_t}\right), & \dfrac{\rho_t}{\alpha_t} \leqslant \overline{x}_t, \\[2mm] [\underline{x}_t, \overline{x}_t], & \dfrac{\rho_t}{\alpha_t} > \overline{x}_t. \end{cases}$

使用该删除规则, 盒子区间 X_t 中被删除部分为 $X_t \bigcap E_t$. 根据上述分析, 被删除的区域上不含有全局最优解, 这样处理之后, 可以减小算法的搜索区间, 有利于提高算法的收敛速度.

4.2.3 算法及其收敛性

基于前面的讨论, 在这一部分, 我们给出一个确定问题 (EP) 全局最优解的分支定界算法. 为了保证算法收敛到全局最优解, 该算法需要求解一系列在 X^0 剖分子集上的线性松弛规划问题 (LRP).

在算法中, 需要将矩形 X^0 剖分为一些子矩形, 使得每个子矩形与分支定界树上的一个节点相关联, 且与一线性松弛规划问题相关联. 这些子矩形的获得可以通过分支过程来完成.

假定在算法的第 k 步, 当前有效节点集合为 Q_k. 对于每个 $X \in Q_k$, 我们需要通过计算问题 (LRP) 在其上的最优值 $LB(X)$ 来获得 (EP) 最优值的一个下界, 并记问题 (EP) 在初始矩形 X^0 上的最优值在第 k 阶段的下界为 $LB_k = \min\{LB(X), \forall X \in Q_k\}$. 若问题 (LRP) 的最优解对于问题 (EP) 是可行的, 则更新当前最好的上界 UB (若需要). 从而, 对于每一阶段 k, 有效节点的集合 Q_k 总是满足 $LB(X) < UB, \forall X \in Q_k$. 选取满足 $LB(X) = LB_k$ 的节点 $X \in Q_k$, 并根据下面的分支规则将 X 剖分为两个子矩形. 对每个子矩形使用删除技巧进行删除. 最后, 在删除所有不可能再被改善的节点后, 我们得到下一阶段的有效节点集. 重复这一过程, 直到算法收敛为止.

1. 分支规则

众所周知, 为保证算法的全局收敛性, 选取合适的分支规则是十分有必要的. 这里选取较为简单的矩形对分规则. 考虑由 $X = \{x \in R^n \mid \underline{x}_i \leqslant x_i \leqslant \overline{x}_i, i = 1, \cdots, n\} \subseteq X^0$ 确定的任一节点子问题, 该分支规则如下:

(1) 令

$$p = \mathrm{argmax}\{\overline{x}_i - \underline{x}_i \mid i = 1, \cdots, n\};$$

(2) 令

$$\gamma = (\underline{x}_p + \overline{x}_p)/2;$$

(3) 令

$$\overline{X} = \{x \in R^n \mid \underline{x}_i \leqslant x_i \leqslant \overline{x}_i, i \neq p, \underline{x}_p \leqslant x_p \leqslant \gamma\},$$
$$\overline{\overline{X}} = \{x \in R^n \mid \underline{x}_i \leqslant x_i \leqslant \overline{x}_i, i \neq p, \gamma \leqslant x_p \leqslant \overline{x}_p\}.$$

通过使用该规则, 矩形 X 被剖分为两个子矩形 $\overline{X}$ 和 $\overline{\overline{X}}$, 且有

$$\overline{X} \bigcup \overline{\overline{X}} = X, \quad \mathrm{int}\overline{X} \bigcap \mathrm{int}\overline{\overline{X}} = \varnothing.$$

2. 分支定界算法

令 LB(X^k) 为问题 (LRP) 在子矩形 $X = X^k$ 上的最优值, $x^k = x(X^k)$ 是相应于当前最小下界的可行解. 因为 $\phi_j^l(x, X, x_{\mathrm{mid}})(j = 0, \cdots, m)$ 是一线性函数, 所以为表示方便, 假定其可表示为如下形式

$$\phi_j^l(x, X, x_{\mathrm{mid}}) = \sum_{t=1}^{n} a_{jt}x_t + b_j,$$

其中 $a_{jt}, b_j \in R$. 因此, 我们有

$$\min_{x \in X} \phi_j^l(x, X, x_{\mathrm{mid}}) = \sum_{t=1}^{n} \min\{a_{jt}\underline{x}_t, a_{jt}\overline{x}_t\} + b_j.$$

算法的基本描述如下.

步 0　初始化

0.1　置初始有效节点集 $Q_0 = \{X^0\}$, 初始上界 UB $= +\infty$, 初始可行点集 $F = \varnothing$, 容许误差为 $\epsilon > 0$, 迭代次数计数器 $k = 0$.

0.2　确定问题 (LRP) 在 $X = X^0$ 上的最优值及最优解. 令 LB$_0 = $ LB(X^0), $x^0 = x(X^0)$. 若 x^0 是问题 (EP) 的可行解, 则令

$$\mathrm{UB} = \phi_0(x^0), \quad F = F \bigcup \{x^0\}.$$

若 UB $<$ LB$_0 + \epsilon$, 则停止计算: x^0 是问题 (LMP) 的一个 ϵ-全局最优解. 否则, 继续.

步 1　选取 X^k 的中点 x_{mid}^k; 若 x_{mid}^k 是问题 (EP) 的可行解, 则置 $F = F \bigcup \{x_{\mathrm{mid}}^k\}$. 更新上界 UB $= \min\{\phi_0(x_{\mathrm{mid}}^k),\ \mathrm{UB}\}$ 及当前最好的可行点 $x^* = \arg\min_{x \in F} \phi_0(x)$.

步 2　使用分支规则将 X^k 剖分为两个子矩形, 并记由新剖分的子矩形构成的集合为 $\overline{X}^k$. 对于每个 $X \in \overline{X}^k$, 使用定理 4.2.2 中的删除规则对 X 进行删除, 并计算 $\phi_j(x)$ 在 X 的下界 $\phi_j^l(x, X, x_{\mathrm{mid}})$. 若存在某个 j $(j = 1, \cdots, m)$ 使得

$$\min_{x \in X} \phi_j^l(x, X, x_{\mathrm{mid}}) > \ln \beta_j,$$

或者对于 $j = 0$, 有

$$\min_{x \in X} \phi_0^l(x, X, x_{\mathrm{mid}}) > \mathrm{UB},$$

则将相应的 X 从 $\overline{X}^k$ 中移除, i.e. $\overline{X}^k = \overline{X}^k \setminus X$, 并选择 $\overline{X}^k$ 中的下一元素.

步 3 若 $\overline{X}^k \neq \varnothing$, 确定问题 (LRP) 在每个 $X \in \overline{X}^k$ 上的最优值 LB(X) 和最优解 $x(X)$.

若 LB(X) > UB, 则置 $\overline{X}^k = \overline{X}^k \setminus X$; 否则, 修正 UB, F 和 x^*. 剩余部分为 $Q_k = (Q_k \setminus X^k) \bigcup \overline{X}^k$, 新的下界为 $\text{LB}_k = \min_{X \in Q_k} \text{LB}(X)$.

步 4 置

$$Q_{k+1} = Q_k \setminus \{X \mid \text{UB} - \text{LB}(X) \leqslant \epsilon,\ X \in Q_k\}.$$

若 $Q_{k+1} = \varnothing$, 则停止计算: UB 是问题 (LMP) 的 ϵ-全局最优值, x^* 是 ϵ-全局最优解. 否则, 选取使得

$$X^{k+1} = \operatorname*{argmin}_{X \in Q_{k+1}} \text{LB}(X),\quad x^{k+1} = x(X^{k+1})$$

成立的活动节点 X^{k+1}. 置 $k = k + 1$, 转步 1.

3. 收敛性分析

这一小节讨论算法的收敛性, 为此先给出一些定义及结论.

定义 4.2.1 给定 X, 如果由剖分形成的盒子嵌套序列 $\{X^k\}$ 和盒子相应的直径长度 $d(X^k)$ 满足

$$X^{k+1} \subset X^k\ (\forall k = 0, 1, \cdots),\quad \lim_{k \to \infty} d(X^k) = 0 \quad \text{和} \quad \lim_{k \to \infty} X^k = \bigcap_k X^k = \{\hat{x}\},$$

则称对 X 进行精细剖分这一过程是穷举的.

由于算法使用的剖分过程是矩形对分, 根据文献 [158,159] 知, 此过程是穷举的.

定义 4.2.2 令 $\{X^k\}$ 是由算法产生的一穷举序列, 即随着 $k \to \infty$, $X^k \to \hat{x}$, $\{x^k\}$ 是与 X^k 相对应的最优解. 如果存在子序列 $\{X^q\}$ 和 $\{x^q\}$ 满足: 当 $q \to \infty$ 时有 $\phi_j^l(x^q, X^q, x_{\text{mid}}^q) \to \phi_j(\hat{x})$, 则称函数 $\phi_j(x)$ 的线性下估计函数 $\phi_j^l(x, X, x_{\text{mid}})$ 在 X 上是强一致的.

引理 4.2.1 给定一个形如 (4.2.1) 式中的函数 $\phi_j(x)$, 则由 (4.2.4) 式给出的 $\phi_j^l(x, X, x_{\text{mid}})$ 在 X^0 上是强一致的.

证明 由于算法对 X^0 剖分产生的序列 $\{X^k\}$ 是穷举的, 根据穷举的定义知, $X^k \to \hat{x}$, 从而有 $x^k \to \hat{x}$. 因为 X^k 的上、下界是紧空间中的序列, 所以存在收敛子序列. 故随着 $q \to \infty$, 有 $X^q = [\underline{x}^q, \overline{x}^q] \to [\hat{x}, \hat{x}]$. 相应于这样一个子序列, 随着 $q \to \infty$, 存在序列 $\{(\underline{x}^q, \overline{x}^q, x^q) \to (\hat{x}, \hat{x}, \hat{x})\}$, 其中 $x^q \in [\underline{x}^q, \overline{x}^q]$. 另外, 由定理 4.2.1 知

$$\Delta_j^1(x^q, X^q, x_{\text{mid}}^q) \leqslant \frac{5}{2}\overline{\lambda}_j \parallel \overline{x}^q - \underline{x}^q \parallel^2,$$

其中 x_{mid}^q 是 X^q 的中点. 因此有 $\lim\limits_{q\to\infty}\Delta_j^1(x^q,X^q,x_{\mathrm{mid}}^q)=0$, 即 $\phi_j^l(x,X,x_{\mathrm{mid}})$ 在 X^0 上是强一致的.

定理 4.2.3 (收敛性)　分支定界算法或者有限步确定出原问题的 ϵ-全局最优解, 或者产生一无穷可行解序列 $\{x^k\}$, 其聚点为问题 (LMP) 的全局最优解.

证明　若算法有限步终止, 根据算法, 显然 x^* 是问题 (LMP) 的 ϵ-全局最优解. 若算法无限步终止, 则算法将产生至少一个无穷序列 $\{X^k\}$ 使得 $X^{k+1}\subset X^k$. 在这种情况下, 对于每一次迭代 $k=0,1,\cdots$, 由算法知

$$\mathrm{LB}_k\leqslant\min_{x\in D}\phi_0(x),\quad X^k=\underset{X\in Q_k}{\arg\min}\,\mathrm{LB}(X),\quad x^k=x(X^k)\in X^k\subseteq X^0,$$

其中 D 表示问题 (EP) 的可行域. 文献 [85] 已经指出 $\{\mathrm{LB}_k\}$ 是一非减序列, 且以 $\min\limits_{x\in D}\phi_0(x)$ 为上界, 这就保证存在极限

$$\mathrm{LB}=\lim_{k\to\infty}\mathrm{LB}_k\leqslant\min_{x\in D}\phi_0(x).$$

因为 $\{x^k\}$ 是包含在紧集 X^0 中的, 所以存在收敛子序列 $\{x^r\}\subseteq\{x^k\}$, 不失一般性, 假定 $\lim\limits_{r\to\infty}x^r=\tilde{x}$. 根据算法以及文献 [159] 知, 由算法在步 2 产生的剖分是穷举的, 且选取的被用来剖分的元素是界改进的. 因此, 存在递减子序列 $\{X^q\}\subseteq\{X^r\}$, 其中 X^r 属于剖分 Q_r, 且

$$x^q\in X^q,\quad \mathrm{LB}_q=\mathrm{LB}(X^q)=\phi_0^l(x^q,X^q,x_{\mathrm{mid}}^q),\quad \lim_{q\to\infty}x^q=\{\tilde{x}\}.$$

由定理 4.2.1 和引理 4.2.1 知, 问题 (LRP) 中的线性函数 ϕ_0^l 在 X^0 上是强一致的, 从而有

$$\lim_{q\to\infty}\phi_0^l(x^q,X^q,x_{\mathrm{mid}}^q)=\lim_{q\to\infty}\phi_0(x^q)=\phi_0(\tilde{x}).$$

剩余部分只需证明 $\tilde{x}\in D$. 因为 X^0 是紧集, 所以 $\tilde{x}\in X^0$. 假定 $\tilde{x}\notin D$, 则存在 $k\in\{1,\cdots,m\}$ 使得 $\phi_k(\tilde{x})>\ln\beta_k$ 成立. 因为 $\phi_k^l(x,X,x_{\mathrm{mid}})$ 是连续的, 所以根据定理 4.2.1 知序列 $\{\phi_k^l(x^r,X^r,x_{\mathrm{mid}}^r)\}$ 收敛于 $\phi_k(\tilde{x})$. 根据收敛的定义知, 存在 $\bar{r}$ 使得对任意 $r>\bar{r}$ 有

$$\mid\phi_k^l(x^r,X^r,x_{\mathrm{mid}}^r)-\phi_k(\tilde{x})\mid<\phi_k(\tilde{x})-\ln\beta_k.$$

因此, 对任意 $r>\bar{r}$, 有

$$\phi_k^l(x^r,X^r,x_{\mathrm{mid}}^r)>\ln\beta_k,$$

这意味着 LRP(X^r) 是不可行的, 这与假设 $x^r=x(X^r)$ 相矛盾, 因此必有 $\tilde{x}\in D$. 即证定理成立.

4. 数值实验

为验证本算法的有效性, 我们以 Pentium IV (3.06 GHz) 计算机为实验平台做了一些数值实验. 程序实现采用 MATLAB 7.1, 线性规划问题采用单纯形算法解决. 收敛性误差设置为 $\epsilon = 1.0\mathrm{e} - 3$. 数值算例例 4.2.1—例 4.2.8 计算结果见表 4.1.

例 4.2.1[78,79,146]

$$
\begin{cases}
\min & (-x_1 + 2x_2 + 2)(4x_1 - 3x_2 + 4)(3x_1 - 4x_2 + 5)^{-1}(-2x_1 + x_2 + 3)^{-1} \\
\text{s.t.} & x_1 + x_2 \leqslant 1.5, \\
& 0 \leqslant x_1 \leqslant 1,\ 0 \leqslant x_2 \leqslant 1.
\end{cases}
$$

例 4.2.2[77−79]

$$
\begin{cases}
\min & (x_1 + x_2 + x_3)(2x_1 + x_2 + x_3)(x_1 + 2x_2 + 2x_3) \\
\text{s.t.} & (x_1 + 2x_2 + x_3)^{1.1}(2x_1 + 2x_2 + x_3)^{1.3} \leqslant 100, \\
& 1 \leqslant x_1 \leqslant 3,\ 1 \leqslant x_2 \leqslant 3,\ 1 \leqslant x_3 \leqslant 3.
\end{cases}
$$

例 4.2.3[77]

$$
\begin{cases}
\min & (2x_1 + x_2 + 1)^{1.5}(2x_1 + x_2 + 1)^{2.1}(0.5x_1 + 2x_2 + 1)^{0.5} \\
\text{s.t.} & (x_1 + 2x_2 + 1)^{1.2}(2x_1 + 2x_2 + 2)^{0.1} \leqslant 18, \\
& (1.5x_1 + 2x_2 + 1)(2x_1 + 2x_2 + 1)^{0.5} \leqslant 25, \\
& 1 \leqslant x_1 \leqslant 3,\ 1 \leqslant x_2 \leqslant 3.
\end{cases}
$$

例 4.2.4[78]

$$
\begin{cases}
\min & (x_1 + x_2 + 1)^{2.5}(2x_1 + x_2 + 1)^{1.1}(x_1 + 2x_2 + 1)^{1.9} \\
\text{s.t.} & (x_1 + 2x_2 + 1)^{1.1}(2x_1 + 2x_2 + 2)^{1.3} \leqslant 50, \\
& 1 \leqslant x_1 \leqslant 3,\ 1 \leqslant x_2 \leqslant 3.
\end{cases}
$$

例 4.2.5[80]

$$
\begin{cases}
\min & (2x_1 + x_2 + 1)^{-0.6}(0.5x_1 + 2x_2 + 1)^{1.9} \\
\text{s.t.} & (x_1 + 2x_2 + 1)^{1.2}(2x_1 + 2x_2 + 1)^{-0.5} \leqslant 2.5, \\
& (1.5x_1 + 2x_2 + 1)(2x_1 + 2x_2 + 1)^{-0.5} \leqslant 2.5, \\
& 1 \leqslant x_1 \leqslant 3,\ 1 \leqslant x_2 \leqslant 3.
\end{cases}
$$

例 4.2.6[72]

$$\begin{cases} \min & (x_1 + x_2)(x_1 - x_2 + 7) \\ \text{s.t.} & 2x_1 + x_2 \leqslant 14, \\ & x_1 + x_2 \leqslant 10, \\ & -4x_1 + x_2 \leqslant 0, \\ & -2x_1 - x_2 \leqslant -6, \\ & -x_1 - 2x_2 \leqslant -6, \\ & x_1 - x_2 \leqslant 3, \\ & 1.99 \leqslant x_1 \leqslant 2.01, \ 7.99 \leqslant x_2 \leqslant 8.01. \end{cases}$$

例 4.2.7[71]

$$\begin{cases} \min & 6x_1 - x_2 \\ \text{s.t.} & \dfrac{1}{64}x_1^2 x_2 + \dfrac{1}{64}x_1 x_2^2 \leqslant 1, \\ & \dfrac{1}{4}x_1^2 x_2 - \dfrac{1}{8}x_1 x_2^2 \leqslant 1, \\ & -2x_1 + x_2 \leqslant 0, \\ & x_1 + x_2 \leqslant 8, \\ & 2.2 \leqslant x_1 \leqslant 2.5, \ 1 \leqslant x_2 \leqslant 4.2. \end{cases}$$

例 4.2.8

$$\begin{cases} \min & (2x_1 + x_2 - x_3 + 1)^{-0.2}(2x_1 - x_2 + x_3 + 1)(x_1 + 2x_2 + 1)^{0.5} \\ \text{s.t.} & (3x_1 - x_2 + 1)^{0.3}(2x_1 - x_2 + x_3 + 2)^{-0.1} \leqslant 10, \\ & (1.2x_1 + x_2 + 1)^{-1}(2x_1 + 2x_2 + 1)^{0.5} \leqslant 12, \\ & (x_1 + x_2 + 2)^{0.2}(1.5x_1 + x_2 + 1)^{-2} \leqslant 15, \\ & 1 \leqslant x_1 \leqslant 2, \ 1 \leqslant x_2 \leqslant 2, \ 1 \leqslant x_3 \leqslant 2. \end{cases}$$

由表 4.1 计算结果的比较可以看出, 本方法可以比较有效地确定出测试问题的全局最优解.

例 4.2.9 考虑如下问题

$$\begin{cases} \min & \displaystyle\prod_{i=1}^{T_0}(c_{0i}^{\mathrm{T}}x + d_{0i}) \\ \text{s.t.} & Ax \leqslant b, \\ & x \geqslant 0, \end{cases}$$

其中 $T_0 = 2$, c_{0i} 是区间 $[0,1]$ 上的随机数, d_{0i} 是 1, 约束矩阵元素 a_{ij} 是在区间 $[-1,1]$ 上产生的满足 $a_{ij} = 2\varrho - 1$ 的随机数, 其中 ϱ 是区间 $[0,1]$ 上的随机数, 且约束右端向量的产生满足 $b_i = \sum\limits_j a_{ij} + 2\pi$, 这里 π 是区间 $[0,1]$ 上的随机数. 这与文献 [160] 的产生过程一致.

表 4.1　例 4.2.1—例 4.2.8 数值计算结果

例	文献	最优解	最优值	迭代次数	时间/s
4.2.1	[78]	(0.0, 0.0)	0.533333333	34	0
	[79]	(0.0, 0.0)	0.533333333	3	0
	[146]	(0.0, 0.0)	0.533333	16	0.05
	本章	(0.0, 0.0)	0.5333	1	0.0194
4.2.2	[77]	(1.0, 1.0, 1.0)	60.0	1	0
	[78]	(1.0, 1.0, 1.0)	60.0	64	0
	[79]	(1.0, 1.0, 1.0)	60.0	1	0
	本章	(1.0, 1.0, 1.0)	60.0	1	0.0126
4.2.3	[77]	(1.0, 1.0)	275.074284	1	0
	本章	(1.0, 1.0)	275.0743	1	0.0105
4.2.4	[78]	(1.0, 1.0)	997.661265160	49	0
	本章	(1.0, 1.0)	997.6613	5	0.0984
4.2.5	[80]	(1.30769, 1)	4.6849	5	
	本章	(1.3, 1)	4.6849	6	0.1757
4.2.6	[72]	(2.0, 8.0)	10.0	—	
	本章	(2.0, 8.0)	10.0	1	0.0135
4.2.7	[71]	(2.4329, 4.0548)	-18.6522	21	—
	本章	(2.4380, 4.0500)	-18.6778	11	0.2983
4.2.8	本章	(1.0, 2.0, 1.0)	3.7127	10	0.2717

对于例 4.2.9, 在每个 (m, n) 取值情况下, 随机产生 10 组不同数据做实验, 并对不同数据下的计算结果做了统计分析. 表 4.2 总结了本章方法的计算结果, 并与文献 [160] 中的结果做了比较.

表 4.2　例 4.2.9 和文献 [160] 的计算结果及比较

例 4.2.9	文献 [160] 的算法		本书提出的算法	
(m, n)	时间/s	迭代次数	平均时间 (标准差)/s	平均迭代次数 (标准差)
(10,20)	1.85	9	0.6062(0.0695)	14.2(1.5492)
(20,20)	3.65	16	0.8368(0.0756)	17.4(1.7127)
(22,20)	4.05	14	0.9460(0.1235)	18.5(1.9003)
(20,30)	5.04	16	1.0781(0.0674)	19.9(0.5676)
(35,50)	19.88	20	1.8415(0.1338)	21.2(0.4316)
(45,60)	81.22	26	2.4338(0.1016)	23.0(0.6667)
(45,100)	240.50	30	5.1287(0.0935)	35.7(1.1595)
(60,100)	290.12	30	6.8143(0.1713)	36.1(0.7379)
(70,100)	511.38	30	8.1967(0.2121)	36.6(1.2649)
(70,120)	560.75	31	9.5642(0.2975)	39.1(1.6633)
(100,100)	635.06	32	13.0578(0.3543)	37.5(2.1731)

由表 4.2 的计算结果可见, 与文献中的算法相比, 本算法在平均计算时间和平均迭代次数等方面都有明显的优势.

4.3　第二种分支定界算法

这一部分介绍求解问题 (LMP) 的第二种方法. 类似于第一种方法, 首先利用对数函数的性质, 得到问题 (LMP) 的等价问题 (EP). 在问题 (EP) 中, 不失一般性, 假定对于 $1 \leqslant i \leqslant p_j$, 有 $\gamma_{ji} > 0$; 对于 $p_j + 1 \leqslant i \leqslant T_j$, 有 $\gamma_{ji} < 0$, $j = 0, \cdots, m$, 则等价问题 (EP) 可改写为如下形式

$$
\text{(EP)}
\begin{cases}
\min & \phi_0(x) = \sum_{i=1}^{p_0} \gamma_{0i} \ln(c_{0i}^{\mathrm{T}} x + d_{0i}) + \sum_{i=p_0+1}^{T_0} \gamma_{0i} \ln(c_{0i}^{\mathrm{T}} x + d_{0i}) \\
\text{s.t.} & \phi_j(x) = \sum_{i=1}^{p_j} \gamma_{ji} \ln(c_{ji}^{\mathrm{T}} x + d_{ji}) + \sum_{i=p_j+1}^{T_j} \gamma_{ji} \ln(c_{ji}^{\mathrm{T}} x + d_{ji}) \leqslant \ln \beta_j, \\
& x \in X^0 = [l, u] \subset R^n, \quad j = 1, \cdots, m.
\end{cases}
$$

下面具体介绍求解问题 (LMP) 的第二种方法, 该方法仍然只考虑其等价问题 (EP) 的求解. 为求解问题 (EP), 需要构造其线性松弛规划问题 (LRP). 然后用这些线性松弛规划的最优解逼近 (EP) 的最优解. 最后再由问题 (EP) 和 (LMP) 的等价性, 确定出原问题的最优解.

假定 $X = [\underline{x}, \overline{x}]$ 表示问题 (EP) 的初始矩形, 或者是由算法产生的子矩形. 线性松弛规划问题 (LRP) 可以通过对问题 (EP) 中的函数 $\phi_j(x)$ 进行线性松弛得到. 下面导出得到问题 (LRP) 的具体过程.

考虑函数 $\phi_j(x)(j = 0, \cdots, m)$. 令

$$
\phi_{j1}(x) = \sum_{i=1}^{p_j} \gamma_{ji} \ln(c_{ji}^{\mathrm{T}} x + d_{ji}), \quad \phi_{j2}(x) = \sum_{i=p_j+1}^{T_j} \gamma_{ji} \ln(c_{ji}^{\mathrm{T}} x + d_{ji}),
$$

则 $\phi_{j1}(x)$ 和 $\phi_{j2}(x)$ 分别为凹函数和凸函数.

首先, 考虑函数 $\phi_{j1}(x)$. 为表述方便, 引入以下记号:

$$
X_{ji} = c_{ji}^{\mathrm{T}} x + d_{ji} = \sum_{t=1}^{n} c_{jit} x_t + d_{ji},
$$

$$
\underline{X}_{ji} = \sum_{t=1}^{n} \min\{c_{jit}\underline{x}_t, c_{jit}\overline{x}_t\} + d_{ji},
$$

$$\overline{X}_{ji} = \sum_{t=1}^{n} \max\{c_{jit}\underline{x}_t, c_{jit}\overline{x}_t\} + d_{ji},$$

$$K_{ji} = \frac{\ln(\overline{X}_{ji}) - \ln(\underline{X}_{ji})}{\overline{X}_{ji} - \underline{X}_{ji}},$$

$$f_{ji}(x) = \ln(c_{ji}^{\mathrm{T}}x + d_{ji}) = \ln(X_{ji}),$$

$$h_{ji}(x) = \ln(\underline{X}_{ji}) + K_{ji}(X_{ji} - \underline{X}_{ji}) = \ln(\underline{X}_{ji}) + K_{ji}\left(\sum_{t=1}^{n} c_{jit}x_t + d_{ji} - \underline{X}_{ji}\right).$$

根据文献 [77] 中的定理 1, 可以导出 $\phi_{j1}(x)$ 的线性松弛下界函数 $\phi_{j1}^l(x)$ 如下

$$\phi_{j1}^l(x) = \sum_{i=1}^{p_j} \gamma_{ji}h_{ji}(x) \leqslant \sum_{i=1}^{p_j} \gamma_{ji}f_{ji}(x) = \phi_{j1}(x). \tag{4.3.1}$$

其次, 考虑函数 $\phi_{j2}(x)(j = 0, \cdots, m)$. 因为 $\phi_{j2}(x)$ 是一凸函数, 根据凸函数的性质, 有

$$\phi_{j2}(x) \geqslant \phi_{j2}(x_{\mathrm{mid}}) + \nabla\phi_{j2}(x_{\mathrm{mid}})^{\mathrm{T}}(x - x_{\mathrm{mid}}) = \phi_{j2}^l(x), \tag{4.3.2}$$

其中 $x_{\mathrm{mid}} = \dfrac{1}{2}(\underline{x} + \overline{x})$,

$$\nabla\phi_{j2}(x) = \begin{pmatrix} \dfrac{\gamma_{j,p_j+1}c_{j,p_j+1,1}}{c_{j,p_j+1}^{\mathrm{T}}x + d_{p_j+1}} + \dfrac{\gamma_{j,p_j+2}c_{j,p_j+2,1}}{c_{j,p_j+2}^{\mathrm{T}}x + d_{p_j+2}} + \cdots + \dfrac{\gamma_{j,T_j}c_{j,T_j,1}}{c_{j,T_j}^{\mathrm{T}}x + d_{j,T_j}} \\ \vdots \\ \dfrac{\gamma_{j,p_j+1}c_{j,p_j+1,n}}{c_{j,p_j+1}^{\mathrm{T}}x + d_{j,p_j+1}} + \dfrac{\gamma_{j,p_j+2}c_{j,p_j+2,n}}{c_{j,p_j+2}^{\mathrm{T}}x + d_{j,p_j+2}} + \cdots + \dfrac{\gamma_{j,T_j}c_{j,T_j,n}}{c_{jT_j}^{\mathrm{T}}x + d_{jT_j}} \end{pmatrix}.$$

最后, 结合 (4.3.1) 式和 (4.3.2) 式知, 对于所有 $x \in X$, 有

$$\phi_j^l(x) = \phi_{j1}^l(x) + \phi_{j2}^l(x) \leqslant \phi_j(x). \tag{4.3.3}$$

定理 4.3.1 对所有 $x \in X$, 考虑函数 $\phi_j(x)$ 和 $\phi_j^l(x)$, $j = 0, \cdots, m$. 则随着 $\| \overline{x} - \underline{x} \| \to 0$, 函数 $\phi_j^l(x)$ 和 $\phi_j(x)$ 之差满足

$$\phi_j(x) - \phi_j^l(x) \to 0,$$

其中 $\| \overline{x} - \underline{x} \| = \max\{\overline{x}_i - \underline{x}_i \mid i = 1, \cdots, n\}$.

证明　令 $\Delta^1 = \phi_{j1}(x) - \phi_{j1}^l(x)$, $\Delta^2 = \phi_{j2}(x) - \phi_{j2}^l(x)$. 因为 $\phi_j(x) - \phi_j^l(x) = \phi_{j1}(x) - \phi_{j1}^l(x) + \phi_{j2}(x) - \phi_{j2}^l(x) = \Delta^1 + \Delta^2$, 所以, 为证得命题, 只需证明随着 $\| \overline{x} - \underline{x} \| \to 0$ 有 $\Delta^1 \to 0$, $\Delta^2 \to 0$ 即可.

首先, 考虑 Δ^1. 由 Δ^1 的定义知

$$\Delta^1 = \phi_{j1}(x) - \phi_{j1}^l(x) = \sum_{i=1}^{p_j} \gamma_{ji}(f_{ji}(x) - h_{ji}(x)).$$

根据文献 [77] 中的定理 1 知, 随着 $\| \overline{x} - \underline{x} \| \to 0$, 有 $f_{ji}(x) - h_{ji}(x) \to 0$. 故随着 $\| \overline{x} - \underline{x} \| \to 0$, 有 $\Delta^1 \to 0$.

其次, 考虑 Δ^2. 由 Δ^2 定义知

$$\begin{aligned}
\Delta^2 &= \phi_{j2}(x) - \phi_{j2}^l(x) \\
&= \phi_{j2}(x) - \phi_{j2}(x_{\mathrm{mid}}) - \nabla\phi_{j2}(x_{\mathrm{mid}})^{\mathrm{T}}(x - x_{\mathrm{mid}}) \\
&= \nabla\phi_{j2}(\xi)^{\mathrm{T}}(x - x_{\mathrm{mid}}) - \nabla\phi_{j2}(x_{\mathrm{mid}})^{\mathrm{T}}(x - x_{\mathrm{mid}}) \\
&\leqslant \| \nabla^2\phi_{j2}(\eta) \| \| \xi - x_{\mathrm{mid}} \| \| x - x_{\mathrm{mid}} \|,
\end{aligned} \tag{4.3.4}$$

其中 ξ, η 分别是满足 $\phi_{j2}(x) - \phi_{j2}(x_{\mathrm{mid}}) = \nabla\phi_{j2}(\xi)^{\mathrm{T}}(x - x_{\mathrm{mid}})$ 和 $\nabla\phi_{j2}(\xi) - \nabla\phi_{j2}(x_{\mathrm{mid}}) = \nabla^2\phi_{j2}(\eta)^{\mathrm{T}}(\xi - x_{\mathrm{mid}})$ 的常向量. 因为 $\nabla^2\phi_{j2}(x)$ 是连续的, 且 X 是紧集, 所以存在 $M > 0$ 使得 $\| \nabla^2\phi_{j2}(x) \| \leqslant M$. 根据 (4.3.4) 式, 即有 $\Delta^2 \leqslant M \cdot \| \overline{x} - \underline{x} \|^2$. 故随着 $\| \overline{x} - \underline{x} \| \to 0$, 必有 $\Delta^2 \to 0$.

综上可知, 随着 $\| \overline{x} - \underline{x} \| \to 0$, 有 $\phi_j(x) - \phi_j^l(x) = \Delta^1 + \Delta^2 \to 0$, 即证结论成立.

定理 4.3.1 表明随着 $\| \overline{x} - \underline{x} \| \to 0$, $\phi_j^l(x)$ 可以任意逼近 $\phi_j(x)$.

基于以上讨论, 可得问题 (EP) 在 X 上的线性松弛规划问题 (LRP) 如下

$$(\text{LRP}) \begin{cases} \min & \phi_0^l(x) \\ \text{s.t.} & \phi_j^l(x) \leqslant \ln\beta_j, \quad j = 1, \cdots, m, \\ & x \in X = [\underline{x}, \overline{x}] \subset R^n. \end{cases}$$

显然, 问题 (LRP) 的可行域包含问题 (EP) 的可行域, 因此, 问题 (LRP) 的最优值 $V(\text{LRP})$ 为问题 (EP) 的最优值 $V(\text{EP})$ 提供一个下界, 即 $V(\text{LRP}) \leqslant V(\text{EP})$.

4.3.1　缩减技巧

在这一小节, 我们介绍一个缩减技巧, 该技巧可以删除盒子区域中不可能含有全局最优解的部分, 进而可被用于提高算法的收敛速度.

假定 UB 是问题 (EP) 最优值 ϕ_0^* 当前已知的最好上界. 令

$$\alpha_t = \sum_{i=1}^{p_0} \gamma_{0i} K_{0i} c_{0it} + \nabla \phi_{j2}(x_{\text{mid}})_t, \quad t = 1, \cdots, n,$$

$$T = \sum_{i=1}^{p_0} \gamma_{0i}[\ln(\underline{X}_{0i}) + K_{0i}d_{0i} - K_{0i}\underline{X}_{0i}] + \phi_{02}(x_{\text{mid}}) - \nabla \phi_{02}(x_{\text{mid}})^{\text{T}} x_{\text{mid}},$$

$$\rho_k = \text{UB} - \sum_{t=1, t \neq k}^{n} \min\{\alpha_t \underline{x}_t, \alpha_t \overline{x}_t\} - T, \quad k = 1, \cdots, n.$$

定理 4.3.2 对任一子矩形 $X = (X_t)_{n \times 1} \subseteq X^0$, 其中 $X_t = [\underline{x}_t, \overline{x}_t]$. 若存在某个指标 $k \in \{1, 2, \cdots, n\}$ 使得 $\alpha_k > 0$ 且 $\rho_k < \alpha_k \overline{x}_k$, 则问题 (EP) 在 X^1 上不可能存在全局最优解; 若存在某个指标 k 使得 $\alpha_k < 0$ 且 $\rho_k > \alpha_k \underline{x}_k$, 则问题 (EP) 在 X^2 上不可能存在全局最优解, 这里

$$X^1 = (X_t^1)_{n \times 1} \subseteq X, \quad \text{其中} \quad X_t^1 = \begin{cases} X_t, & t \neq k, \\ \left(\dfrac{\rho_k}{\alpha_k}, \overline{x}_k\right] \bigcap X_t, & t = k, \end{cases}$$

$$X^2 = (X_t^2)_{n \times 1} \subseteq X, \quad \text{其中} \quad X_t^2 = \begin{cases} X_t, & t \neq k, \\ \left[\underline{x}_k, \dfrac{\rho_k}{\alpha_k}\right) \bigcap X_t, & t = k, \end{cases}$$

证明 略.

依据定理 4.3.2, 我们可以给出与 4.2.3 节内容相似的割除盒子区域中不包含全局最优解部分的缩减技巧.

4.3.2 算法框架结构

在上面内容的基础上, 这一小节给出确定问题 (EP) 全局最优解的分支定界算法. 算法包括三个基本环节: 缩减过程、分支过程和修正上下界过程.

在条件满足的情况下, 缩减过程可以依据定理 4.3.2 来完成.

至于分支过程, 这里采用最简单的矩形对分规则.

第三个过程是对问题 (EP) 最优值上、下界的修正过程. 该过程可以通过使用一系列线性规划问题求解过程中得到的可行解来完成.

4.3.3 算法描述

步 0 (初始化) 令初始有效节点集合 $Q_0 = \{X^0\}$, 初始上界 $\text{UB} = +\infty$, 初始可行点集 $F = \varnothing$, 终止性误差 $\epsilon > 0$, 迭代计数器 $k = 0$. 确定问题 (LRP) 在

$X = X^0$ 上的最优值及最优解. 令 $\mathrm{LB}_0 = \mathrm{LB}(X^0)$, $x^0 = x(X^0)$. 若 x^0 是问题 (EP) 的可行解, 则令

$$\mathrm{UB} = \phi_0(x^0), \quad F = F \bigcup \{x^0\}.$$

若 $\mathrm{UB} < \mathrm{LB}_0 + \epsilon$, 则停止计算: x^0 是问题 (EP) 的 ϵ-全局最优解. 否则, 继续.

步 1 (修正上界)　选取 X^k 的中点 x_{mid}^k; 若 x_{mid}^k 是问题 (EP) 的可行解, 则置 $F = F \bigcup \{x_{\mathrm{mid}}^k\}$. 更新上界 $\mathrm{UB} = \min\{\phi_0(x_{\mathrm{mid}}^k),\ \mathrm{UB}\}$, 当前最好的可行解为 $x^* = \underset{x \in F}{\mathrm{argmin}}\, \phi_0(x)$.

步 2 (分支缩减过程)　使用分支规则将 X^k 剖分为两个子矩形, 并记由剖分集构成的集合为 $\overline{X}^k$. 对每一个 $X \in \overline{X}^k$, 使用定理 4.3.2 中的缩减技巧对 X 进行缩减, 计算 $\phi_j(x)$ 在 X 上的下界 $\phi_j^l(x)$. 若对于 $j = 1, \cdots, m$, 存在某个 j 使得 $\underset{x \in X}{\min}\, \phi_j^l(x) > \ln \beta_j$, 或者对于 $j = 0$, 有 $\underset{x \in X}{\min}\, \phi_0^l(x) > \mathrm{UB}$, 则将相应 X 从 $\overline{X}^k$ 中移除, i.e. $\overline{X}^k = \overline{X}^k \setminus X$, 并选择 $\overline{X}^k$ 中下一元素.

步 3 (定界)　若 $\overline{X}^k \neq \varnothing$, 对 $X \in \overline{X}^k$, 确定出问题 (LRP) 在其上的最优值 $\mathrm{LB}(X)$ 和最优解 $x(X)$. 若 $\mathrm{LB}(X) > \mathrm{UB}$, 置 $\overline{X}^k = \overline{X}^k \setminus X$; 否则, 修正 UB, F 和 x^*. 置 $Q_k = (Q_k \setminus X^k) \bigcup \overline{X}^k$, $\mathrm{LB}_k = \underset{X \in Q_k}{\inf}\, \mathrm{LB}(X)$.

步 4 (收敛性检验)　置

$$Q_{k+1} = Q_k \setminus \{X \mid \mathrm{UB} - \mathrm{LB}(X) \leqslant \epsilon,\ X \in Q_k\}.$$

若 $Q_{k+1} = \varnothing$, 则停止计算: UB 是问题 (EP) 的 ϵ-全局最优解, x^* 是 ϵ-全局最优解. 否则, 选取使得 $X^{k+1} = \underset{X \in Q_{k+1}}{\mathrm{argmin}}\, \mathrm{LB}(X)$, $x^{k+1} = x(X^{k+1})$ 成立的矩形 X^{k+1} 进入下一阶段循环. 置 $k = k + 1$, 转步 1.

4.3.4　收敛性分析

下面给出算法的收敛性性质.

定理 4.3.3 (收敛性)　*上述算法或者有限步终止求得问题 (EP) 的 ϵ-全局最优解, 或者产生一可行解序列 $\{x^k\}$, 其聚点是问题 (EP) 的全局最优解.*

证明　当算法有限步终止时, 算法必在某 $k \geqslant 0$ 步终止. 当终止时, 有

$$\mathrm{UB} - \mathrm{LB}_k \leqslant \epsilon.$$

根据步 0 和步 4 知, 此时可以确定出问题 (EP) 的一个可行解 x^*, 且有下列关系成立

$$\phi_0(x^*) - \mathrm{LB}_k \leqslant \epsilon.$$

令 v 表示问题 (EP) 的最优值, 则有

$$\mathrm{LB}_k \leqslant v.$$

因为 x^* 是问题 (EP) 的一个可行解, 所以有 $\phi_0(x^*) \geqslant v$. 综上可知

$$v \leqslant \phi_0(x^*) \leqslant \mathrm{LB}_k + \epsilon \leqslant v + \epsilon,$$

从而有

$$v \leqslant \phi_0(x^*) \leqslant v + \epsilon,$$

即证 x^* 是问题 (EP) 的 ϵ-全局最优解.

当算法无限步终止时, 由文献 [85] 知, 其收敛到全局最优解的一个充分条件是界运算满足一致性且界选取满足改善性.

所谓界运算一致是指在每一步, 任一未被删除的部分可被进一步剖分, 且任一无限被剖分的部分满足

$$\lim_{k \to \infty} (\mathrm{UB} - \mathrm{LB}_k) = 0, \tag{4.3.5}$$

其中 LB_k 是第 k 次迭代时在某个子矩形上的下界, UB 是当前最好上界, 它们不必同时出现在同一子矩形上. 下面说明 (4.3.5) 式成立.

因为分支规则采用的是矩形对分, 所以分支过程是穷举的. 于是, 根据定理 4.3.1 以及关系 $V(\mathrm{LRP}) \leqslant V(\mathrm{EP})$ 知 (4.3.5) 式成立, 这意味着界运算是一致的.

界选取改善是指在有限次剖分后, 至少有一个下界在其上达到的矩形被选出, 作为进一步剖分的矩形. 根据算法, 在迭代中, 作为进一步剖分的矩形恰恰是下界在其上达到的矩形, 因此界选取是改善的. 综上可知, 本书给出的算法满足界运算是一致的且界选取是改善的.

综上, 根据文献 [85] 中的定理 IV.3. 知, 该算法可以收敛到问题 (EP) 的全局最优解.

4.3.5 数值实验

以 Pentium IV (3.06 GHz) 计算机为实验平台, 我们做了一些数值实验. 程序实现采用 MATLAB 7.1, 线性规划问题采用单纯形算法解决. 收敛性误差设置为 $\epsilon = 1.0\mathrm{e} - 4$. 数值算例例 4.3.1—例 4.3.5 的计算结果见表 4.3.

例 4.3.1[78,161]

$$\begin{cases} \min & (x_1 + x_2 + 1)^{2.5}(2x_1 + x_2 + 1)^{1.1}(x_1 + 2x_2 + 1)^{1.9} \\ \mathrm{s.t.} & (x_1 + 2x_2 + 1)^{1.1}(2x_1 + 2x_2 + 2)^{1.3} \leqslant 50, \\ & 1 \leqslant x_1 \leqslant 3, \ 1 \leqslant x_2 \leqslant 3. \end{cases}$$

表 4.3 例 4.3.1—例 4.3.5 的数值计算结果

例	文献	最优解	最优值	迭代次数	时间/s
4.3.1	[78]	(1.0, 1.0)	997.661265160	49	< 1
	[161]	(1.0, 1.0)	997.6613	5	0.0984
	本章	(1.0, 1.0)	997.6613	1	0.0160
4.3.2	[161]	(1.0, 2.0, 1.0)	3.7127	10	0.2717
	本章	(1.0, 2.0, 1.0)	3.7127	1	0.0150
4.3.3	[78]	(1.0, 1.0, 1.0)	60.0	64	< 1
	[161]	(1.0, 1.0, 1.0)	60.0	1	0.0126
	本章	(1.0, 1.0, 1.0)	60.0	1	0.0148
4.3.4	[79]	(0.0, 0.0)	0.533333333	3	< 1
	[146]	(0.0, 0.0)	0.533333	16	0.05
	本章	(0.0, 0.0)	0.5333	2	0.0221
4.3.5	[77]	(1.0, 1.0)	275.074284	1	< 1
	[161]	(1.0, 1.0)	275.0743	1	0.0105
	本章	(1.0, 1.0)	275.0743	1	0.0102

例 4.3.2[161]

$$
\begin{cases}
\min & (2x_1 + x_2 - x_3 + 1)^{-0.2}(2x_1 - x_2 + x_3 + 1)(x_1 + 2x_2 + 1)^{0.5} \\
\text{s.t.} & (3x_1 - x_2 + 1)^{0.3}(2x_1 - x_2 + x_3 + 2)^{-0.1} \leqslant 10, \\
& (1.2x_1 + x_2 + 1)^{-1}(2x_1 + 2x_2 + 1)^{0.5} \leqslant 12, \\
& (x_1 + x_2 + 2)^{0.2}(1.5x_1 + x_2 + 1)^{-2} \leqslant 15, \\
& 1 \leqslant x_1 \leqslant 2, \ 1 \leqslant x_2 \leqslant 2, \ 1 \leqslant x_3 \leqslant 2.
\end{cases}
$$

例 4.3.3[78,161]

$$
\begin{cases}
\min & (x_1 + x_2 + x_3)(2x_1 + x_2 + x_3)(x_1 + 2x_2 + 2x_3) \\
\text{s.t.} & (x_1 + 2x_2 + x_3)^{1.1}(2x_1 + 2x_2 + x_3)^{1.3} \leqslant 100, \\
& 1 \leqslant x_1 \leqslant 3, \ 1 \leqslant x_2 \leqslant 3, \ 1 \leqslant x_3 \leqslant 3.
\end{cases}
$$

例 4.3.4[79,146]

$$
\begin{cases}
\min & (-x_1 + 2x_2 + 2)(4x_1 - 3x_2 + 4)(3x_1 - 4x_2 + 5)^{-1}(-2x_1 + x_2 + 3)^{-1} \\
\text{s.t.} & x_1 + x_2 \leqslant 1.5, \\
& x_1 - x_2 \leqslant 0, \\
& 0 \leqslant x_1 \leqslant 1, \ 0 \leqslant x_2 \leqslant 1.
\end{cases}
$$

例 4.3.5[77,161]

$$\min \quad (2x_1 + x_2 + 1)^{1.5}(2x_1 + x_2 + 1)^{2.1}(0.5x_1 + 2x_2 + 1)^{0.5}$$
$$\text{s.t.} \quad (x_1 + 2x_2 + 1)^{1.2}(2x_1 + 2x_2 + 2)^{0.1} \leqslant 18,$$
$$(1.5x_1 + 2x_2 + 1)(2x_1 + 2x_2 + 1)^{0.5} \leqslant 25,$$
$$1 \leqslant x_1 \leqslant 3, \ 1 \leqslant x_2 \leqslant 3.$$

数值计算结果表明, 本章提出的方法是可行有效的.

4.4 本 章 小 结

本章针对带指数的线性多乘积规划问题 (LMP), 通过等价转换将原问题转化为等价的问题 (EP), 并利用等价问题目标函数的结构特点, 提出两个新的线性化方法. 基于这两个线性化方法提出了两个分支定界算法. 最后, 分别研究了改善算法收敛速度的加速技巧. 与其他算法相比, 这两个算法具有以下特点: 两个新的线性化方法均使用了等价问题目标函数的二阶导数信息; 本章所考虑问题的模型比文献 [71—76, 151] 中的要广; 与文献 [71, 72, 77—80, 146] 的数值算例比较, 显示这两个算法可以有效地求解出问题 (LMP) 的全局最优解. 关于本章详细内容描述可参考文献 [13, 161, 162].

第 5 章　广义线性多乘积规划问题的单纯形分支定界算法

本章考虑如下广义线性多乘积规划问题

$$(\text{GLMP}) \quad \begin{cases} \min & f(x) = g(x) + \sum_{i=1}^{p}(c_i^{\mathrm{T}}x + \alpha_i)(d_i^{\mathrm{T}}x + \beta_i) \\ \text{s.t.} & Ax \leqslant b, \\ & x \geqslant 0, \end{cases}$$

其中 $p \geqslant 2$, c_i, $d_i \in R^n$, α_i, $\beta_i \in R$, $i = 1, \cdots, p$, $A \in R^{m \times n}$, $b \in R^m$, $g(x)$ 是凹函数, $D \triangleq \{x \mid Ax \leqslant b, \ x \geqslant 0\}$ 是非空有界的.

针对问题 (GLMP), 本章提出一个基于单纯形剖分的分支定界算法, 该问题模型较之文献 [82,83] 所考虑的模型要广. 算法在分支过程中使用了单纯形对分规则, 界估计通过求解一些线性规划问题来完成. 下面介绍算法中涉及的基本操作.

5.1　基　本　操　作

通过引入 p 个变量 y_i $(i = 1, \cdots, p)$, 可以导出问题 (GLMP) 的一个等价问题

$$\begin{cases} \min & g(x) + \sum_{i=1}^{p}(c_i^{\mathrm{T}}x + \alpha_i)y_i \\ \text{s.t.} & Ax \leqslant b, \\ & y_i - d_i^{\mathrm{T}}x = \beta_i, \quad i = 1, \cdots, p, \\ & x \geqslant 0. \end{cases}$$

在后面, 我们将会看到这个问题在对问题 (GLMP) 最优值的上、下界估计方面起着很重要的作用.

为了求得问题 (GLMP) 的全局最优解, 我们提出了一个基于单纯形对分的分支定界算法. 算法的开展需要事先构造一个初始单纯形 S^0 使得 $D \subseteq S^0$. 具体可采用文献 [25] 中的构造方法: 首先, 计算

$$\gamma = \max\left\{\sum_{r=1}^{n} x_r \,\bigg|\, x \in D\right\} \text{ 和 } \gamma_r = \min\{x_r \mid x \in D\}, \quad r = 1, \cdots, n.$$

定义 S^0 如下

$$S^0 = \left\{ x \in R^n \middle| x_r \geqslant \gamma_r, \ r = 1, \cdots, n, \sum_{r=1}^{n} x_r \leqslant \gamma \right\},$$

则 S^0 是顶点集为 $\{V^1, V^2, \cdots, V^{n+1}\}$ 的一个单纯形, 且有 $D \subseteq S^0$, 其中 $V^1 = (\gamma_1, \cdots, \gamma_n)$,

$$V^{j+1} = (\gamma_1, \gamma_2, \cdots, \gamma_{j-1}, \tau_j, \gamma_{j+1}, \cdots, \gamma_n), \quad j = 1, \cdots, n,$$

这里 $\tau_j = \gamma - \sum_{r \neq j} \gamma_r$.

下面介绍算法中的两个基本操作环节: 单纯形对分规则和上、下界估计.

5.1.1 单纯形对分规则

为保证算法的收敛性, 必须选取合适的分支规则. 本方法选取单纯形对分规则, 该规则可以保证算法的收敛性.

不失一般性, 假定顶点为 $\{V^1, V^2, \cdots, V^{n+1}\}$ 的子单纯形 $S \subseteq S^0$ 将被剖分. 令 c 是 S 最长边 $[V^s, V^{\tilde{s}}]$ 的中点, i.e.

$$\| V^s - V^{\tilde{s}} \| = \max_{\tilde{j}, j = 1, \cdots, n+1} \{\| V^{\tilde{j}} - V^j \|\},$$

其中 $\| \cdot \|$ 表示 R^n 中的任一范数. 则称 $\{S^1, S^2\}$ 为 S 的单纯形对分, 其中 S^1 与 S^2 的顶点集分别为

$$\{V^1, V^2, \cdots, V^{s-1}, c, V^{s+1}, \cdots, V^{n+1}\},$$
$$\{V^1, V^2, \cdots, V^{\tilde{s}-1}, c, V^{\tilde{s}+1}, \cdots, V^{n+1}\}.$$

根据 Horst 和 Tuy[85], 该单纯形对分规则是穷举的, 即如果 $\{S^{\tilde{r}}\}$ 表示由分支过程形成的一嵌套序列 (i.e.$S^{\tilde{r}+1} \subseteq S^{\tilde{r}}$), 则存在一点 $\overline{x} \in R^n$ 使得 $\bigcap_{\tilde{r}} S^{\tilde{r}} = \{\overline{x}\}$.

5.1.2 下界估计

在求解问题 (GLMP) 的过程中, 一个关键问题是如何为问题 (GLMP) 的最优值构造下界. 在这一小节, 我们将介绍如何为 $f(x)$ 在 $S \bigcap D$ 上的最优值计算下界 $\text{LB}(S)$, 其中 $S = (V^1, \cdots, V^{n+1})$ 是初始单纯形 S^0 或者是它的子单纯形. 这一步对算法十分重要.

定理 5.1.1 令 U 表示是由 $V^1, \cdots, V^{n+1}$ 为列构成的矩阵，$e = (1, \cdots, 1) \in R^{n+1}$, θ_j $(j = 1, \cdots, n+1)$ 为下述线性规划的最优值

$$(\mathrm{LP})_j \begin{cases} \min & g(V^j) + \sum_{i=1}^{p}(c_i^{\mathrm{T}} V^j + \alpha_i)y_i \\ \text{s.t.} & AU\lambda \leqslant b, \\ & U\lambda \geqslant 0, \\ & y_i - d_i^{\mathrm{T}} U\lambda = \beta_i, \quad i = 1, \cdots, p, \\ & e\lambda = 1, \\ & \lambda \geqslant 0, \end{cases}$$

则函数 $f(x)$ 在集合 $S \bigcap D$ 上的下界 $\mathrm{LB}(S)$ 可计算如下

$$(\mathrm{LP}) \begin{cases} \mathrm{LB}(S) = & \min \quad \sum_{j=1}^{n+1} \theta_j \lambda_j \\ & \text{s.t.} \quad AU\lambda \leqslant b, \\ & \qquad U\lambda \geqslant 0, \\ & \qquad e\lambda = 1, \\ & \qquad \lambda \geqslant 0. \end{cases}$$

如果问题 (LP) 的可行域为空, 则令 $\mathrm{LB}(S) = +\infty$.

证明 定义函数 $h: R^n \to R$ 如下

$$h(x) = \min_{\xi, y} \left\{ g(x) + \sum_{i=1}^{p}(c_i^{\mathrm{T}} x + \alpha_i)y_i \,\middle|\, y_i - d_i^{\mathrm{T}} \xi = \beta_i, \; i = 1, \cdots, p, \; \xi \in S \bigcap D \right\}. \tag{5.1.1}$$

显然, 当 $S \bigcap D \neq \varnothing$ 时, $h(x)$ 是一凹函数. 因此, 根据文献 [3] 可知, $h(x)$ 在 S 上的凸包络 $\delta(x)$ 为

$$\delta(x) = \sum_{j=1}^{n+1} h(V^j)\lambda_j,$$

其中 $\lambda = (\lambda_1, \cdots, \lambda_{n+1})$ 满足 $U\lambda = x$, $e\lambda = 1$, $\lambda \geqslant 0$.

由凸包络的定义知, 对所有 $x \in S$, 有 $\delta(x) \leqslant h(x)$. 进而有

$$\min \left\{ g(x) + \sum_{i=1}^{p}(c_i^{\mathrm{T}} x + \alpha_i)(d_i^{\mathrm{T}} x + \beta_i) \,\middle|\, x \in S \bigcap D \right\}$$

$$= \min \left\{ g(x) + \sum_{i=1}^{p} (c_i^{\mathrm{T}} x + \alpha_i) y_i \Big| y_i - d_i^{\mathrm{T}} x = \beta_i, \ i = 1, \cdots, p, \ x \in S \bigcap D \right\}.$$

$$\geqslant \min_{x \in S \cap D} \left\{ \min_{\xi, y} \left\{ g(x) + \sum_{i=1}^{p} (c_i^{\mathrm{T}} x + \alpha_i) y_i \Big| y_i \right. \right.$$

$$\left. \left. - d_i^{\mathrm{T}} \xi = \beta_i, \ i = 1, \cdots, p, \ \xi \in S \bigcap D \right\} \right\}$$

$$= \min_{x \in S \cap D} h(x) \geqslant \min_{x \in S \bigcap D} \delta(x). \tag{5.1.2}$$

同时, 因为有如下关系成立

$$x \in S \bigcap D \Leftrightarrow \lambda \in \{\lambda \mid AU\lambda \leqslant b, \ U\lambda \geqslant 0, \ e\lambda = 1, \ \lambda \geqslant 0\},$$

$$y_i - d_i^{\mathrm{T}} \xi = \beta_i \Leftrightarrow y_i - d_i^{\mathrm{T}} U\lambda = \beta_i, \quad i = 1, \cdots, p,$$

所以, 根据 (5.1.2) 式知, $f(x)$ 在集合 $S \bigcap D$ 上的下界 $\mathrm{LB}(S)$ 为

$$\mathrm{LB}(S) = \min_{x \in S \bigcap D} \delta(x) = \min \left\{ \sum_{j=1}^{n+1} h(V^j) \lambda_j \Big| AU\lambda \leqslant b, \ e\lambda = 1, \ \lambda \geqslant 0 \right\},$$

其中对每个 $j \in \{1, \cdots, n+1\}$,

$$h(V^j) = \min \left\{ g(V^j) + \sum_{i=1}^{p} (c_i^{\mathrm{T}} V^j + \alpha_i) y_i \Big| AU\lambda \leqslant b, \ U\lambda \geqslant 0, \ y_i - d_i^{\mathrm{T}} U\lambda = \beta_i, \right.$$

$$\left. i = 1, \cdots, p, \ e\lambda = 1, \ \lambda \geqslant 0 \right\} = \theta_j.$$

注 根据定理 5.1.1, 为了计算 $\theta_j (j = 1, \cdots, n+1)$, 需要求解 $n+1$ 个线性规划问题 $(\mathrm{LP})_j$. 由于这些线性规划问题具有相同的可行域, 因此通过使用单纯形算法可以很容易求解这些问题.

下面的定理确保了由算法确定的下界序列 $\{\mathrm{LB}_k\}$ 具有单调增加性质.

定理 5.1.2 令 $S, \bar{S}$ 为两个 n-维单纯形. 如果 $\bar{S} \subseteq S$, 则有 $\mathrm{LB}(S) \leqslant \mathrm{LB}(\bar{S})$.

证明 不失一般性, 令

$$S = (V^1, \cdots, V^{n+1}), \quad \bar{S} = (\bar{V}^1, \cdots, \bar{V}^{n+1})$$

是两个 n-维单纯形, 且 $\bar{S} \subseteq S$. 如果 $\bar{S} \bigcap D = \varnothing$, 则定理结论成立, 原因是此时 $\mathrm{LB}(\bar{S}) = +\infty$. 如果 $\bar{S} \bigcap D \neq \varnothing$, 令 $h(x), \bar{h}(x)$ 分别表示是由 (5.1.1) 式根据 $S, \bar{S}$

所定义的凹函数, 并用 $\delta(x)$, $\bar{\delta}(x)$ 分别表示 $h(x), \bar{h}(x)$ 的凸包络. 因为 $\bar{S} \subseteq S$, 所以对所有 $x \in \bar{S}$ 有 $\bar{h}(x) \geqslant h(x)$. 进而, 对所有 $x \in \bar{S}$, 有 $\bar{\delta}(x) \geqslant \delta(x)$. 综上可知

$$\mathrm{LB}(\bar{S}) = \min\{\bar{\delta}(x) \mid x \in \bar{S} \bigcap D\} \geqslant \min\{\delta(x) \mid x \in \bar{S} \bigcap D\}$$

$$\geqslant \min\{\delta(x) \mid x \in S \bigcap D\} = \mathrm{LB}(S).$$

5.1.3　上界估计

对于每个由算法产生的 n-维单纯形 S, 如果 $\mathrm{LB}(S)$ 是有限的, 则在计算 $\mathrm{LB}(S)$ 时可以获得问题 (GLMP) 的一些可行解. 随着越来越多的可行解被发现, 问题 (GLMP) 最优值的上界可以被逐步改善. 具体细节如下.

在某次迭代, 假定 UB 是当前最优上界, (λ^j, y^j) 是问题 $(\mathrm{LP})_j$ $(j = 1, \cdots, n+1)$ 的最优解. 则点 $x^j = U\lambda^j$ $(j = 1, \cdots, n+1)$ 是问题 (GLMP) 的可行解. 另外, 令 λ^* 是问题 (LP) 的最优解, 则点 $x^* = U\lambda^*$ 是问题 (GLMP) 的可行解. 因此, 在计算下界 $\mathrm{LB}(S)$ 的同时, 我们可以获得一个可行点集 $F(S) = \{x^1, x^2, \cdots, x^{n+1}, x^*\}$, 这些点可被用来更新上界

$$\mathrm{UB} = \min\{f(x^1), \cdots, f(x^{n+1}), f(x^*), \mathrm{UB}\}.$$

5.2　算法及其收敛性

在以上结论和基本运算的基础上, 下面给出算法的具体描述.

算法描述

步 0　选取 $\epsilon \geqslant 0$. 构造初始的 n-维单纯形 $S^0 \subseteq R^n$ 使其包含问题 (GLMP) 的可行域 D; 求 $f(x)$ 在 $S^0 \bigcap D$ 上的下界 $\mathrm{LB}(S^0)$; 确定出可行点集 $F(S^0) \subseteq S^0 \bigcap D$; 置

$$F = F(S^0), \quad \mathrm{LB}_0 = \mathrm{LB}(S^0), \quad \mathrm{UB}_0 = \min\{f(x) \mid x \in F\};$$

选取满足 $f(x^0) = \mathrm{UB}_0$ 的点 $x^0 \in F$. 如果 $\mathrm{UB}_0 - \mathrm{LB}_0 \leqslant \epsilon$, 则停止计算: x^0 是问题 (GLMP) 的 ϵ-全局最优解, UB_0 是 ϵ-全局最优值. 否则, 置 $P_0 = \{S^0\}$, $k = 1$, 并转步 1.

步 1　使用单纯形对分规则将 S^{k-1} 剖分为两个子单纯形 $S^{k,1}, S^{k,2}$.

步 2　对于每个 $i = 1, 2$, 计算 $f(x)$ 在 $S^{k,i} \bigcap D$ 上的下界 $\mathrm{LB}(S^{k,i})$, 并确定可行点集 $F(S^{k,i}) \subseteq S^{k,i} \bigcap D$.

步 3　置

$$F = F \bigcup \{F(S^{k,i}) \mid i = 1, 2\}, \quad \mathrm{UB}_k = \min\{f(x) \mid x \in F\},$$

选取满足 $f(x^k) = \mathrm{UB}_k$ 的点 $x^k \in F$.

步 4 置

$$P_k = P_{k-1} \setminus \{S^{k-1}\} \bigcup \{S^{k,i} \mid i = 1, 2, \mathrm{LB}(S^{k,i}) < \mathrm{UB}_k\}.$$

步 5 置

$$\mathrm{LB}_k = \min\{\mathrm{LB}(S) \mid S \in P_k\},$$

并令 $S^k \in P_k$ 为满足 $\mathrm{LB}_k = \mathrm{LB}(S^k)$ 的单纯形. 如果 $\mathrm{UB}_k - \mathrm{LB}_k \leqslant \epsilon$, 则停止计算: x^k 是问题 (GLMP) 的 ϵ-全局最优解, UB_k 是 ϵ-全局最优值. 否则, 置 $k = k + 1$, 并转步 1.

根据上述算法, 显然, 如果算法在第 k 次迭代终止, 则 x^k 是 ϵ-全局最优解, UB_k 是 ϵ-全局最优值. 如果算法无限步终止, 则它将产生一无穷递减的单纯形序列 $\{S^q\}$, 即 $S^{q+1} \subseteq S^q, \forall q$. 对于这种情况, 算法的收敛性由下面定理给出.

定理 5.2.1 (收敛性) 假定算法无限步终止, 且算法产生的递减的单纯形序列 $\{S^q\}$ 满足 $\bigcap\limits_{q=1}^{\infty} S^q = \{\bar{x}\}$, 其中 $\bar{x} \in D$, 则序列 $\{x^q\}$ 的任一聚点为问题 (GLMP) 的全局最优解.

证明 对于每个 q, 令 x^{qj} 和 x^{*q} 分别为求解问题 (LP)$_j$ $(j = 1, \cdots, n+1)$ 和 (LP) 在单纯形 S^q 上最优解时获得的可行解. 根据 $\bigcap\limits_{q=1}^{\infty} S^q = \{\bar{x}\}$, 知随着 $q \to \infty$ 有 $x^{qj} \to \bar{x}$ $(j = 1, \cdots, n+1)$ 和 $x^{*q} \to \bar{x}$.

令 $V^{qj}(j = 1, \cdots, n+1)$ 表示单纯形 S^q 的顶点. 基于以上讨论知 $V^{qj} \to V^{*j} = \bar{x}$ $(j = 1, \cdots, n+1)$. 因此有

$$\lim_{q \to \infty} h(V^{qj}) = h(V^{*j}) = f(\bar{x}) \quad (j = 1, \cdots, n+1).$$

进而可推得

$$\lim_{q \to \infty} \mathrm{LB}_q = \lim_{q \to \infty} \mathrm{LB}(S^q) = \sum_{j=1}^{n+1} h(V^{*j}) \lambda_j = f(\bar{x}) \sum_{j=1}^{n+1} \lambda_j = f(\bar{x}),$$

故有

$$\lim_{q \to \infty} (\mathrm{UB}_q - \mathrm{LB}_q) = \lim_{q \to \infty} \mathrm{UB}_q - f(\bar{x}) = \lim_{q \to \infty} f(x^q) - f(\bar{x}) = 0.$$

根据 Horst 和 Tuy 的文献 [85] 即知结论成立.

5.3 数值实验

为验证本算法的可行性与有效性, 我们做了一些数值实验. 实验平台为 Pentium IV (3.06 GHz) 计算机. 算法程序实现采用 MATLAB 7.1 软件, 线性规划问题的求解采用单纯形方法. 算法的收敛性误差设置为 $\epsilon = 10^{-3}$.

例 5.3.1[158,163]

$$\begin{cases} \min & 3x_1 - 4x_2 + (x_1 + 2x_2 - 1.5) \times (2x_1 - x_2 + 4) \\ & + (x_1 - 2x_2 + 8.5) \times (2x_1 + x_2 - 1) \\ \text{s.t.} & 5x_1 + 8x_2 \geqslant -24, \\ & 5x_1 + 8x_2 \leqslant 44, \\ & 6x_1 - 3x_2 \leqslant 15, \\ & 4x_1 + 5x_2 \geqslant 10, \\ & x_1 \geqslant 0. \end{cases}$$

例 5.3.2[164]

$$\begin{cases} \min & (x_1 + x_2) \times (x_1 - x_2 + 7) \\ \text{s.t.} & 2x_1 + x_2 \leqslant 14, \\ & x_1 + x_2 \leqslant 10, \\ & -4x_1 + x_2 \leqslant 0, \\ & 2x_1 + x_2 \leqslant 6, \\ & x_1 + 2x_2 \leqslant 6, \\ & x_1 - x_2 \leqslant 3, \\ & x_1 + x_2 \geqslant 0, \\ & x_1 - x_2 + 7 \geqslant 0, \\ & x_1 \geqslant 0, \ x_2 \geqslant 0. \end{cases}$$

例 5.3.3[83]

$$\begin{cases} \min & x_1 + (2x_1 - 3x_2 + 13) \times (x_1 + x_2 - 1) \\ \text{s.t.} & -x_1 + 2x_2 \leqslant 8, \\ & -x_2 \leqslant -3, \\ & x_1 + 2x_2 \leqslant 12, \\ & x_1 - 2x_2 \leqslant -5, \\ & x_1 \geqslant 0, \ x_2 \geqslant 0. \end{cases}$$

例 5.3.4[160]

$$\begin{cases} \min & (0.813396x_1 + 0.67440x_2 + 0.305038x_3 + 0.129742x_4 + 0.217796) \\ & \times(0.224508x_1 + 0.063458x_2 + 0.932230x_3 + 0.528736x_4 + 0.091947) \\ \text{s.t.} & 0.488509x_1 + 0.063565x_2 + 0.945686x_3 + 0.210704x_4 \leqslant 3.562809, \\ & -0.324014x_1 - 0.501754x_2 - 0.719204x_3 + 0.099562x_4 \leqslant -0.052215, \\ & 0.445225x_1 - 0.346896x_2 + 0.637939x_3 - 0.257623x_4 \leqslant 0.427920, \\ & -0.202821x_1 + 0.647361x_2 + 0.920135x_3 - 0.983091x_4 \leqslant 0.840950, \\ & -0.886420x_1 - 0.802444x_2 - 0.305441x_3 - 0.180123x_4 \leqslant -1.353686, \\ & -0.515399x_1 - 0.424820x_2 + 0.897498x_3 + 0.187268x_4 \leqslant 2.137251, \\ & -0.591515x_1 + 0.060581x_2 - 0.427365x_3 + 0.579388x_4 \leqslant -0.290987, \\ & 0.423524x_1 + 0.940496x_2 - 0.437944x_3 - 0.742941x_4 \leqslant 0.373620. \\ & x_1 \geqslant 0,\ x_2 \geqslant 0,\ x_3 \geqslant 0,\ x_4 \geqslant 0. \end{cases}$$

例 5.3.5

$$\begin{cases} \min & -x_1^2 - x_2^2 + (-x_1 - 3x_2 + 2) \times (4x_1 + 3x_2 + 1) \\ \text{s.t.} & x_1 + x_2 \leqslant 5, \\ & -x_1 + x_2 \leqslant 6, \\ & x_1 \geqslant 0,\ x_2 \geqslant 0. \end{cases}$$

例 5.3.6

$$\begin{cases} \min & -2x_1^2 - x_2^2 - 2 + (-2x_1 - 3x_2 + 2) \times (4x_1 + 6x_2 + 2) \\ & +(3x_1 + 5x_2 + 2) \times (6x_1 + 8x_2 + 1) \\ \text{s.t.} & 2x_1 + x_2 \leqslant 10, \\ & -x_1 + 2x_2 \leqslant 10, \\ & x_1 \geqslant 0,\ x_2 \geqslant 0. \end{cases}$$

例 5.3.1—例 5.3.6 的测试结果见表 5.1, 其结果显示本方法是有效可行的.

表 5.1　例 5.3.1—例 5.3.6 的测试结果

例	文献	最优解	最优值	迭代次数	时间/s
5.3.1	[158]	(0.0, 3.0)	−2.5	2	—
	[163]	(0.0, 3.0)	−2.5	—	—
	本章	(0.0, 3.0)	−2.5	1	0.0630
5.3.2	[164]	(2.0, 8.0)	10.0	53	0.3
	本章	(2.0, 8.0)	10.0	48	5.0780
5.3.3	[83]	(0.0, 4.0)	3.0	3	
	本章	(0.0, 4.0)	3.0	2	0.2030
5.3.4	[160]	(1.314792, 0.13955, 0.0, 0.423286)	0.890193	6	—
	本章	(1.3148, 0.1396, 0.0, 0.4233)	0.8902	1	0.1880
5.3.5	本章	(0.0, 5.0)	−233.0	4	0.323215
5.3.6	本章	(0.0, 0.0)	4	7	0.633588

5.4　本章小结

本章针对广义线性多乘积规划问题 (GLMP) 提出了一个基于单纯形分支定界算法, 该问题模型推广了文献 [82, 83] 所考虑的数学模型. 该单纯形分支定界算法在分支过程中使用了单纯形对分规则, 利用凸包络构造线性规划下界问题. 从理论上证明了算法的全局收敛性, 并且数值实验结果验证了算法的可行性. 关于本章介绍的详细内容可参考文献 [165]. 此外, 基于输出空间剖分和松弛定界, 我们为广义线性多乘积规划问题提出了一个外空间分支定界算法, 详细内容可参考文献 [166].

第 6 章 广义几何规划问题的分支定界算法

本章对广义几何规划问题 (GGP) 提出两个确定性全局优化分支定界算法, 这类优化问题能广泛应用于工程设计和非线性系统的鲁棒稳定性分析等实际问题中. 基本思想是使用指数变换或等价转化构造线性化技术, 对目标函数和约束函数进行线性下界估计, 建立问题 (GGP) 的线性松弛规划问题 (LRP), 通过对问题 (LRP) 可行域的连续细分以及一系列问题 (LRP) 的求解过程提出寻求问题 (GGP) 全局最优解的分支定界算法, 并从理论上证明算法的收敛性质, 数值实验表明给出的方法是可行有效的.

6.1 分支定界加速算法

6.1.1 问题描述

考虑下面的广义几何规划问题:

$$(\text{GGP}) \begin{cases} \min & G_0(x) \\ \text{s.t.} & G_j(x) \leqslant \eta_j, \quad j = 1, 2, \cdots, M, \\ & x \in X = [\underline{x}, \bar{x}] \subset R^N, \end{cases}$$

其中

$$G_j(x) = \sum_{t=1}^{T_j} \delta_{jt} \alpha_{jt} \prod_{i=1}^{N} x_i^{\gamma_{jti}}, \quad j = 0, 1, \cdots, M,$$

α_{jt} 是正系数; $\delta_{jt} = 1, -1$; γ_{jti} 和 η_j 均为任意实数, $\underline{x} > 0$.

本节在文献 [97] 理论和算法的基础上给出一个新的加速算法. 通过利用目标函数的线性松弛和当前已知的上、下界来构造新的删除技术. 该删除技术能删除可行域中不包含全局最优解的一大部分, 将其作为加速工具应用于文献 [97] 的算法中, 使得新算法的计算效率显著提高. 数值实验表明新的加速算法与文献 [97] 中的算法相比, 在迭代次数、存储空间及运行时间上都有明显改进.

6.1.2 线性化方法

为了求解问题 (GGP), 令 $x_i = e^{y_i}$, $i = 1, 2, \cdots, N$, 则问题 (GGP) 可转化为下面的等价问题:

$$(\text{P1}) \begin{cases} \min & \Psi_0(y) \\ \text{s.t.} & \Psi_j(y) \leqslant \eta_j, \quad j=1,2,\cdots,m, \\ & y \in Y^0 = \{y: \underline{y}_i^0 = \ln \underline{x}_i \leqslant y_i \leqslant \ln \bar{x}_i = \bar{y}_i^0 < \infty, \forall\, i \in N\}, \end{cases}$$

其中

$$\Psi_j(y) = \sum_{t=1}^{T_j} \delta_{jt}\alpha_{jt} \exp\left(\sum_{i=1}^{N} \gamma_{jti}y_i\right), \quad j=0,1,\cdots,m.$$

对任意 $j=0,1,\cdots,m$, $t=1,2,\cdots,T_j$, 任意 $Y=(Y_i)_{N\times 1} \subseteq Y^0$, 其中 $Y_i = [\underline{y}_i, \bar{y}_i]$, 记

$$Y_{jt}^l = \sum_{i=1}^{N} \min(\gamma_{jti}\,\underline{y}_i, \gamma_{jti}\,\bar{y}_i),$$

$$Y_{jt}^u = \sum_{i=1}^{N} \max(\gamma_{jti}\,\underline{y}_i, \gamma_{jti}\,\bar{y}_i),$$

$$A_{jt} = \frac{\exp(Y_{jt}^u) - \exp(Y_{jt}^l)}{Y_{jt}^u - Y_{jt}^l}.$$

下面只讨论问题 (P1) (简称 P1) 的求解过程, 为此需要用一线性函数下估计每个非凸函数 $\Psi_j(y)$, $j=0,1,\cdots,m$, 见下面定理 6.1.1.

定理 6.1.1 对任意 $j=0,1,\cdots,m$, $t=1,2,\cdots,T_j$, 任意 $Y \subseteq Y^0$, 设函数 $f_{jt}(y) = \exp\left(\sum_{i=1}^{N} \gamma_{jti}y_i\right)$, $y=(y_1,\cdots,y_N)^{\mathrm{T}} \in Y$, 则线性函数 $g_{jt}(y) = \exp(Y_{jt}^l) + A_{jt}\left(\sum_{i=1}^{N} \gamma_{jti}y_i - Y_{jt}^l\right)$ 和 $h_{jt}(y) = A_{jt}\left(1 + \sum_{i=1}^{N} \gamma_{jti}y_i - \ln A_{jt}\right)$ 满足:

(1) 对 $\forall\, y \in Y$, $h_{jt}(y) \leqslant f_{jt}(y) \leqslant g_{jt}(y)$, 其中 $g_{jt}(y)$ 是 $f_{jt}(y)$ 在 Ω 上的凹包, $h_{jt}(y)$ 是 $f_{jt}(y)$ 的切平面, 且与 $g_{jt}(y)$ 平行.

(2) 记 $\Delta_{jt}^1(y) = g_{jt}(y) - f_{jt}(y)$, $\Delta_{jt}^2(y) = f_{jt}(y) - h_{jt}(y)$, 那么 $\Delta_{jt}^1(y)$ 和 $\Delta_{jt}^2(y)$ 在 $y \in Y$ 上的最大值相等, 且为 $\max_{y\in Y}\Delta_{jt}^1(y) = \max_{y\in Y}\Delta_{jt}^2(y) = \exp(Y_{jt}^l)(1 - z_{jt} + z_{jt}\ln z_{jt})$, 其中 $z_{jt} = \dfrac{\exp(\omega_{jt}) - 1}{\omega_{jt}}$, $\omega_{jt} = Y_{jt}^u - Y_{jt}^l$.

证明 略.

注 由定理 6.1.1, 当 $\omega_{jt} \to 0^+$ 时, $z_{jt} \to 1$, $\Theta_{jt.\max}^1 = \Theta_{jt.\max}^2 \to 0$, 也即是线性函数 $g_{jt}(y)$ 和 $h_{jt}(y)$ 充分接近非线性函数 $f_{jt}(y)$.

根据定理 6.1.1, 对任意 $j=0,1,\cdots,m$, $t=1,2,\cdots,T_j$, 有

$$\delta_{jt}\alpha_{jt}\exp\left(\sum_{i=1}^{N}\gamma_{jti}y_i\right) \geqslant \Psi_{jt}^L(y) = \begin{cases} \delta_{jt}\alpha_{jt}h_{jt}(y), & \delta_{jt}=1, \\ \delta_{jt}\alpha_{jt}g_{jt}(y), & \delta_{jt}=-1, \end{cases} \tag{6.1.1}$$

将 (6.1.1) 式关于 t 求和, 于是对任意 $y \in Y \subseteq Y^0$, 有

$$\Psi_j(y) \geqslant \Psi_j^R(y) = \sum_{t=1}^{T_j}\Psi_{jt}^L(y), \quad j = 0,1,\cdots,m.$$

这样我们得到 P1 定义在超矩形 Y 上的线性松弛规划问题如下

$$\text{LRP}(\Omega)\begin{cases} \min & \Psi_0^R(y) \\ \text{s.t.} & \Psi_j^R(y) \leqslant \eta_j, \quad j = 1,2,\cdots,m, \\ & y \in Y \subseteq Y^0. \end{cases}$$

设问题 (P) 的最优目标值用 $V[\text{P}]$ 表示, 由以上讨论, 对任意 $\bar{Y} \subseteq Y$, 则问题 P1$(\bar{Y})$ 和 LRP$(\bar{Y})$ 的最优目标值之间满足: $V[\text{LRP}(\bar{Y})] \leqslant V[\text{P1}(\bar{Y})]$.

6.1.3 删除技术

本节在前面线性松弛的基础上给出了一个新的删除技术, 该删除技术能删除可行域中不含全局最优解的一大部分区域. 将其作为加速工具应用于文献 [97] 的算法之中, 所得新算法能使计算效率显著提高.

令 $Y = (Y_i)_{N \times 1}$(其中 $Y_i = [\underline{y}_i, \bar{y}_i]$) 是 Y^0 的一个子矩形, 即 $Y \subseteq Y^0$. 假设 $\overline{\Psi}_0$ 和 $\underline{\Psi}_0$ 分别是已知的问题 (P1) 最优值 Ψ_0^* 的上、下界. 为叙述方便, 记

$$\begin{cases} F_0^1 = \sum_{t=1,\delta_{0t}=1}^{T_0}\delta_{0t}\alpha_{0t}\,A_{0t}(1-\ln A_{0t}) + \sum_{t=1,\delta_{0t}=-1}^{T_0}\delta_{0t}\alpha_{0t}(\exp(Y_{0t}^l) - A_{0t}\,Y_{0t}^l), \\ F_0^2 = \sum_{t=1,\delta_{0t}=1}^{T_0}\delta_{0t}\alpha_{0t}(\exp(Y_{0t}^l) - A_{0t}\,Y_{0t}^l) + \sum_{t=1,\delta_{0t}=-1}^{T_0}\delta_{0t}\alpha_{0t}A_{0t}(1-\ln A_{0t}), \\ \beta_m = \sum_{t=1}^{T_0}\delta_{0t}\alpha_{0t}\gamma_{0tm}\,A_{0t}, \\ s_m^1 = \min_{y \in Y}\sum_{v=1,v\neq m}^{N}\beta_v\,y_v, \\ z_m^1 = \dfrac{\overline{\Psi}_0 - s_m^1 - F_0^1}{\beta_m}, \\ s_m^2 = \max_{y \in Y}\sum_{v=1,v\neq m}^{N}\beta_v\,y_v, \\ z_m^2 = \dfrac{\underline{\Psi}_0 - s_m^2 - F_0^2}{\beta_m}. \end{cases} \tag{6.1.2}$$

定理 6.1.2　考虑盒子 $Y = (Y_i)_{N \times 1} \subseteq Y^0$. 若存在某个 $\beta_m > 0$ ($m = 1, 2, \cdots, N$)，则有以下结论：

(1) 若 $z_m^1 < \bar{y}_m$，则 $\min\limits_{y \in \hat{Y}^1} \Psi_0(y) > \Psi_0^*$；

(2) 若 $z_m^2 > \underline{y}_m$，则 $\min\limits_{y \in \hat{Y}^2} \Psi_0(y) > \Psi_0^*$.

其中

$$\hat{Y}^1 = (\hat{Y}_i^1)_{N \times 1} \subseteq Y, \quad \hat{Y}^2 = (\hat{Y}_i^2)_{N \times 1} \subseteq Y,$$

$$\hat{Y}_i^1 = \begin{cases} Y_i, & i = 1, 2, \cdots, N, \ i \neq m, \\ (z_m^1, \bar{y}_m] \bigcap Y_m, & i = m, \end{cases}$$

$$\hat{Y}_i^2 = \begin{cases} Y_i, & i = 1, 2, \cdots, N, \ i \neq m, \\ [\underline{y}_m, z_m^2) \bigcap Y_m, & i = m. \end{cases}$$

证明　对任意 $y = (y_i)_{N \times 1} \in \hat{Y}^1$，令 $\beta_m > 0$ 和 $z_m^1 < \bar{y}_m$，由 (6.1.2) 式 β_m，s_m^1 和 z_m^1 的定义知 $z_m^1 < y_m$，即 $\dfrac{\overline{\Psi}_0 - s_m^1 - F_0^1}{\beta_m} < y_m$. 而且由 $g_{0t}(y)$ 和 $h_{0t}(y)$ 的定义和 $\Psi_0^R(y) = \sum\limits_{t=1}^{T_0} \Psi_{0t}^L(y)$，我们能够得到

$$\overline{\Psi}_0 < \beta_m y_m + s_m^1 + F_0^1$$

$$= \beta_m y_m + \min_{y \in Y} \sum_{v=1, v \neq m}^{N} \beta_v y_v + F_0^1$$

$$\leqslant \sum_{v=1}^{N} \beta_v y_v + F_0^1$$

$$= \sum_{v=1}^{N} \sum_{t=1}^{T_0} \delta_{0t} \alpha_{0t} \gamma_{0tv} A_{0t} y_v + F_0^1$$

$$= \sum_{t=1}^{T_0} \delta_{0t} \alpha_{0t} A_{0t} \sum_{v=1}^{N} \gamma_{0tv} y_v + F_0^1$$

$$= \sum_{t=1, \delta_{0t}=1}^{T_0} \delta_{0t} \alpha_{0t} A_{0t} \sum_{v=1}^{N} \gamma_{0tv} y_v + \sum_{t=1, \delta_{0t}=-1}^{T_0} \delta_{0t} \alpha_{0t} A_{0t} \sum_{v=1}^{N} \gamma_{0tv} y_v$$

$$+ \sum_{t=1, \delta_{0t}=1}^{T_0} \delta_{0t} \alpha_{0t} A_{0t} (1 - \ln A_{0t}) + \sum_{t=1, \delta_{0t}=-1}^{T_0} \delta_{0t} \alpha_{0t} (\exp(Y_{0t}^l) - A_{0t} \ Y_{0t}^l)$$

$$= \sum_{t=1,\delta_{0t}=1}^{T_0} \delta_{0t}\alpha_{0t}A_{0t}\left(1 + \sum_{v=1}^{N}\gamma_{0tv}y_v - \ln A_{0t}\right) + \sum_{t=1,\delta_{0t}=-1}^{T_0} \delta_{0t}\alpha_{0t}\left[\exp(Y_{0t}^l)\right.$$

$$\left. + A_{0t}\left(\sum_{v=1}^{N}\gamma_{0tv}y_v - Y_{0t}^l\right)\right]$$

$$= \sum_{t=1,\delta_{0t}=1}^{T_0} \delta_{0t}\alpha_{0t}h_{0t}(y) + \sum_{t=1,\delta_{0t}=-1}^{T_0} \delta_{0t}\alpha_{0t}g_{0t}(y)$$

$$= \Psi_0^R(y).$$

由上面的讨论和假设知, 对任意的 $y \in \hat{Y}^1$, 有 $\Psi_0^* \leqslant \overline{\Psi}_0 < \Psi_0^R(y) \leqslant \Psi_0(y)$. 因此, $\min\limits_{y \in \hat{Y}^1} \Psi_0(y) > \overline{\Psi}_0 \geqslant \Psi_0^*$, 即在盒子 $\hat{Y}^1$ 上不存在全局最优解. 第一部分证明结束.

相似地, 对任意 $y = (y_i)_{N \times 1} \in \hat{Y}^2$, 令 $\beta_m > 0$ 和 $y_m < z_m^2$, 我们有下面的式子成立

$$\underline{\Psi}_0 > \beta_m y_m + s_m^2 + F_0^2$$

$$= \beta_m y_m + \max_{y \in Y} \sum_{v=1,v \neq m}^{N} \beta_v y_v + F_0^2$$

$$\geqslant \sum_{v=1}^{N} \beta_v y_v + F_0^2$$

$$= \sum_{v=1}^{N}\sum_{t=1}^{T_0} \delta_{0t}\alpha_{0t}\gamma_{0tv}A_{0t}y_v + F_0^2$$

$$= \sum_{t=1}^{T_0} \delta_{0t}\alpha_{0t}A_{0t}\sum_{v=1}^{N}\gamma_{0tv}y_v + F_0^2$$

$$= \sum_{t=1,\delta_{0t}=1}^{T_0} \delta_{0t}\alpha_{0t}A_{0t}\sum_{v=1}^{N}\gamma_{0tv}y_v + \sum_{t=1,\delta_{0t}=-1}^{T_0} \delta_{0t}\alpha_{0t}A_{0t}\sum_{v=1}^{N}\gamma_{0tv}y_v$$

$$+ \sum_{t=1,\delta_{0t}=1}^{T_0} \delta_{0t}\alpha_{0t}(\exp(Y_{0t}^l) - A_{0t}Y_{0t}^l) + \sum_{t=1,\delta_{0t}=-1}^{T_0} \delta_{0t}\alpha_{0t}A_{0t}(1 - \ln A_{0t})$$

$$= \sum_{t=1,\delta_{0t}=-1}^{T_0} \delta_{0t}\alpha_{0t}A_{0t}\left(1 + \sum_{v=1}^{N}\gamma_{0tv}y_v - \ln A_{0t}\right) + \sum_{t=1,\delta_{0t}=1}^{T_0} \delta_{0t}\alpha_{0t}\left[\exp(Y_{0t}^l)\right.$$

$$+ A_{0t} \left(\sum_{v=1}^{N} \gamma_{0tv} y_v - Y_{0t}^l \right) \Bigg]$$

$$= \sum_{t=1, \delta_{0t}=-1}^{T_0} \delta_{0t} \alpha_{0t} h_{0t}(y) + \sum_{t=1, \delta_{0t}=1}^{T_0} \delta_{0t} \alpha_{0t} g_{0t}(y)$$

$$\geqslant \Psi_0^*.$$

因此, 对任意 $y \in \hat{Y}^2$, 有 $\Psi_0(y) \geqslant \underline{\Psi}_0 > \Psi_0^*$, 即在盒子 $\hat{Y}^2$ 上不存在全局最优解. 定理 6.1.2 证明完毕.

定理 6.1.3　考虑盒子 $Y = (Y_i)_{N \times 1} \subseteq Y^0$. 若存在某个 $\beta_m < 0$ $(m = 1, 2, \cdots, N)$, 则有以下结论:

(1) 若 $z_m^1 > \underline{y}_m$, 则 $\min\limits_{y \in \hat{Y}^3} \Psi_0(y) > \Psi_0^*$;

(2) 若 $z_m^2 < \bar{y}_m$, 则 $\min\limits_{y \in \hat{Y}^4} \Psi_0(y) > \Psi_0^*$.

其中

$$\hat{Y}^3 = (\hat{Y}_i^3)_{N \times 1} \subseteq Y, \quad \hat{Y}^4 = (\hat{Y}_i^4)_{N \times 1} \subseteq Y,$$

$$\hat{Y}_i^3 = \begin{cases} Y_i, & i = 1, 2, \cdots, N, \ i \neq m, \\ [\underline{y}_m, z_m^1) \bigcap Y_m, & i = m, \end{cases}$$

$$\hat{Y}_i^4 = \begin{cases} Y_i, & i = 1, 2, \cdots, N, \ i \neq m, \\ (z_m^2, \bar{y}_m] \bigcap Y_m, & i = m. \end{cases}$$

证明　类似定理 6.1.2, 我们能给出定理 6.1.3 的证明.

由定理 6.1.2 和定理 6.1.3 知, 当定理 6.1.2 和定理 6.1.3 条件满足的时候, 我们能够利用定理 6.1.2 和定理 6.1.3 删除可行域不含全局最优解的一大部分.

下面给出在算法执行过程中, 所考察盒子的详细删除过程. 假定算法当前所考察的子盒子为 $Y \subseteq Y^0$, 其中 $Y = (Y_m)_{N \times 1}, Y_m = [\underline{y}_m, \bar{y}_m]$. 若存在某个 m $(m = 1, 2, \cdots, N)$ 满足 $\beta_m \neq 0$, 根据 (6.1.2) 式计算 $s_m^1, z_m^1, s_m^2, z_m^2$. 令 T_m 表示区间 Y_m 中被删除的部分, 则 T_m 可由下面的规则进行确定.

(1) 若 $\beta_m > 0$ 且 $z_m^1 < \bar{y}_m$, 则

$$T_m = \begin{cases} (z_m^1, \bar{y}_m], & \underline{y}_m < z_m^1, \\ [\underline{y}_m, \bar{y}_m], & z_m^1 \leqslant \underline{y}_m; \end{cases}$$

(2) 若 $\beta_m > 0$ 且 $z_m^2 > \underline{y}_m$, 则

$$T_m = \begin{cases} [\underline{y}_m, z_m^2), & z_m^2 < \overline{y}_m, \\ [\underline{y}_m, \overline{y}_m], & \overline{y}_m \leqslant z_m^2; \end{cases}$$

(3) 若 $\beta_m < 0$ 且 $z_m^1 > \underline{y}_m$, 则

$$T_m = \begin{cases} [\underline{y}_m, z_m^1), & z_m^1 < \overline{y}_m, \\ [\underline{y}_m, \overline{y}_m], & z_m^1 \geqslant \overline{y}_m; \end{cases}$$

(4) 若 $\beta_m < 0$ 且 $z_m^2 < \overline{y}_m$, 则

$$T_m = \begin{cases} (z_m^2, \overline{y}_m], & z_m^2 \geqslant \underline{y}_m, \\ [\underline{y}_m, \overline{y}_m], & z_m^2 < \underline{y}_m. \end{cases}$$

因此, 由上面讨论可知, 区间 Y_m 被删除的部分为 $Y_m \bigcap T_m$, 即盒子 Y 剩余的部分为 $\widetilde{Y} = (\widetilde{Y}_j)_{N \times 1}$, 其中

$$\widetilde{Y}_j = \begin{cases} Y_j, & j = 1, 2, \cdots, N, \quad j \neq m, \\ Y_m \setminus T_m, & j = m. \end{cases}$$

6.1.4 算法及其收敛性

下面给出求解问题 (P1) 的加速算法. 通过求解定义在 Y^0 剖分集上的一系列线性松弛规划问题 (LRP), 逐步改进 P1 最优目标值的上界和下界, 最终确定原问题的全局极小解. 在这个分支定界算法中把 Y^0 分割成一些子超矩形, 每个子超矩形对应着分支定界树的一个节点. 每个节点又对应着一松弛的线性子问题. 假定在算法进行的第 k 次迭代中, Q_k 表示由活动节点 (即可能存在全局解的子盒子) 构成的集合, 对于 Q_k 中每个节点对应着一超矩形 $Y \subseteq Y^0$, 关于 Y 求解线性规划 LRP(Y) 的最优值 LB(Y), 而 P1(Y^0) 的全局最优值的一个下界为 LB(k) = min{LB(Y) : $Y \in Q_k$}. 对 $\forall Y \in Q_k$, 若 LRP(Y) 的最优解对 P1(Y^0) 是可行的, 则更新 P1(Y^0) 的上界 UB (若需要). 现选定一活动节点 Y' 使其在所有 $Y \in Q_k$ 中具有最小下界 LB(Y') = LB$_k$, 然后将 Y' 分成两部分, 对每个新的节点先进行压缩, 再使用新的删除技术删除所考察的节点中 (所考察的子盒子中) 不含全局最优解的部分, 其剩余的部分用 $\widetilde{Y}$ 表示, 再求解相应的 LRP($\widetilde{Y}$), 这一过程重复下去直到满足收敛条件为止.

分支规则

保证分支定界算法收敛关键在于选取合适的分支规则, 在这一节中我们选取简单的矩形对分规则, 现假定 $Y' = [\underline{y}', \overline{y}'] \subseteq Y^0$ 是被挑选出进行对分的矩形.

(1) 选取分支变量. 令

$$p = \arg\max\{\bar{y}'_i - \underline{y}'_i : i = 1, 2, \cdots, N\}.$$

(2) 令

$$y_p = \frac{\underline{y}'_p + \bar{y}'_p}{2}.$$

(3) 令

$$Y'_1 = \{y : \underline{y}_i \leqslant y_i \leqslant \bar{y}_i, i = 1, 2, \cdots, N \ (i \neq p), \ \underline{y}_i \leqslant y_i \leqslant y_p, \ i = p\},$$

$$Y'_2 = \{y : \underline{y}_i \leqslant y_i \leqslant \bar{y}_i, i = 1, 2, \cdots, N \ (i \neq p), \ y_p \leqslant y_i \leqslant \bar{y}_i, \ i = p\},$$

利用该分支规则, 超矩形 Y' 被分割成两个子超矩形 Y'_1, Y'_2.

算法步骤

步 0　初始化. 给定收敛性参数 $\epsilon_c > 0$; 可行性参数 $\epsilon_f > 0$; 迭代次数 $k := 1$; 上界 UB $:= \infty$; 活动节点 $Q_0 = Y^0$; 可行点集 $F := \varnothing$; 求解 LRP(Y^0) 得下界 LB$_0 := $ LB(Y^0) 和 $y^0 := y(Y^0)$; 若 y^0 对于问题 (P1) 是可行的, 则必要时更新 F, UB. 若 UB $-$ LB$_0 \leqslant \epsilon_c$, 则算法停止, y^0 是问题 (P1) 的一个全局最优解, UB 为最优值; 否则, 执行步 1.

步 1　更新上界. 若 Y^k 的中点 y^m 对于问题 (P1) 是可行的, 则令 $F := F \bigcup \{y^m\}$, 若 $\Psi_0(y^m) < $ UB, 则令 UB $= \Psi_0(y^m)$. 若 $F \neq \varnothing$, 令 $b := \arg\min\limits_{y \in F} \Psi_0(y)$.

步 2　分裂步. 根据矩形的二分规则, 选取 Y^k 的分支变量 y^p, 二分 Y^k 得到两个新的子矩形, 用 $\overline{Y}^k$ 表示新的剖分子矩形所构成的集合. 对每个 $Y \in \overline{Y}^k$, 计算 $\Psi_j^R(y)$ 在矩形 Y 上的下界 $\underline{\Psi}_j^R$, 即 $\underline{\Psi}_j^R := \sum\limits_{t=1}^{T_j} \underline{\Psi}_{jt}^L$, $j = 0, 1, \cdots, m$, 其中

$$\underline{\Psi}_{jt}^L = \begin{cases} \delta_{jt}\alpha_{jt}h_{jt}(Y_{jt}^l), & \delta_{jt} = 1, \\ \delta_{jt}\alpha_{jt}g_{jt}(Y_{jt}^u), & \delta_{jt} = -1. \end{cases}$$

若存在某个 $j = 0, 1, \cdots, m$ 满足 $\underline{\Psi}_0^R > $ UB 或 $\underline{\Psi}_j^R > \eta_j + \epsilon_f$, 则从 $\overline{Y}^k$ 中删除相应的子矩形 Y.

步 3　删除步. 若 $\overline{Y}^k \neq \varnothing$, 按照定理 6.1.2 和定理 6.1.3, 利用新的删除技术对每个 $Y \in \overline{Y}^k$ 进行删除或压缩, 删除可行域中不含全局最优解的部分, 仍然用 $\overline{Y}^k$ 表示删除或压缩后剩余的子超矩形所构成的集合. 再对每个 $Y \in \overline{Y}^k$, 求解 LRP(Y) 得 LB(Y) 和 $y(Y)$, 若 LB$(Y) > $ UB, 则令 $\overline{Y}^k := \overline{Y}^k \setminus Y$.

步 4 更新下界. 若 $y(Y)$ 满足 LB(Y) $\leqslant$ UB 且对问题 (P1) 是可行的, 则更新 UB, F, b (必要时), 且令 $Q_k := (Q_k \setminus Y^k) \bigcup \overline{Y}^k$, 可以求得新的下界 LB$_k :=$ $\inf_{Y \in Q_k}$ LB(Y).

步 5 判断步. 令 $Q_{k+1} = Q_k \setminus \{Y : \text{UB} - \text{LB}(Y) \leqslant \epsilon_c, Y \in Q_k\}$. 若 $Q_{k+1} = \varnothing$, 则算法停止, UB 是问题 (P1) 的全局最优值, b 是问题 (P1) 的一全局最优解. 否则, 令 $k := k + 1$, 选取 Y^k 使其满足 $Y^k = \arg\min_{Y \in Q_k} \text{LB}(Y)$, $y^k := y(Y^k)$, 返回步 1.

算法的收敛性

为讨论算法的收敛性我们首先给出下面一些定义.

定义 6.1.1 对于给定集合 Y, 集合 Y 的剖分称为穷举的, 若 Y 产生一个无穷剖分序列 $\{Y^k\}$ 及直径 $d(Y^k)$ 满足下列条件:

$$Y^k \supset Y^{k+1} \ (\forall \ k = 0, 1, \cdots), \quad \lim_{k \to \infty} d(Y^k) = 0, \quad \lim_{k \to \infty} Y^k = \bigcap_k Y^k = \{\hat{y}\}.$$

在文献 [85] 中, Tuy 已经证明了矩形对分是穷举的, 因此按照上面的分支规则, 本章的算法是穷举的.

定义 6.1.2 $\Psi_j(y)$ 的下估计 $\Psi_j^R(y)$ 关于 Y 是一致的, 若存在 $\{Y^k\}$ 的子序列 $\{Y^q\}$ 和 $\{y^q\}$ 满足

$$\lim_{q \to \infty} \Psi_j^R(y^q) \to \Psi_j(\hat{y}).$$

定义 6.1.3 一个函数 φ 有上界 $\overline{\varphi}^k$ 和下界 $\underline{\varphi}^k$, 对任意由 Y 的穷举性剖分所得到子矩形 Y^k ($Y^k \to \{\hat{y}\}$), 满足条件:

$$\underline{\varphi}^k \leqslant \varphi(y) \leqslant \overline{\varphi}^k \ \text{对} \ \forall y \in Y^k, \quad \lim_{k \to \infty} \underline{\varphi}^k = \lim_{k \to \infty} \overline{\varphi}^k = \varphi(\hat{y}).$$

则称函数 φ 有紧的上界和下界.

若 $\underline{\varphi}$ 和 $\overline{\varphi}$ 分别是 $\underline{y}^k$ 和 $\overline{y}^k$ 的连续函数, 则称函数 φ 有连续紧的上、下界.

由上面的定义和概念可知: 一个分支定界算法收敛的充分条件是 $\Psi_m(y)$ 的下估计 $\Psi_m^R(y)$ 函数关于 Y 是一致的. 令 Y^a 表示 $\{y^k\}$ 的聚点集合, 令 Y^* 表示 $\arg\min_{y \in D} \Psi_0(y)$, 其中 $D \neq \varnothing$ 是问题 (P1) 的可行域. 根据以上讨论, 可得下面的收敛性定理.

定理 6.1.4 上面给出的算法或者有限步终止后得到问题 (P1) 的全局最优值及最优解, 或者产生满足

$$\text{LB} := \lim_{k \to \infty} \text{LB}_k = \min_{y \in D} \Psi_0(y)$$

的无穷分支定界树序列 $\{\mathrm{LB}_k\}_{k=1}^{\infty}$ 和 $Y^a \subset Y^*$.

证明　文献 [97] 证明了 $\Psi_j(y)$ 的下估计 $\Psi_j^R(y)$ 关于 Y 是一致的, 即存在 $\{Y^k\}$ 的子序列 $\{Y^q\}$ 和 $\{y^q\}$ 满足 $\lim\limits_{q\to\infty} \Psi_j^R(y^q) \to \Psi_j(\hat{y})$, 且证明了 $\Psi_j(y)$ 有紧的上界和下界, 即

$$\lim_{q\to\infty} \underline{\Psi}_j(y^q) = \lim_{q\to\infty} \Psi_j(y^q) = \lim_{q\to\infty} \overline{\Psi}_j(y^q) = \Psi_j(\hat{y}).$$

由算法的设计可知, 对每次迭代 $k = 0, 1, 2, \cdots$, 有

$$\mathrm{LB}_k \leqslant \min_{y\in D} \Psi_0(y), \quad Y^k \in \operatorname*{argmin}_{Y\in Q_k} \mathrm{LB}(Y), \quad y^k = y(Y^k) \in Y^k \subseteq Y^0.$$

Horst[168] 证明了 LB_k 是一个非减的序列, 这保证了存在极限

$$\mathrm{LB} := \lim_{k\to\infty} \mathrm{LB}_k \leqslant \min_{y\in D} \Psi_0(y).$$

由于 $\{y^k\}$ 是紧集上的一个序列, 所以对任何 $\hat{y} \in Y^a$, 存在 $\{y^k\}$ 的收敛子序列 $\{y^r\}$ 满足 $\lim\limits_{r\to\infty} y^r = \hat{y}$. 由于在算法的步 2, 矩形剖分过程是穷举的, 且在算法执行过程中上、下界得到了更新, 所以存在一个递减的序列 $\{Y^q\} \subset Y^r$, 其中 $Y^r \in Q_r$ 且

$$y^q \in Y^q, \quad \mathrm{LB}_q = \mathrm{LB}(Y^q) = \Psi_0^R(y^q), \quad \lim_{q\to\infty} y^q = \{\hat{y}\}.$$

又由 $\Psi_j(y)$ 的下估计 $\Psi_j^R(y)$ 关于 Y^0 是一致的, 可得

$$\lim_{q\to\infty} \mathrm{LB}_q = \mathrm{LB} = \Psi_0(\hat{y}).$$

下证 $\hat{y} \in D$. 由 Y^0 是闭集知 $\hat{y} \in Y^0$. 反证, 若 $\hat{y} \notin D$, 则存在某个 $j = 1, \cdots, M$, 有 $\Psi_j^R(\hat{y}) = \delta > 0$. 由于 $\Psi_j^R(y)$ 是连续的, 所以序列 $\{\Psi_j^R(y^q)\}$ 收敛到 $\Psi_j^R(\hat{y})$. 由收敛性的定义知, $\exists q_\delta$, 使得当 $q > q_\delta$ 时,

$$|\Psi_j^R(y^q) - \Psi_j^R(\hat{y})| < \delta.$$

因此, 对任意的 $q > q_\delta$, 有 $\Psi_j^R(y^q) > 0$, 这与 y^q 是可行点相矛盾. 因此 $\hat{y} \in D$, 即

$$\mathrm{LB} = \Psi_0(\hat{y}) = \min_{y\in D} \Psi_0(y), \quad \hat{y} \in Y^*.$$

6.1.5 数值实验

为验证本节算法的可行性和高效性, 我们对文献 [97] 中几个数例子, 取 $\epsilon_c = 10^{-8}$, 在 Pentium III 计算机上用 C ++语言进行计算, 并把所得数值结果与文献 [97] 中计算结果进行对比在表 6.1 中给出. 数值对比结果表明, 新的加速算法与原算法相比其迭代次数、存储空间以及运算时间都有明显改进.

表 6.1 例 6.1.1—例 6.1.4 的数值计算结果

例	文献	迭代次数	最大节点数	时间/s	最优值	ϵ_f
6.1.1	[97]	341	93	4	10122.493176362	0
	本节	43	35	0	10120.108310536	0.005
6.1.2	[97]	550	153	2	6299.842427922	0
	本节	114	27	1	6299.737654482	0
6.1.3	[97]	1829	505	3	-83.249728406	0
	本节	360	76	1	-83.256034667	10^{-4}
6.1.4	[97]	2100	94	10	623249.876118100	0
	本节	15	7	< 1	623246.411650848	10^{-5}

例 6.1.1[97]

$$
\begin{cases}
\min & G_0(x) = 5.3578x_3^2 + 0.8357x_1x_5 + 37.2392x_1 \\
\text{s.t.} & G_1(x) = 0.00002584x_3x_5 - 0.00006663x_2x_5 - 0.0000734x_1x_4 \leqslant 1, \\
& G_2(x) = 0.000853007x_2x_5 + 0.00009395x_1x_4 - 0.00033085x_3x_5 \leqslant 1, \\
& G_3(x) = 1330.3294x_2^{-1}x_5^{-1} - 0.42x_1x_5^{-1} - 0.30586x_2^{-1}x_3^2x_5^{-1} \leqslant 1, \\
& G_4(x) = 0.00024186x_2x_5 + 0.00010159x_1x_2 + 0.00007379x_3^2 \leqslant 1, \\
& G_5(x) = 2275.1327x_3^{-1}x_5^{-1} - 0.2668x_1x_5^{-1} - 0.40584x_4x_5^{-1} \leqslant 1, \\
& G_6(x) = 0.00029955x_3x_5 + 0.00007992x_1x_3 + 0.00012157x_3x_4 \leqslant 1, \\
& 78.0 \leqslant x_1 \leqslant 102.0, \quad 33.0 \leqslant x_2 \leqslant 45.0, \quad 27.0 \leqslant x_3 \leqslant 45.0, \\
& 27.0 \leqslant x_4 \leqslant 45.0, \quad 27.0 \leqslant x_5 \leqslant 45.0.
\end{cases}
$$

例 6.1.2[97]

$$
\begin{cases}
\min & G_0(x) = 5x_1 + 50000x_1^{-1} + 20x_2 + 72000x_2^{-1} + 144000x_3^{-1} \\
\text{s.t.} & G_1(x) = 4x_1^{-1} + 32x_2^{-1} + 120x_3^{-1} \leqslant 1, \\
& 1 \leqslant x_1, \ x_2, \ x_3 \leqslant 100.
\end{cases}
$$

例 6.1.3[97]

$$
\begin{cases}
\min & G_0(x) = 0.5x_1x_2^{-1} - x_1 - 5x_2^{-1} \\
\text{s.t.} & G_1(x) = 0.01x_2x_3^{-1} + 0.01x_2 + 0.0005x_1x_3 \leqslant 1, \\
& 70 \leqslant x_1 \leqslant 150, \quad 1 \leqslant x_2 \leqslant 30, \quad 0.5 \leqslant x_3 \leqslant 21.
\end{cases}
$$

例 6.1.4[97]

$$
\begin{cases}
\min & G_0(x) = 168x_1x_2 + 3651.2x_1x_2x_3^{-1} + 40000x_4^{-1} \\
\text{s.t.} & G_1(x) = 1.0425x_1x_2^{-1} \leqslant 1, \\
& G_2(x) = 0.00035x_1x_2 \leqslant 1, \\
& G_3(x) = 1.25x_1^{-1}x_4 + 41.63x_1^{-1} \leqslant 1, \\
& 40 \leqslant x_1 \leqslant 44,\ 40 \leqslant x_2 \leqslant 45,\ 60 \leqslant x_3 \leqslant 70,\ 0.1 \leqslant x_4 \leqslant 1.4.
\end{cases}
$$

6.2　两阶段松弛方法

6.2.1　问题描述

本节考虑具有如下形式的广义几何规划问题的求解:

$$
(\text{GGP}) \begin{cases}
\min & \phi_0(x) \\
\text{s.t.} & \phi_j(x) \leqslant \beta_j, \quad j = 1, \cdots, m, \\
& X^0 = \{x \mid 0 < l^0 \leqslant x \leqslant u^0\},
\end{cases}
$$

其中 $\phi_j(x) = \sum_{t=1}^{T_j} c_{jt} \prod_{i=1}^{n} x_i^{\gamma_{jti}}$, $c_{jt}, \beta_j, \gamma_{jti} \in R$, $t = 1, \cdots, T_j$, $i = 1, 2, \cdots, n$, $j = 0, 1, \cdots, m$.

为求解问题 (GGP), 本节提出一个新的基于分支定界的全局优化算法. 在算法中, 通过利用问题 (GGP) 的特殊结构, 给出一个新的线性化技巧. 在此基础上, 把原始问题 (GGP) 的求解转化为一系列线性规划问题的求解. 通过对可行域的不断剖分, 这一系列线性规划问题的解可以无限逼近问题 (GGP) 的全局最优解.

本节算法的主要特点有: ① 提出一个新的线性化方法, 该方法利用了问题 (GGP) 更多信息, 比文献 [96] 的凸松弛方法更直接; ② 与文献 [97,98] 中的方法相比, 本节方法不需要引进任何新的变量; ③ 提出一个新的缩减技巧, 该技巧通过割去盒子区域中不含全局最优解的部分提高算法的收敛性能; ④ 数值实验表明本节方法可以有效求解问题 (GGP).

6.2.2　线性松弛问题的产生

在给出的算法中, 一个很重要的环节是为问题 (GGP) 及其子问题的最优值找到一个下界, 此环节可以通过求解问题 (GGP) 的线性松弛规划问题来完成. 为得到其线性规划问题, 我们提出的策略是为目标函数及约束函数构造相应的线性松弛下界函数.

令 $X = [\underline{x}, \overline{x}]$ 表示初始盒子 X^0, 或者是由算法产生的子盒子. 考虑函数 $\phi_j(x)$ $(j = 0, \cdots, m)$ 中的项 $\prod_{i=1}^{n} x_i^{\gamma_{jti}}$. 令 $\prod_{i=1}^{n} x_i^{\gamma_{jti}} = \exp(y_{jt})$, 即

$$y_{jt} = \sum_{i=1}^{n} \gamma_{jti} \ln x_i. \tag{6.2.1}$$

由 (6.2.1) 式可得 y_{jt} 的下界 $\underline{y}_{jt}$ 和上界 $\overline{y}_{jt}$ 如下

$$\underline{y}_{jt} = \sum_{i=1}^{n} \min\{\gamma_{jti} \ln \underline{x}_i, \gamma_{jti} \ln \overline{x}_i\}, \quad \overline{y}_{jt} = \sum_{i=1}^{n} \max\{\gamma_{jti} \ln \underline{x}_i, \gamma_{jti} \ln \overline{x}_i\}.$$

为得到函数 $\phi_j(x)$ $(j = 0, \cdots, m)$ 的线性松弛下界函数, 我们将使用一个凸分离技巧和一个二次松弛化技巧. 下面给出构造 $\phi_j(x)$ $(j = 0, \cdots, m)$ 的线性松弛下界函数的具体过程.

第一次松弛

令 $y_j = (y_{j1}, \cdots, y_{jT_j})$, 则 $\phi_j(x)$ 可被表示为如下形式:

$$\phi_j(x) = \sum_{t=1}^{T_j} c_{jt} \prod_{i=1}^{n} x_i^{\gamma_{jti}} = \sum_{t=1}^{T_j} c_{jt} \exp(y_{jt}) \triangleq f_j(y_j). \tag{6.2.2}$$

对于 $f_j(y_j)$, 容易计算出其梯度和黑塞矩阵:

$$\nabla f_j(y_j) = \begin{pmatrix} c_{j1} \exp(y_{j1}) \\ \vdots \\ c_{jT_j} \exp(y_{jT_j}) \end{pmatrix},$$

$$\nabla^2 f_j(y_j) = \begin{pmatrix} c_{j1} \exp(y_{j1}) & & & \\ & c_{j2} \exp(y_{j2}) & & \\ & & \ddots & \\ & & & c_{jT_j} \exp(y_{jT_j}) \end{pmatrix}. \tag{6.2.3}$$

根据 (6.2.3) 式知, 有以下关系成立

$$\| \nabla^2 f_j(y_j) \| \leqslant \max_{1 \leqslant t \leqslant T_j} | c_{jt} | \max_{1 \leqslant t \leqslant T_j} \exp(\overline{y}_{jt}).$$

令 $\lambda_j = \max\limits_{1 \leqslant t \leqslant T_j} | c_{jt} | \max\limits_{1 \leqslant t \leqslant T_j} \exp(\overline{y}_{jt}) + 0.1$, 则对所有 $y_j \in Y_j \triangleq [\underline{y}_j, \overline{y}_j]$, 有

$$\| \nabla^2 f_j(y_j) \| < \lambda_j.$$

从而, 函数 $\frac{1}{2}\lambda_j\|y_j\|^2 + f_j(y_j)$ 在 Y_j 上是一凸函数. 于是, 函数 $f_j(y_j)$ 可被分解为两凸函数之差

$$f_j(y_j) = g_j(y_j) - h_j(y_j), \tag{6.2.4}$$

其中

$$g_j(y_j) = \frac{1}{2}\lambda_j\|y_j\|^2 + f_j(y_j), \quad h_j(y_j) = \frac{1}{2}\lambda_j\|y_j\|^2.$$

令 $y_{j\mathrm{mid}} = \frac{1}{2}(\underline{y}_j + \overline{y}_j)$. 因为 $g_j(y_j)$ 是一凸函数, 所以有

$$g_j(y_j) \geqslant g_j(y_{j\mathrm{mid}}) + \nabla g_j(y_{j\mathrm{mid}})^{\mathrm{T}}(y_j - y_{j\mathrm{mid}}) \triangleq g_j^l(y_j). \tag{6.2.5}$$

另外, 对于 $y_{jt} \in [\underline{y}_{jt}, \overline{y}_{jt}]$, 易证有下面关系成立

$$(\underline{y}_{jt} + \overline{y}_{jt})y_{jt} - \underline{y}_{jt}\overline{y}_{jt} \geqslant y_{jt}^2.$$

进而求和可得

$$\sum_{t=1}^{T_j}[(\underline{y}_{jt} + \overline{y}_{jt})y_{jt} - \underline{y}_{jt}\overline{y}_{jt}] \geqslant \| y_j \|^2 .$$

又因为 $\lambda_j > 0$, 所以有

$$h_j^l(y_j) \triangleq \frac{1}{2}\lambda_j\sum_{t=1}^{T_j}[(\underline{y}_{jt} + \overline{y}_{jt})y_{jt} - \underline{y}_{jt}\overline{y}_{jt}] \geqslant \frac{1}{2}\lambda_j \| y_j \|^2 = h_j(y_j). \tag{6.2.6}$$

根据 (6.2.4)—(6.2.6) 式, 可知

$$f_j^l(y_j) \triangleq g_j^l(y_j) - h_j^l(y_j) \leqslant f_j(y_j). \tag{6.2.7}$$

结合 (6.2.1), (6.2.2) 和 (6.2.7) 式, 可得 $\phi_j(x)$ 的第一次松弛下界函数 $L_j(x)$ 如下

$$\phi_j(x) = f_j(y_j) = g_j(y_j) - h_j(y_j)$$

$$\geqslant g_j^l(y_j) - h_j^l(y_j)$$

$$= g_j(y_{j\mathrm{mid}}) + \nabla g_j(y_{j\mathrm{mid}})^{\mathrm{T}}(y_j - y_{j\mathrm{mid}}) - \frac{1}{2}\lambda_j\sum_{t=1}^{T_j}[(\underline{y}_{jt} + \overline{y}_{jt})y_{jt} - \underline{y}_{jt}\overline{y}_{jt}]$$

$$= \sum_{t=1}^{T_j}\left[c_{jt}\exp(y_{j\mathrm{mid}}(t)) + \lambda_j y_{j\mathrm{mid}}(t) - \frac{1}{2}\lambda_j(\underline{y}_{jt} + \overline{y}_{jt})\right]y_{jt}$$

$$+ g_j(y_{j\mathrm{mid}}) - \nabla g_j(y_{j\mathrm{mid}})^{\mathrm{T}} y_{j\mathrm{mid}} + \frac{1}{2}\lambda_j \sum_{t=1}^{T_j} \underline{y}_{jt}\overline{y}_{jt}$$

$$= \sum_{t=1}^{T_j} \left[c_{jt}\exp(y_{j\mathrm{mid}}(t)) + \lambda_j y_{j\mathrm{mid}}(t) - \frac{1}{2}\lambda_j(\underline{y}_{jt} + \overline{y}_{jt}) \right] \sum_{i=1}^{n} \gamma_{jti}\ln x_i$$

$$+ g_j(y_{j\mathrm{mid}}) - \nabla g_j(y_{j\mathrm{mid}})^{\mathrm{T}} y_{j\mathrm{mid}} + \frac{1}{2}\lambda_j \sum_{t=1}^{T_j} \underline{y}_{jt}\overline{y}_{jt}$$

$$= \sum_{i=1}^{n} \left(\sum_{t=1}^{T_j} \left(c_{jt}\exp(y_{j\mathrm{mid}}(t)) + \lambda_j y_{j\mathrm{mid}}(t) - \frac{1}{2}\lambda_j(\underline{y}_{jt} + \overline{y}_{jt}) \right) \gamma_{jti} \right) \ln x_i$$

$$+ g_j(y_{j\mathrm{mid}}) - \nabla g_j(y_{j\mathrm{mid}})^{\mathrm{T}} y_{j\mathrm{mid}} + \frac{1}{2}\lambda_j \sum_{t=1}^{T_j} \underline{y}_{jt}\overline{y}_{jt} \triangleq L_j(x). \tag{6.2.8}$$

第二次松弛

在区间 $[\underline{x}_i, \overline{x}_i]$ 上, 由对数函数的凹性易知 $\ln x_i$ 具有以下性质

$$K_i(x_i - \underline{x}_i) + \ln \underline{x}_i \leqslant \ln x_i \leqslant K_i x_i - 1 - \ln K_i, \tag{6.2.9}$$

其中 $K_i = \dfrac{\ln \overline{x}_i - \ln \underline{x}_i}{\overline{x}_i - \underline{x}_i}$.

在 $L_j(x)(j = 0, \cdots, m)$ 中, 令

$$\alpha_{ji} = \sum_{t=1}^{T_j} \left(c_{jt}\exp(y_{j\mathrm{mid}}(t)) + \lambda_j y_{j\mathrm{mid}}(t) - \frac{1}{2}\lambda_j(\underline{y}_{jt} + \overline{y}_{jt}) \right), \quad i = 1, \cdots, n.$$

结合 (6.2.8) 和 (6.2.9) 式可得 $\phi_j(x)$ 的线性松弛下界函数 $\phi_j^l(x)$ 为

$$\phi_j^l(x) \triangleq \sum_{i=1}^{n} \alpha_{ji}\varphi_i(x_i) + g_j(y_{j\mathrm{mid}}) + \nabla g_j(y_{j\mathrm{mid}})^{\mathrm{T}} y_{j\mathrm{mid}} + \frac{1}{2}\lambda_j \sum_{t=1}^{T_j} \underline{y}_{jt}\overline{y}_{jt}, \tag{6.2.10}$$

其中

$$\varphi_i(x_i) = \begin{cases} K_i(x_i - \underline{x}_i) + \ln \underline{x}_i, & \alpha_{ji} \geqslant 0, \\ K_i x_i - 1 - \ln K_i, & \text{否则}. \end{cases}$$

根据上述讨论, 显然有 $\phi_j^l(x) \leqslant L_j(x) \leqslant \phi_j(x)$.

于是, 可以得到问题 (GGP) 在 X 上的线性松弛规划问题

$$(\text{LRP})\begin{cases} \min & \phi_0^l(x) \\ \text{s.t.} & \phi_j^l(x) \leqslant \beta_j, \quad j=1,\cdots,m. \\ & x \in X. \end{cases}$$

定理 6.2.1　令 $\delta_i = \underline{x}_i - \overline{x}_i$ $(i=1,\cdots,n)$, 则对所有 $x \in X$, 随着 $\delta_i \to 0$, $\phi_j(x)$ 与 $\phi_j^l(x)$ 之差满足 $\phi_j(x) - \phi_j^l(x) \to 0$ $(j=0,\cdots,m)$.

证明　对于所有 $x \in X$, 令

$$\Delta = \phi_j(x) - \phi_j^l(x) = \phi_j(x) - L_j(x) + L_j(x) - \phi_j^l(x),$$

并记

$$\Delta^1 = \phi_j(x) - L_j(x), \quad \Delta^2 = L_j(x) - \phi_j^l(x).$$

显然, 为证定理成立, 只需证随着 $\delta_i \to 0$, 有

$$\Delta^1 \to 0, \quad \Delta^2 \to 0.$$

首先, 考虑 $\Delta^1 = \phi_j(x) - L_j(x)$. 由 (6.2.4), (6.2.7) 和 (6.2.8) 式知

$$
\begin{aligned}
\Delta^1 &= \phi_j(x) - L_j(x) \\
&= \sum_{t=1}^{T_j} c_{jt} \prod_{i=1}^{n} x_i^{\gamma_{jti}} - \left[\sum_{t=1}^{T_j} \left(c_{jt}\exp(y_{j\mathrm{mid}}(t)) + \lambda_j y_{j\mathrm{mid}}(t) - \frac{1}{2}\lambda_j(\underline{y}_{jt} + \overline{y}_{jt}) \right) \right. \\
&\quad \left. \cdot \sum_{i=1}^{n} \gamma_{jti}\ln x_i + g_j(y_{j\mathrm{mid}}) - \nabla g_j(y_{j\mathrm{mid}})^{\mathrm{T}} y_{j\mathrm{mid}} + \frac{1}{2}\lambda_j \sum_{t=1}^{T_j} \underline{y}_{jt}\overline{y}_{jt} \right] \\
&= \sum_{t=1}^{T_j} c_{jt}\exp(y_{jt}) - \left[\sum_{t=1}^{T_j} \left(c_{jt}\exp\left(y_{j\mathrm{mid}}(t) + \lambda_j y_{j\mathrm{mid}}(t) - \frac{1}{2}\lambda_j(\underline{y}_{jt} + \overline{y}_{jt}) \right) \right) y_{jt} \right. \\
&\quad \left. + g_j(y_{j\mathrm{mid}}) - \nabla g_j(y_{j\mathrm{mid}})^{\mathrm{T}} y_{j\mathrm{mid}} + \frac{1}{2}\lambda_j \sum_{t=1}^{T_j} \underline{y}_{jt}\overline{y}_{jt} \right] \\
&= f_j(y_j) - f_j^l(y_j) \\
&= g_j(y_j) - g_j^l(y_j) + \frac{1}{2}\lambda_j \parallel y_j \parallel^2 - \frac{1}{2}\lambda_j \sum_{t=1}^{T_j}[(\underline{y}_{jt} + \overline{y}_{jt})y_{jt} - \underline{y}_{jt}\overline{y}_{jt}] \\
&\leqslant (\nabla g_j(\xi) - \nabla g_j(y_{j\mathrm{mid}}))^{\mathrm{T}}(y_j - y_{j\mathrm{mid}}) + \frac{1}{2}\lambda_j \parallel \overline{y}_j - \underline{y}_j \parallel^2
\end{aligned}
$$

$$\leqslant 2\lambda_j \parallel \xi - y_{j\mathrm{mid}} \parallel \parallel y_j - y_{j\mathrm{mid}} \parallel + \frac{1}{2}\lambda_j \parallel \overline{y}_j - \underline{y}_j \parallel^2$$

$$\leqslant \frac{5}{2}\lambda_j \parallel \overline{y}_j - \underline{y}_j \parallel^2, \tag{6.2.11}$$

其中 ξ 为满足 $g_j(y_j) - g_j(y_{j\mathrm{mid}}) = \nabla g_j(\xi)^{\mathrm{T}}(y_j - y_{j\mathrm{mid}})$ 的常向量.

由 y_{jt} 的定义知, 随着 $\delta_i \to 0$ $(i = 1, \cdots, n)$, 有 $\parallel \overline{y}_j - \underline{y}_j \parallel \to 0$. 结合 (6.2.11) 式, 显然随着 $\delta_i \to 0$ $(i = 1, \cdots, n)$, 有 $\Delta^1 \to 0$.

其次, 考虑 $\Delta^2 = L_j(x) - \phi_j^l(x)$. 根据 $L_j(x)$ 和 $\phi_j^l(x)$ 的定义知,

$$\Delta^2 = L_j(x) - \phi_j^l(x)$$

$$= \sum_{i=1}^n \alpha_{ji}(\ln x_i - \varphi_i(x_i))$$

$$= \sum_{\alpha_{ji} \geqslant 0} \alpha_{ji}(\ln x_i - K_i(x_i - \underline{x}_i) - \ln \underline{x}_i) + \sum_{\alpha_{ji} < 0} \alpha_{ji}(\ln x_i - K_i x_i + 1 + \ln K_i).$$

由文献 [77,145] 知, 随着 $\delta_i \to 0$ $(i = 1, \cdots, n)$, 有

$$\mid \ln x_i - K_i(x_i - \underline{x}_i) - \ln \underline{x}_i \mid \to 0$$

和

$$\mid \ln x_i - K_i x_i + 1 + \ln K_i \mid \to 0.$$

结合上式即知, 随着 $\delta_i \to 0$ $(i = 1, \cdots, n)$, 有 $\Delta^2 \to 0$.

综上可知, 随着 $\delta_i \to 0$ $(i = 1, \cdots, n)$, 有

$$\Delta = \Delta^1 + \Delta^2 \to 0.$$

根据以上讨论可见, 对于所有可行解, 问题 (LRP) 的目标函数值总是小于或等于问题 (GGP) 的目标函数值, 从而问题 (LRP) 的最优值可为问题 (GGP) 的最优值提供一个下界. 因此, 对于任何问题 (P), 若令 $V(\mathrm{P})$ 表示问题 (P) 的最优值, 则有

$$V(\mathrm{LRP}) \leqslant V(\mathrm{GGP}).$$

6.2.3 缩减技巧

为加快算法的收敛速度, 本小节给出一个新的缩减技巧, 该技巧可被用来割去盒子区域中不含问题 (GGP) 全局最优解的区域.

假定 UB 是问题 (GGP) 的最优值 ϕ_0^* 当前最好的上界. 令

$$\tau_i = \alpha_{0i} K_i, \quad i = 1, \cdots, n,$$

$$\overline{T} = \sum_{i=1}^{n} \overline{T}_i, \quad \text{其中 } \overline{T}_i = \begin{cases} \alpha_{0i}(\ln \underline{x}_i - K_i \underline{x}_i), & \alpha_{0i} \geqslant 0, \\ \alpha_{0i}(-1 - \ln K_i), & \text{否则}. \end{cases}$$

$$T = \overline{T} + g_0(y_{0\mathrm{mid}}) - \nabla g_0(y_{0\mathrm{mid}})^{\mathrm{T}} y_{0\mathrm{mid}} + \frac{1}{2} \lambda_0 \sum_{t=1}^{T_0} \underline{y}_{0t} \overline{y}_{0t}.$$

定理 6.2.2　对于任一子矩形 $X = (X_i)_{n \times 1} \subseteq X^0$, 其中 $X_i = [\underline{x}_i, \overline{x}_i]$, 令

$$\rho_k = \mathrm{UB} - \sum_{i=1, i \neq k}^{n} \min\{\tau_i \underline{x}_i, \tau_i \overline{x}_i\} - T, \quad k = 1, \cdots, n.$$

如果存在某个 $k \in \{1, \cdots, n\}$ 使得 $\tau_k > 0$ 且 $\rho_k < \tau_k \overline{x}_k$, 则问题 (GGP) 在 X^1 上不可能存在全局最优解; 如果对某个 k, 有 $\tau_k < 0$ 和 $\rho_k < \tau_k \underline{x}_k$, 则问题 (GGP) 在 X^2 上不可能存在全局最优解, 这里

$$X^1 = (X_i^1)_{n \times 1} \subseteq X, \quad \text{其中} \quad X_i^1 = \begin{cases} X_i, & i \neq k, \\ \left(\dfrac{\rho_k}{\tau_k}, \overline{x}_k\right] \bigcap X_i, & i = k, \end{cases}$$

$$X^2 = (X_i^2)_{n \times 1} \subseteq X, \quad \text{其中} \quad X_i^2 = \begin{cases} X_i, & i \neq k, \\ \left[\underline{x}_k, \dfrac{\rho_k}{\tau_k}\right) \bigcap X_i, & i = k. \end{cases}$$

证明　首先, 证明对于所有 $x \in X^1$, 有 $\phi_0(x) > \mathrm{UB}$. 当 $x \in X^1$ 时, 考虑 x 的第 k 个分量 x_k. 因为

$$x_k \in \left(\frac{\rho_k}{\tau_k}, \overline{x}_k\right] \bigcap X_k,$$

所以有

$$\frac{\rho_k}{\tau_k} \leqslant x_k < \overline{x}_k.$$

又因为 $\tau_k > 0$, 所以根据 ρ_k 的定义及上述不等式可得

$$\mathrm{UB} < \sum_{i=1, i \neq k}^{n} \min\{\tau_i \underline{x}_i, \tau_i \overline{x}_i\} + \tau_k x_k + T$$

$$\leqslant \sum_{i=1}^{n} \tau_i x_i + T$$

$$= \sum_{i=1}^{n} \tau_i \varphi_i(x_i) + g_0(y_{0\mathrm{mid}}) - \nabla g_0(y_{0\mathrm{mid}})^{\mathrm{T}} y_{0\mathrm{mid}} + \frac{1}{2} \lambda_0 \sum_{t=1}^{T_0} \underline{y}_{0t} \overline{y}_{0t} = \phi_0^l(x).$$

这意味着, 对所有 $x \in X^1$, 有

$$\phi_0(x) \geqslant \phi_0^l(x) > \text{UB} \geqslant \phi_0^*,$$

即对所有 $x \in X^2$, 其函数值 $\phi_0(x)$ 总是大于问题 (GGP) 的最优值. 因此, 问题 (GGP) 在 X^1 上不可能存在全局最优解.

其次, 证明对于所有 $x \in X^2$ 时, 同样有 $\phi_0(x) > \text{UB}$. 对于 $x \in X^2$, 考虑 x 的第 k 个分量 x_k. 因为

$$x_k \in \left[\underline{x}_k, \frac{\rho_k}{\tau_k}\right) \bigcap X_k,$$

所以有

$$\underline{x}_k \leqslant x_k < \frac{\rho_k}{\tau_k}.$$

又因为 $\tau_k < 0$, 所以, 由 ρ_k 的定义及上述不等式可得

$$\text{UB} < \sum_{i=1,i\neq k}^{n} \min\{\tau_i \underline{x}_i, \tau_i \overline{x}_i\} + \tau_k x_k + T$$

$$\leqslant \sum_{i=1}^{n} \tau_i x_i + T$$

$$= \sum_{i=1}^{n} \tau_i \varphi_i(x_i) + g_0(y_{0\text{mid}}) - \nabla g_0(y_{0\text{mid}})^{\text{T}} y_{0\text{mid}} + \frac{1}{2}\lambda_0 \sum_{t=1}^{T_0} \underline{y}_{0t} \overline{y}_{0t} = \phi_0^l(x).$$

这表示对所有 $x \in X^2$, 有

$$\phi_0(x) \geqslant \phi_0^l(x) > \text{UB} \geqslant \phi_0^*,$$

即对所有 $x \in X^2$, 其函数值 $\phi_0(x)$ 总是大于问题 (GGP) 的最优值. 因此, 问题 (GGP) 在 X^2 上不可能存在全局最优解.

在定理 6.2.2 的基础上, 下面给出割去盒子区域中不含全局最优解部分的缩减技巧. 令 $X = (X_i)_{n\times 1}$ 表示将被进行缩减的盒子区域, 其中 $X_i = [\underline{x}_i, \overline{x}_i]$. 如果存在 $\tau_i \neq 0$, 则计算 τ_i, $\overline{T}$, T, ρ_i. 用 E_i 表示盒子区间 X_i 中被割去的部分, 则 E_i 可由下面规则确定:

$$\text{如果}\tau_i > 0 \text{ 且} \frac{\rho_i}{\tau_i} < \overline{x}_i, \quad \text{则} E_i = \begin{cases} \left(\dfrac{\rho_i}{\tau_i}, \overline{x}_i\right], & \dfrac{\rho_i}{\tau_i} \geqslant \underline{x}_i, \\[3mm] [\underline{x}_i, \overline{x}_i], & \dfrac{\rho_i}{\tau_i} < \underline{x}_i, \end{cases}$$

$$如果\,\tau_i < 0 \ 且\frac{\rho_i}{\tau_i} > \underline{x}_i, \quad 则 E_i = \begin{cases} \left[\underline{x}_i, \dfrac{\rho_i}{\tau_i}\right), & \dfrac{\rho_i}{\tau_i} \leqslant \overline{x}_i, \\[2mm] [\underline{x}_i, \overline{x}_i], & \dfrac{\rho_i}{\tau_i} > \overline{x}_i, \end{cases}$$

使用该缩减规则, 盒子区间 X_i 中被割去部分为 $X_i \bigcap E_i$. 在对盒子区域进行缩减后, 算法的搜索区间减小了, 算法的收敛速度可以大为提高.

6.2.4　算法及其收敛性

在前文基础上, 本节给出求解问题 (GGP) 的分支定界算法. 该方法需要求解一系列线性松弛规划问题 (LRP), 通过这一系列线性松弛规划问题的解逐步逼近原问题的最优解.

在算法中, 需要将 X^0 剖分为一些子矩形, 每个子矩形是分支定界树上的一个节点, 并且每一个节点关联着一个线性松弛规划问题.

假定在算法的第 k 阶段, 有效节点集合为 Q_k. 对于每一个节点 $X \in Q_k$, 计算问题 (GGP) 在这一节点上最优值的下界 $\mathrm{LB}(X)$, 并记问题 (GGP) 在初始矩形 X^0 上的最优值在第 k 阶段的下界为 $\mathrm{LB}_k = \min\{\mathrm{LB}(X), \ \forall X \in Q_k\}$. 选择一个节点, 将其按下面给出的分支规则剖分为两个子矩形, 并为每个子矩形计算问题 (GGP) 在其上的下界. 同时, 更新上界 UB (如果可能). 在删除所有不可能再被改善的节点后, 得到下一阶段的有效节点集. 重复这一过程, 直到算法收敛为止.

分支规则

考虑任一将被剖分的矩形

$$X = \{x \in R^n \mid \underline{x}_i \leqslant x_i \leqslant \overline{x}_i, \ i = 1, \cdots, n\} \subseteq X^0.$$

本算法选用较为简单的矩形最大边二分规则, 该分支规则如下:

(1) 令

$$s = \mathrm{argmax}\{\overline{x}_i - \underline{x}_i, \ i = 1, \cdots, n\};$$

(2) 令 γ_s 满足

$$\gamma_s = \frac{1}{2}(\underline{x}_s + \overline{x}_s);$$

(3) 令

$$X^1 = \{x \in R^n \mid \underline{x}_i \leqslant x_i \leqslant \overline{x}_i, \ i \neq s, \ \underline{x}_s \leqslant x_s \leqslant \gamma_s\},$$
$$X^2 = \{x \in R^n \mid \underline{x}_i \leqslant x_i \leqslant \overline{x}_i, \ i \neq s, \ \gamma_s \leqslant x_s \leqslant \overline{x}_s\}.$$

通过使用该分支规则, 矩形 X 被剖分为两个子矩形 X^1 和 X^2, 且有 $X^1 \bigcup X^2 = X$, $\mathrm{int}\, X^1 \bigcap \mathrm{int}\, X^2 = \varnothing$.

算法描述

令 LB(X) 表示问题 (LRP) 在 X 上的最优值, 下面给出算法的基本描述.

步 0 选取 $\epsilon > 0$. 确定出问题 (LRP) 在 $X = X^0$ 上的最优解 x^0 及最优值 LB(X^0). 置 $\mathrm{LB}_0 = \mathrm{LB}(X^0)$. 如果 x^0 是问题 (GGP) 的可行解, 则更新上界 $\mathrm{UB}_0 = \phi_0(x^0)$. 如果 $\mathrm{UB}_0 - \mathrm{LB}_0 \leqslant \epsilon$, 则停止计算: x^0 是问题 (GGP) 的 ϵ-全局最优解; 否则, 置 $Q_0 = \{X^0\}$, $F = \varnothing$, $k = 1$.

步 1 置 $\mathrm{LB}_k = \mathrm{LB}_{k-1}$. 将 X^{k-1} 剖分为两个子矩形 $X^{k,1}$, $X^{k,2}$. 令 $F = F \bigcup \{X^{k-1}\}$.

步 2 对于每个子矩形 $X^{k,t}$ $(t = 1,2)$, 使用定理 6.2.2 中的缩减技巧对每个矩形 $X^{k,t}$ $(t = 1,2)$ 进行缩减. 修正相应参数 K_i, $\underline{y}_j$, $\overline{y}_j$ $(i = 1, \cdots, n; j = 0, \cdots, m)$. 计算问题 (LRP) 在矩形 $X = X^{k,t}$ 上的最优值 $\mathrm{LB}(X^{k,t})$ 及最优解 $x^{k,t}$. 如果可能, 修正上界 $\mathrm{UB}_k = \min\{\mathrm{UB}_k, \phi_0(x^{k,t})\}$, 并令 x^k 为满足 $\mathrm{UB}_k = \phi_0(x^{k,t})$ 的点.

步 3 如果 $\mathrm{UB}_k \leqslant \mathrm{LB}(X^{k,t})$, 则置 $F = F \bigcup \{X^{k,t}\}$.

步 4 置 $F = F \bigcup \{X \in Q_{k-1} \mid \mathrm{UB}_k \leqslant \mathrm{LB}(X)\}$.

步 5 置 $Q_k = \{X \mid X \in Q_{k-1} \bigcup \{X^{k,1}, X^{k,2}\}, X \notin F\}$.

步 6 置 $\mathrm{LB}_k = \min\{\mathrm{LB}(X) \mid X \in Q_k\}$, 并令 $X^k \in Q_k$ 为满足 $\mathrm{LB}_k = \mathrm{LB}(X^k)$ 的矩形. 如果 $\mathrm{UB}_k - \mathrm{LB}_k \leqslant \epsilon$, 则停止计算: x^k 是问题 (GGP) 的 ϵ-全局最优解. 否则, 置 $k = k + 1$, 并转步 1.

算法收敛性

算法的收敛性由下面定理给出.

定理 6.2.3 (收敛性) (1) 如果算法有限步终止, 则当算法终止时, x^k 是问题 (GGP) 的 ϵ-全局最优解.

(2) 如果算法无限步终止, 则算法将产生一无穷可行解序列 $\{x^k\}$, 其聚点为问题 (GGP) 的全局最优解.

证明 (1) 如果算法有限步终止, 则算法将在某阶段 k $(k \geqslant 0)$ 终止. 当算法终止时, 由算法知,

$$\mathrm{UB}_k - \mathrm{LB}_k \leqslant \epsilon.$$

结合步 0 和步 2, 这意味着

$$\phi_0(x^k) - \mathrm{LB}_k \leqslant \epsilon.$$

令 ϕ_0^* 为问题 (GGP) 的最优值, 则根据前文讨论知

$$\mathrm{LB}_k \leqslant \phi_0^*.$$

因为 x^k 是问题 (GGP) 的可行解, 所以有

$$\phi_0(x^k) \geqslant \phi_0^*.$$

综上可知

$$\phi_0^* \leqslant \phi_0(x^k) \leqslant \mathrm{LB}_k + \epsilon \leqslant \phi_0^* + \epsilon.$$

从而有

$$\phi_0^* \leqslant \phi_0(x^k) \leqslant \phi_0^* + \epsilon,$$

即证 (1) 成立.

(2) 当算法无限步终止时, 令 D 表示问题 (GGP) 的可行域, 由算法的构造知, $\{\mathrm{LB}_k\}$ 是一单调不减且上界为 $\min\limits_{x \in D} \phi_0(x)$ 的序列, 故存在极限

$$\mathrm{LB} = \lim_{k \to \infty} \mathrm{LB}_k \leqslant \min_{x \in D} \phi_0(x).$$

因为 $\{x^k\}$ 是包含在紧集 X^0 中的, 所以存在收敛子序列 $\{x^s\} \subseteq \{x^k\}$. 假定 $\lim\limits_{s \to \infty} x^s = \overline{x}$, 根据算法知, 存在一递减子序列 $\{X^r\} \subseteq \{X^s\}$, 其中

$$x^r \in X^r, \quad \mathrm{LB}_r = \mathrm{LB}(X^r) = \phi_0^l(x^r), \quad \text{且} \lim_{r \to \infty} X^r = \overline{x}.$$

结合定理 6.2.1, 有

$$\lim_{r \to \infty} \phi_0^l(x^r) = \lim_{r \to \infty} \phi_0(x^r) = \phi_0(\overline{x}). \tag{6.2.12}$$

根据以上讨论, 显然下面只需证 $\overline{x} \in D$. 因为 X^0 是闭集, 所以 $\overline{x} \in X^0$. 假定 $\overline{x} \notin D$, 则存在某个 $\phi_j(x) \ (j = 1, \cdots, m)$ 使得 $\phi_j(\overline{x}) > \beta_j$. 因为 $\phi_j^l(x)$ 是连续的, 所以由定理 6.2.1 知, 序列 $\{\phi_j^l(x^r)\}$ 将收敛到 $\phi_j(\overline{x})$. 根据收敛定义知, 存在 $\overline{r}$, 使得对于任意 $r > \overline{r}$, 有

$$\mid \phi_j^l(x^r) - \phi_j(\overline{x}) \mid < \phi_j(\overline{x}) - \beta_j.$$

因此, 对于任意 $r > \overline{r}$, 有 $\phi_j^l(x^r) > \beta_j$, 这意味着 LRP(X^r) 是不可行的. 而这与 $x^r = x(X^r)$ 是可行解相矛盾, 故必有 $\overline{x} \in D$, 即 $\overline{x}$ 是问题 (GGP) 的全局最优解.

6.2.5　数值实验

在这一部分, 为验证本章所提算法的有效性及可行性, 我们做了一些数值实验. 这些数值实验均用 MATLAB 语言在 Pentium IV (3.06 GHz) 计算机上实现, 线性规划的求解采用单纯形方法. 数值实验的终止误差为 $\epsilon = 10^{-3}$.

例 6.2.1[97,169]

$$
\begin{cases}
\min & 0.5x_1x_2^{-1} - x_1 - 5x_2^{-1} \\
\text{s.t.} & 0.01x_2x_3^{-1} + 0.01x_2 + 0.0005x_1x_3 \leqslant 1, \\
& x \in X^0 = \{x \mid 70 \leqslant x_1 \leqslant 150, 1 \leqslant x_2 \leqslant 30,\ 0.5 \leqslant x_3 \leqslant 21\}.
\end{cases}
$$

例 6.2.2[101]

$$
\begin{cases}
\min & x_1 \\
\text{s.t.} & 4x_2 - 4x_1^2 \leqslant 1, \\
& -x_1 - x_2 \leqslant -1, \\
& x \in X^0 = \{x \mid 0.01 \leqslant x_1 \leqslant 15, 0.01 \leqslant x_2 \leqslant 15\}.
\end{cases}
$$

例 6.2.3[101]

$$
\begin{cases}
\min & x_3^{0.8}x_4^{1.2} \\
\text{s.t.} & x_1x_4^{-1} + x_2^{-1}x_4^{-1} \leqslant 1, \\
& -x_1^{-2}x_3^{-1} - x_2x_3^{-1} \leqslant -1, \\
& x \in X^0 = \{x \mid 0.1 \leqslant x_1 \leqslant 1, 5 \leqslant x_2 \leqslant 10,\ 8 \leqslant x_3 \leqslant 15, 0.01 \leqslant x_4 \leqslant 1\}.
\end{cases}
$$

例 6.2.4

$$
\begin{cases}
\min & -x_1 + x_1^{1.2}x_2^{0.5} - x_2^{0.8} \\
\text{s.t.} & -6x_1x_2^3 + 8x_2^{0.5} \leqslant 3, \\
& 3x_1 - x_2 \leqslant 3, \\
& x \in X^0 = \{x \mid 0.5 \leqslant x_1 \leqslant 15, 0.5 \leqslant x_2 \leqslant 15\}.
\end{cases}
$$

例 6.2.5

$$
\begin{cases}
\min & 5x_1 + 5x_1^{-1} + 2x_2 + 7x_2^{-1} + 14x_3^{-1} \\
\text{s.t.} & 4x_1^{-1} + 3x_2^{-1} + 12x_3^{-1} \leqslant 10, \\
& x \in X^0 = \{x \mid 1 \leqslant x_1 \leqslant 60, 1 \leqslant x_2 \leqslant 60\}.
\end{cases}
$$

例 6.2.6

$$
\begin{cases}
\min & 0.3578x_3^{0.1} + 0.8357x_1x_5 \\
\text{s.t.} & 0.00002584x_3x_5 - 0.00006663x_2x_5 - 0.0000734x_1x_4 \leqslant 5, \\
& 0.00085303x_2x_5 + 0.00009395x_1x_4 - 0.00033085x_3x_5 \leqslant 5, \\
& 1.3294x_2^{-1}x_5^{-1} - 0.4200x_1x_5^{-1} - 0.30586x_2^{-1}x_3^2x_5^{-1} \leqslant 5, \\
& 0.00024186x_2x_5 + 0.00010159x_1x_2 + 0.00007379x_3^2 \leqslant 5, \\
& 2.1327x_3^{-1}x_5^{-1} - 0.26680x_1x_5^{-1} - 0.40584x_4x_5^{-1} \leqslant 5, \\
& 0.00029955x_3x_5 + 0.00007992x_1x_3 + 0.00012157x_3x_4 \leqslant 5, \\
& x \in X^0 = \{x \mid 1 \leqslant x_1, x_2, x_3, x_4, x_5 \leqslant 60\}.
\end{cases}
$$

计算结果见表 6.2, 结果显示, 本方法是有效可行的. 在以后工作中, 我们会做更多数值实验来验证本方法的性能.

表 6.2　例 6.2.1—例 6.2.6 的数值计算结果

例	文献	最优解	最优值	迭代次数
6.2.1	[97]	(88.72470, 7.67265, 1.31786)	−83.249728406	1829
	[169]	(88.72470, 7.67265, 1.31786)	−83.249728406	1809
	本节	(150, 30, 1.3189)	−147.6667	557
6.2.2	[101]	(0.5, 0.5)	0.5	96
	本节	(0.5, 0.5)	0.5	16
6.2.3	[101]	(0.1020, 7.0711, 8.3284, 0.2434)	0.9076	146
	本节	(0.1025, 7.0750, 8.300, 0.2250)	0.9076	27
6.2.4	本节	(0.5, 1.5)	−1.3501	14
6.2.5	本节	(1.0, 2.8438, 19.4375)	18.8693	607
6.2.6	本节	(1.0, 30.2734, 1.0, 17.4640, 1.0)	1.1935	15

6.3　本章小结

本章充分利用广义几何规划 (GGP) 的特点, 利用等价变换或等价转化, 对目标函数和约束函数进行线性下界估计, 建立原问题的线性松弛规划问题. 利用分支定界算法的特性和线性松弛问题的特殊结构, 构造区间缩减技巧, 并基于分支定界框架, 提出两个分支定界算法并证明了算法的全局收敛性, 最终数值实验表明了本章算法的高效性. 与已知文献中的方法相比: ① 与文献 [87—89] 相比, 本章提出的两种算法在产生线性松弛规划问题的过程中无须增加新的变量和约束, 无须增加问题结构的复杂性; ② 与文献 [96] 中的凸松弛相比, 本章给出的两种线性松弛方法在计算上更加简单方便.

第 7 章　广义线性比式和问题的分支定界算法

本章主要考虑广义线性比式和问题的分支定界算法, 包括线性化方法、外空间分支定界加速算法、梯形分支定界算法、单纯形分支定界算法等. 本章根据广义线性比式和问题的结构特点, 基于不同的分支空间, 采取不同的分支方法及定界技巧, 建立相应的分支定界算法.

7.1　线性化方法

7.1.1　问题描述

分式规划是非线性优化中的一个重要分支, 比式和的优化问题是一类特殊的分式优化问题. 比式和问题一直是优化研究的热点之一, 尤其是最近十多年, 这种问题更是受到了极大的关注. 这是因为: ① 从应用的观点来看, 比式和问题在实际当中有着广泛的应用, 包括运输方案问题、经济效益问题等; ② 从研究的观点来看, 比式和问题对理论分析和计算求解提出了挑战. 因为这种问题往往拥有许多不是全局最优解的局部最优解, 所以求解起来比较困难.

在实际问题中许多抽象出来的优化模型均为线性比式和的形式, 它含有大量的局部最优解, 因此寻求其全局最优解将具有很大的研究意义. 本节考虑如下广义线性比式和规划问题

$$(\text{GLFP}) \begin{cases} \min & f(x) = \sum_{i=1}^{p} \gamma_i \dfrac{g_i(x)}{h_i(x)} \\ \text{s.t.} & Ax \leqslant b, \\ & X^0 = \{x \in R^n \mid l^0 \leqslant x \leqslant u^0\}, \end{cases}$$

其中 $p \geqslant 2$, $g_i(x) = \sum_{j=1}^{n} c_{ij} x_j + d_i$, $h_i(x) = \sum_{j=1}^{n} e_{ij} x_j + f_i$ 是仿射函数, 且对于所有的 $x \in \Lambda \triangleq \{x \mid Ax \leqslant b, \ x \in X^0\}$ 有 $g_i(x) > 0$, $h_i(x) > 0$, $A = (a_{ij})_{m \times n}$, $b \in R^m$, $\gamma_i \ (i = 1, \cdots, p)$ 是实常系数.

本节的目的在于为求解问题 (GLFP) 提出一个有效的全局优化方法. 在此方法中, 我们采用了凸分离和二次松弛化技巧将原问题转化为一系列线性规划问题的求解. 通过逐次剖分, 这些线性规划问题的解可以无限逼近问题 (GLFP) 的全局最优解.

本方法的特点在于: ① 与文献 [111,113—115] 相比, 本方法可以求解具有更广形式的线性比式和规划问题, 上述文献所考虑的模型仅是本章模型的特殊形式; ② 与文献 [116] 相比, 本章方法不需要引入新的变量; ③ 通过使用凸分离和二次松弛化技巧, 原问题 (GLFP) 转化为一系列线性规划问题的求解, 这要比文献 [107] 中转化得到的凹极小化问题求解简单; ④ 为改善算法的收敛速度, 提出一个新的缩减技巧; ⑤ 数值实验结果显示本章方法可以有效地确定出所测试问题的全局最优解.

7.1.2　问题的线性松弛

为求解问题 (GLFP), 一个重要的环节是为该问题及其子问题的最优值构造下界. 这些下界的构造可以通过求解它的线性松弛规划问题得到. 下面介绍得到线性松弛规划问题的具体细节.

令 $X = [\underline{x}, \overline{x}]$ 表示初始盒子 X^0, 或者由算法产生的子盒子. 为表达方便, 对于 $i = 1, \cdots, p$, 令

$$gl_i = \sum_{j=1}^n \min\{c_{ij}\underline{x}_j, c_{ij}\overline{x}_j\} + d_i,$$

$$gu_i = \sum_{j=1}^n \max\{c_{ij}\underline{x}_j, c_{ij}\overline{x}_j\} + d_i,$$

$$hl_i = \sum_{j=1}^n \min\{e_{ij}\underline{x}_j, e_{ij}\overline{x}_j\} + f_i,$$

$$hu_i = \sum_{j=1}^n \max\{e_{ij}\underline{x}_j, e_{ij}\overline{x}_j\} + f_i.$$

为了得到问题 (GLFP) 的线性松弛规划问题, 需要构造 $f(x)$ 的线性下界函数, 为此, 我们提出一个使用凸分离和二次松弛化技巧为 $f(x)$ 构造线性下界函数的方法.

第一次松弛

对每一项 $\dfrac{g_i(x)}{h_i(x)}$ $(i = 1, \cdots, p)$, 因为对于所有 $x \in \Lambda$, 有 $g_i(x) > 0$ 和 $h_i(x) > 0$, 所以可以记

$$\frac{g_i(x)}{h_i(x)} = \exp(y_i), \quad i = 1, \cdots, p. \tag{7.1.1}$$

容易得出 y_i 的下界 $\underline{y}_i$ 和上界 $\overline{y}_i$:

$$\underline{y}_i = \ln\left(\frac{gl_i}{hu_i}\right), \quad \overline{y}_i = \ln\left(\frac{gu_i}{hl_i}\right), \quad i = 1, \cdots, p.$$

由此可以得到 $f(x)$ 的一个等价表示形式:

$$\varphi(y) = \sum_{i=1}^{p} \gamma_i \exp(y_i).$$

对于 $\varphi(y)$, 计算其梯度和黑塞矩阵:

$$\nabla \varphi(y) = \begin{pmatrix} \gamma_1 \exp(y_1) \\ \gamma_2 \exp(y_2) \\ \vdots \\ \gamma_p \exp(y_p) \end{pmatrix},$$

$$\nabla^2 \varphi(y) = \begin{pmatrix} \gamma_1 \exp(y_1) & & & \\ & \gamma_2 \exp(y_2) & & \\ & & \ddots & \\ & & & \gamma_p \exp(y_p) \end{pmatrix}.$$

由黑塞矩阵知下面关系成立

$$\| \nabla^2 \varphi(y) \| \leqslant \max_{1 \leqslant i \leqslant p} | \gamma_i | \max_{1 \leqslant i \leqslant p} \exp(\overline{y}_i).$$

令 $\lambda = \max\limits_{1 \leqslant i \leqslant p} | \gamma_i | \max\limits_{1 \leqslant i \leqslant p} \exp(\overline{y}_i) + 0.1$, 则对于 $\forall y \in Y \triangleq [\underline{y}, \overline{y}]$, 有

$$\| \nabla^2 \varphi(y) \| < \lambda.$$

因此, 函数

$$\frac{1}{2} \lambda \| y \|^2 + \varphi(y)$$

是关于 y 的一个凸函数. 于是, 函数 $\varphi(y)$ 可以分解为两个凸函数之差

$$\varphi(y) = \phi(y) - \psi(y), \tag{7.1.2}$$

其中 $\phi(y) = \dfrac{1}{2} \lambda \| y \|^2 + \varphi(y)$, $\psi(y) = \dfrac{1}{2} \lambda \| y \|^2$.

令 $y_{\mathrm{mid}} = \dfrac{1}{2}(\underline{y} + \overline{y})$, 因为 $\phi(y)$ 是一个凸函数, 所以

$$\phi(y) \geqslant \phi(y_{\mathrm{mid}}) + \nabla \phi(y_{\mathrm{mid}})^{\mathrm{T}} (y - y_{\mathrm{mid}}) \triangleq \phi^l(y). \tag{7.1.3}$$

另外, 对于 $\forall y_i \in [\underline{y}_i, \overline{y}_i]$, 不难导出

$$(\underline{y}_i + \overline{y}_i)y_i - \underline{y}_i\overline{y}_i \geqslant y_i^2,$$

进而求和可得

$$\sum_{i=1}^{p}[(\underline{y}_i + \overline{y}_i)y_i - \underline{y}_i\overline{y}_i] \geqslant \| y \|^2.$$

又因为 $\lambda > 0$, 所以有

$$\psi^u(y) \triangleq \frac{1}{2}\lambda\sum_{i=1}^{p}[(\underline{y}_i + \overline{y}_i)y_i - \underline{y}_i\overline{y}_i] \geqslant \frac{1}{2}\lambda \| y \|^2 = \psi(y). \qquad (7.1.4)$$

结合 (7.1.2)—(7.1.4) 式可知

$$\varphi^l(y) = \phi^l(y) - \psi^u(y) \leqslant \varphi(y). \qquad (7.1.5)$$

由 (7.1.1) 式知 $y_i = \ln(g_i(x)) - \ln(h_i(x))$ $(i = 1, \cdots, p)$. 将其代入 (7.1.5) 式可得函数 $f(x)$ 关于 x 的第一次松弛函数如下

$$L(x) \triangleq \phi(y_{\text{mid}}) + \nabla\phi(y_{\text{mid}})^{\mathrm{T}}(y - y_{\text{mid}}) - \frac{1}{2}\lambda\sum_{i=1}^{p}[(\underline{y}_i + \overline{y}_i)y_i - \underline{y}_i\overline{y}_i]$$

$$= \phi(y_{\text{mid}}) + \sum_{i=1}^{p}[\lambda(y_{\text{mid}})_i + \gamma_i\exp((y_{\text{mid}})_i)]y_i$$

$$- \nabla\phi(y_{\text{mid}})^{\mathrm{T}}y_{\text{mid}} - \frac{1}{2}\lambda\sum_{i=1}^{p}[(\underline{y}_i + \overline{y}_i)y_i - \underline{y}_i\overline{y}_i]$$

$$= \sum_{i=1}^{p}\left[\lambda(y_{\text{mid}})_i + \gamma_i\exp((y_{\text{mid}})_i) - \frac{1}{2}\lambda(\underline{y}_i + \overline{y}_i)\right][\ln(g_i(x)) - \ln(h_i(x))]$$

$$+ \phi(y_{\text{mid}}) - \nabla\phi(y_{\text{mid}})^{\mathrm{T}}y_{\text{mid}} + \frac{1}{2}\lambda\sum_{i=1}^{p}\underline{y}_i\overline{y}_i. \qquad (7.1.6)$$

第二次松弛

在区间 $[\underline{z}, \overline{z}]$ 上, 利用函数 $\ln(\cdot)$ 的性质, 可以推得其上、下界函数如下

$$K(z - \underline{z}) + \ln(\underline{z}) \leqslant \ln(z) \leqslant Kz - 1 - \ln(K),$$

其中 $K = \dfrac{\ln(\overline{z}) - \ln(\underline{z})}{\overline{z} - \underline{z}}$. 由上述不等式, 易知

$$K_{1i}(g_i(x) - gl_i) + \ln(gl_i) \leqslant \ln(g_i(x)) \leqslant K_{1i}g_i(x) - 1 - \ln(K_{1i}),$$
$$K_{2i}(h_i(x) - hl_i) + \ln(hl_i) \leqslant \ln(h_i(x)) \leqslant K_{2i}h_i(x) - 1 - \ln(K_{2i}),$$

这里 $K_{1i} = \dfrac{\ln(gu_i) - \ln(gl_i)}{gu_i - gl_i}$, $K_{2i} = \dfrac{\ln(hu_i) - \ln(hl_i)}{hu_i - hl_i}$.

在 (7.1.6) 式中, 令

$$\beta_i = \lambda(y_{\mathrm{mid}})_i + \gamma_i \exp((y_{\mathrm{mid}})_i) - \frac{1}{2}\lambda(\underline{y}_i + \overline{y}_i), \quad i = 1, \cdots, p.$$

则可得函数 $f(x)$ 的线性下界函数 $f^l(x)$:

$$f^l(x) \triangleq \sum_{i=1}^p f_i^l(x) + \phi(y_{\mathrm{mid}}) - \nabla\phi(y_{\mathrm{mid}})^{\mathrm{T}} y_{\mathrm{mid}} + \frac{1}{2}\lambda \sum_{i=1}^p \underline{y}_i \overline{y}_i,$$

其中

$$f_i^l(x) = \begin{cases} \beta_i[K_{1i}(g_i(x) - gl_i) + \ln(gl_i) - K_{2i}h_i(x) + 1 + \ln(K_{2i})], & \beta_i \geqslant 0, \\ \beta_i[K_{1i}g_i(x) - 1 - \ln(K_{1i}) - K_{2i}(h_i(x) - hl_i) - \ln(hl_i)], & \text{否则}. \end{cases}$$

显然, $f^l(x) \leqslant f(x)$.

于是, 可得问题 (GLFP) 在 X 上的线性松弛规划问题如下

$$(\mathrm{LRP}) \begin{cases} \min & f^l(x) \\ \mathrm{s.t.} & Ax \leqslant b, \\ & x \in X. \end{cases}$$

定理 7.1.1 令 $\delta_j = \overline{x}_j - \underline{x}_j$, $\omega_i = \overline{y}_i - \underline{y}_i$, $u_i = \dfrac{gu_i}{gl_i}$, $v_i = \dfrac{hu_i}{hl_i}$, $i = 1, \cdots, p$, $j = 1, \cdots, n$, 则对所有 $x \in X$, 函数 $f(x)$ 与 $f^l(x)$ 之差满足随着 $\delta_j \to 0$, 有

$$f(x) - f^l(x) \to 0.$$

证明 对于 $x \in X$, 令

$$\Delta = f(x) - f^l(x) = f(x) - L(x) + L(x) - f^l(x),$$

并记

$$\Delta^1 = f(x) - L(x), \quad \Delta^2 = L(x) - f^l(x).$$

显然, 只需证明随着 $\delta_j \to 0$ $(j = 1, \cdots, n)$, 有 $\Delta^1 \to 0$, $\Delta^2 \to 0$ 即可.

首先, 考虑 Δ^1. 根据 Δ^1 的定义知

$$\Delta^1 = f(x) - L(x)$$

$$= \sum_{i=1}^{p} \gamma_i \frac{g_i(x)}{h_i(x)} - \left[\phi(y_{\mathrm{mid}}) + \nabla\phi(y_{\mathrm{mid}})^{\mathrm{T}}(y - y_{\mathrm{mid}}) - \frac{1}{2}\lambda \sum_{i=1}^{p}((\underline{y}_i + \overline{y}_i)y_i - \underline{y}_i\overline{y}_i) \right]$$

$$= \sum_{i=1}^{p} \gamma_i \exp(y_i) - \left[\phi(y_{\mathrm{mid}}) + \nabla\phi(y_{\mathrm{mid}})^{\mathrm{T}}(y - y_{\mathrm{mid}}) - \frac{1}{2}\lambda \sum_{i=1}^{p}((\underline{y}_i + \overline{y}_i)y_i - \underline{y}_i\overline{y}_i) \right]$$

$$= \varphi(y) - \varphi^l(y)$$

$$\leqslant (\nabla\phi(\xi) - \nabla\phi(y_{\mathrm{mid}}))^{\mathrm{T}}(y - y_{\mathrm{mid}}) + \frac{1}{2}\lambda \parallel \overline{y} - \underline{y} \parallel^2$$

$$\leqslant 2\lambda \parallel \xi - y_{\mathrm{mid}} \parallel \parallel y - y_{\mathrm{mid}} \parallel + \frac{1}{2}\lambda \parallel \overline{y} - \underline{y} \parallel^2 \leqslant \frac{5}{2}\lambda \parallel \overline{y} - \underline{y} \parallel^2,$$

其中 ξ 是满足 $\phi(x) - \phi(y_{\mathrm{mid}}) = \nabla\phi(\xi)^{\mathrm{T}}(y - y_{\mathrm{mid}})$ 的常向量. 由 y_i 定义知, 当 $\delta_j \to 0 \ (j = 1, \cdots, n)$ 时, 有 $\parallel \overline{y} - \underline{y} \parallel \to 0$. 进而知, 随着 $\delta_j \to 0 \ (j = 1, \cdots, n)$ 有 $\Delta^1 \to 0$.

其次, 考虑 $\Delta^2 = L(x) - f^l(x)$. 根据 (7.1.6) 式知

$$\Delta^2 = L(x) - f^l(x)$$

$$= \sum_{i=1}^{p}[\beta_i(\ln(g_i(x)) - \ln(h_i(x))) - f_i^l(x)]$$

$$= \sum_{\beta_i \geqslant 0} \beta_i[(\ln(g_i(x)) - K_{1i}(g_i(x) - gl_i) - \ln(gl_i))$$

$$+ (K_{2i}h_i(x) - \ln(K_{2i}) - 1 - \ln(h_i(x)))]$$

$$+ \sum_{\beta_i < 0} \beta_i[\ln(g_i(x)) - K_{1i}(g_i(x) - 1 - \ln(K_{1i}))$$

$$+ (K_{2i}(h_i(x) - \ln(hl_i)) + \ln(hl_i) - \ln(h_i(x)))].$$

由 gl_i, gu_i, hl_i 和 hu_i 的定义易知, 当 $\delta_j \to 0$ 时, 有 $\omega_i \to 0$. 于是, 根据文献 [95] 即知随着 $\delta_j \to 0$ 有 $\Delta^2 \to 0$.

综上可知, 随着 $\delta_j \to 0 \ (j = 1, \cdots, n)$, 有

$$\Delta = \Delta^1 + \Delta^2 \to 0,$$

即证结论成立.

定理 7.1.1 说明随着 $\delta_j \to 0 \ (j = 1, \cdots, n)$, $f^l(x)$ 可以无限逼近函数 $f(x)$.

由以上讨论可以看出, 对于所有可行点, 问题 (LRP) 的目标函数值总是小于或等于问题 (GLFP) 的目标函数值, 因此问题 (LRP) 的最优值为问题 (GLFP) 的

最优值提供了一个下界, 即有

$$V(\text{LRP}) \leqslant V(\text{LFP}).$$

7.1.3 区域缩减技巧

为改善算法的收敛速度, 下面提出新的缩减技巧, 使用该技巧可以删除盒子区域中不可能含有问题 (GLFP) 全局最优解的部分.

令 UB 表示问题 (GLFP) 最优值 f^* 的当前最好上界, 并引入以下记号

$$\alpha_j = \sum_{i=1}^{p} \beta_i [K_{1i}c_{ij} - K_{2i}e_{ij}], \quad j = 1, \cdots, n,$$

$$\widehat{T} = \sum_{i=1}^{p} \widetilde{T}_i, \quad \text{其中 } \widetilde{T}_i = \begin{cases} \beta_i[K_{1i}(d_i - gl_i) + \ln(gl_i) - K_{2i}f_i + 1 + \ln(K_{2i})], & \beta_i \geqslant 0, \\ \beta_i[K_{1i}d_i - 1 - \ln(K_{1i}) - K_{2i}(f_i - hl_i) - \ln(hl_i)], & \text{否则}. \end{cases}$$

$$T = \widehat{T} + \phi(y_{\text{mid}}) - \nabla\phi(y_{\text{mid}})^{\text{T}}y_{\text{mid}} + \frac{1}{2}\lambda \sum_{i=1}^{p} \overline{y}\underline{y}.$$

缩减规则由下面定理给出.

定理 7.1.2 对任一子矩形 $X = (X_j)_{n \times 1} \subseteq X^0$, 其中 $X_j = [\underline{x}_j, \overline{x}_j]$. 令

$$\rho_k = \text{UB} - \sum_{j=1, j \neq k}^{n} \min\{\alpha_j \underline{x}_j, \alpha_j \overline{x}_j\} - T, \quad k = 1, \cdots, n.$$

如果存在某个指标 $k \in \{1, 2, \cdots, n\}$ 使得 $\alpha_k > 0$ 且 $\rho_k < \alpha_k \overline{x}_k$, 则问题 (GLFP) 在 X^1 上不可能存在全局最优解; 如果存在某个指标 $k \in \{1, 2, \cdots, n\}$ 使得 $\alpha_k < 0$ 且 $\rho_k < \alpha_k \underline{x}_k$, 则问题 (GLFP) 在 X^2 上不可能存在全局最优解, 这里

$$X^1 = (X_j^1)_{n \times 1} \subseteq X, \quad \text{其中 } X_j^1 = \begin{cases} X_j, & j \neq k, \\ \left(\dfrac{\rho_k}{\alpha_k}, \overline{x}_k\right] \bigcap X_j, & j = k, \end{cases}$$

$$X^2 = (X_j^2)_{n \times 1} \subseteq X, \quad \text{其中 } X_j^2 = \begin{cases} X_j, & j \neq k, \\ \left[\underline{x}_k, \dfrac{\rho_k}{\alpha_k}\right) \bigcap X_j, & j = k. \end{cases}$$

证明 首先, 证明对于所有 $x \in X^1$, 有 $f(x) > \text{UB}$. 考虑 x 的第 k 个分量 x_k, 由已知条件知

$$\frac{\rho_k}{\alpha_k} < x_k \leqslant \overline{x}_k.$$

再由 $\alpha_k > 0$, ρ_k 的定义以及上述不等式可得

$$\text{UB} < \sum_{j=1,j\neq k}^{n} \min\{\alpha_j\underline{x}_j, \alpha_j\overline{x}_j\} + \alpha_k x_k + T$$

$$\leqslant \sum_{j=1}^{n} \alpha_j x_j + T$$

$$= \sum_{i=1}^{p} f_i^l(x) + \phi(y_{\text{mid}}) - \nabla\phi(y_{\text{mid}})^{\text{T}} y_{\text{mid}} + \frac{1}{2}\lambda \sum_{i=1}^{p} \overline{y}\underline{y} = f^l(x).$$

这表示, 对于所有 $x \in X^1$, 有 $f^* \leqslant \text{UB} < f^l(x) \leqslant f(x)$, 故问题 (GLFP) 在 X^1 上不可能含有全局最优解.

其次, 证明对于所有 $x \in X^2$, 均有 $f(x) > \text{UB}$. 考虑 x 的第 k 个分量 x_k, 根据已知条件知

$$\underline{x}_k \leqslant x_k < \frac{\rho_k}{\alpha_k}.$$

因为 $\alpha_k < 0$, 所以由 ρ_k 的定义以及上述不等式可得

$$\text{UB} < \sum_{j=1,j\neq k}^{n} \min\{\alpha_j\underline{x}_j, \alpha_j\overline{x}_j\} + \alpha_k x_k + T$$

$$\leqslant \sum_{j=1}^{n} \alpha_j x_j + T$$

$$= \sum_{i=1}^{p} f_i^l(x) + \phi(y_{\text{mid}}) - \nabla\phi(y_{\text{mid}})^{\text{T}} y_{\text{mid}} + \frac{1}{2}\lambda \sum_{i=1}^{p} \overline{y}\underline{y} = f^l(x).$$

这说明, 对所有 $x \in X^2$, 有 $f^* \leqslant \text{UB} < f^l(x) \leqslant f(x)$, 即对所有 $x \in X^2$, 其函数值总是严格大于问题 (GLFP) 的最优值的, 所以问题 (GLFP) 在 X^2 上不可能含有全局最优解.

根据定理 7.1.2, 下面给出对盒子区域进行缩减的规则. 令 $X = (X_j)_{n\times 1}$ 表示将被进行缩减的盒子区域, 其中 $X_j = [\underline{x}_j, \overline{x}_j]$. 如果存在 $\alpha_j \neq 0$, 则计算 α_j, T, ρ_j. 用 E_j 表示盒子区间 X_j 中被缩减的部分, 则 E_j 可由下面规则确定:

$$\text{如果} \alpha_j > 0 \text{ 且} \frac{\rho_j}{\alpha_j} < \overline{x}_j, \quad \text{则} E_j = \begin{cases} \left(\dfrac{\rho_j}{\alpha_j}, \overline{x}_j\right], & \dfrac{\rho_j}{\alpha_j} \geqslant \underline{x}_j, \\[3mm] [\underline{x}_j, \overline{x}_j], & \dfrac{\rho_j}{\alpha_j} < \underline{x}_j; \end{cases}$$

$$\text{如果} \alpha_j < 0 \text{ 且} \frac{\rho_j}{\alpha_j} > \underline{x}_j, \quad \text{则} E_j = \begin{cases} \left[\underline{x}_j, \dfrac{\rho_j}{\alpha_j} \right), & \dfrac{\rho_j}{\alpha_j} \leqslant \overline{x}_j, \\[3mm] [\underline{x}_j, \overline{x}_j], & \dfrac{\rho_j}{\alpha_j} > \overline{x}_j. \end{cases}$$

通过使用该缩减规则, 可以割去盒子区间 X_j 中不包含全局最优解的部分, 即 $X_j \bigcap E_j$. 这样可以缩小算法的搜索区间, 提高算法的收敛速率.

7.1.4 算法及其收敛性

基于前面的讨论, 在这一节, 我们给出一个确定问题 (GLFP) 全局最优解的分支定界算法. 为了保证算法收敛到全局最优解, 该算法需要求解一系列在 X^0 剖分子集上的线性松弛规划问题 (LRP).

在算法的第 k 步, 假定当前有效节点集合为 Q_k. 对于每个 $X \in Q_k$, 我们需要通过计算问题 (LRP) 在其上的最优值 $\mathrm{LB}(X)$ 来获得问题 (GLFP) 最优值的一个下界, 并记问题 (GLFP) 在初始矩形 X^0 上的最优值在第 k 阶段的下界为 $\mathrm{LB}_k = \min\{\mathrm{LB}(X), \forall X \in Q_k\}$. 一旦发现问题 (LRP) 的最优解对于问题 (GLFP) 是可行的, 就更新当前最好的上界 UB_k (若需要). 从而, 对于每一阶段 k, 有效节点的集合 Q_k 总是满足 $\mathrm{LB}(X) < \mathrm{UB}, \forall X \in Q_k$. 选取满足 $\mathrm{LB}(X) = \mathrm{LB}_k$ 的节点 $X \in Q_k$, 并根据下面的分支规则将 X 剖分为两个子矩形. 对每个子矩形使用缩减技巧进行缩减. 最后, 在删除所有不可能再被改善的节点后, 得到下一阶段的有效节点集. 重复这一过程, 直到算法收敛为止.

分支规则

本方法中选取简单的矩形对分规则. 考虑由 $X = \{x \in R^n \mid \underline{x}_j \leqslant x_j \leqslant \overline{x}_j, \ j = 1, \cdots, n\} \subseteq X^0$ 确定的任一节点子问题. 该分支规则如下:

(1) 令
$$p = \mathrm{argmax}\{\overline{x}_j - \underline{x}_j \mid j = 1, \cdots, n\};$$

(2) 令
$$\gamma = (\underline{x}_p + \overline{x}_p)/2;$$

(3) 令
$$X^1 = \{x \in R^n \mid \underline{x}_j \leqslant x_j \leqslant \overline{x}_j, \ j \neq p, \ \underline{x}_p \leqslant x_p \leqslant \gamma\},$$
$$X^2 = \{x \in R^n \mid \underline{x}_j \leqslant x_j \leqslant \overline{x}_j, \ i \neq p, \ \gamma \leqslant x_p \leqslant \overline{x}_p\}.$$

通过使用该分支规则, 矩形 X 被剖分为了两个子矩形 X^1 和 X^2, 且 $X^1 \bigcup X^2 = X$, $\mathrm{int} X^1 \bigcap \mathrm{int} X^2 = \varnothing$. 该分支规则可以保证算法的全局收敛性, 原因是随着算法的进行, 由算法形成的嵌套矩形序列最终收敛到一点.

算法描述

基于以上讨论, 算法的基本步骤如下. 在算法中, 令 $\mathrm{LB}(X)$ 表示问题 (LRP) 在矩形 X 上的最优值.

步 0　选取 $\epsilon \geqslant 0$. 确定问题 (LRP) 在 $X = X^0$ 上的最优解 x^0 和最优值 $\mathrm{LB}(X^0)$. 置

$$\mathrm{LB}_0 = \mathrm{LB}(X^0), \quad \mathrm{UB}_0 = f(x^0).$$

如果 $\mathrm{UB}_0 - \mathrm{LB}_0 \leqslant \epsilon$, 则停止计算: x^0 是问题 (GLFP) 的 ϵ-全局最优解. 否则, 置

$$Q_0 = \{X^0\}, \ F = \varnothing, \quad k = 1.$$

步 1　置 $\mathrm{LB}_k = \mathrm{LB}_{k-1}$. 将 X^{k-1} 剖分为两个矩形 $X^{k,1}$, $X^{k,2} \subseteq R^n$. 令 $F = F \bigcup \{X^{k-1}\}$.

步 2　对于每个 $X^{k,1}$, $X^{k,2}$, 根据当前所考虑的盒子, 计算线性约束函数 $\sum\limits_{j=1}^{n} a_{ij} x_j \ (i = 1, \cdots, m)$ 的下界, 即计算

$$\sum_{a_{ij} > 0} a_{ij} \underline{x}_j + \sum_{a_{ij} < 0} a_{ij} \overline{x}_j,$$

其中 $\overline{x}_j$ 和 $\underline{x}_j$ 分别表示当前盒子的上、下界. 如果存在某个 $i \in \{1, \cdots, m\}$ 使得

$$\sum_{a_{ij} > 0} a_{ij} \underline{x}_j + \sum_{a_{ij} < 0} a_{ij} \overline{x}_j > b_i,$$

则将相应的盒子放入 F. 如果 $X^{k,1}$, $X^{k,2}$ 均被放入 F, i.e.,

$$F = F \bigcup \{X^{k,1}, \ X^{k,2}\},$$

则转步 6.

步 3　对于未被删除的盒子 $X^{k,1}$ 和/或 $X^{k,2}$, 更新参数 K_{1i}, K_{2i}, gl_i, gu_i, hl_i, hu_i, $\underline{y}_i$, $\overline{y}_i \ (i = 1, \cdots, p)$, 并利用定理 7.1.2 中的缩减技巧对盒子 $X^{k,1}$ 和/或 $X^{k,2}$ 进行缩减. 计算问题 (LRP) 在 $X = X^{k,t}$ 上的最优值 $\mathrm{LB}(X^{k,t})$ 和最优解 $x^{k,t}$, 其中 $t = 1$ 或 $t = 2$ 或 $t = 1, 2$. 如果可能, 则更新上界

$$\mathrm{UB}_k = \min\{\mathrm{UB}_k, f(x^{k,t})\},$$

并令 x^k 表示满足 $\mathrm{UB}_k = f(x^k)$ 的点.

步 4　如果 $\mathrm{UB}_k \leqslant \mathrm{LB}(X^{k,t})$, 则置

$$F = F \bigcup \{X^{k,t}\}.$$

步 5 置

$$F = F \bigcup \{X \in Q_{k-1} \mid \mathrm{UB}_k \leqslant \mathrm{LB}(X)\}.$$

步 6 置

$$Q_k = \{X \mid X \in (Q_{k-1} \bigcup \{X^{k,1}, X^{k,2}\}), \ X \notin F\}.$$

步 7 置

$$\mathrm{LB}_k = \min\{\mathrm{LB}(X) \mid X \in Q_k\},$$

并令 $X^k \in Q_k$ 为满足 $\mathrm{LB}_k = \mathrm{LB}(X^k)$ 的盒子. 如果 $\mathrm{UB}_k - \mathrm{LB}_k \leqslant \epsilon$, 则停止计算: x^k 是问题 (GLFP) 的 ϵ-全局最优解. 否则, 置 $k = k+1$, 转步 1.

算法收敛性

算法的收敛性由下面定理给出.

定理 7.1.3 (收敛性) (1) 若算法有限步终止, 则当终止时, x^k 是问题 (GLFP) 的 ϵ-全局最优解.

(2) 若算法无限步终止, 则算法将产生一无穷可行解序列 $\{x^k\}$, 其聚点是问题 (GLFP) 的全局最优解.

证明 (1) 假定算法在第 k 步终止, $k \geqslant 0$. 当终止时, 由算法知

$$\mathrm{UB}_k - \mathrm{LB}_k \leqslant \epsilon.$$

根据步 0 和步 3, 上式意味着

$$f(x^k) - \mathrm{LB}_k \leqslant \epsilon.$$

令 v 表示问题 (GLFP) 的最优值, 由前面内容知

$$\mathrm{LB}_k \leqslant v.$$

因为 x^k 是问题 (GLFP) 的一个可行解, 所以有

$$f(x^k) \geqslant v.$$

综上, 即有

$$v \leqslant f(x^k) \leqslant \mathrm{LB}_k + \epsilon \leqslant v + \epsilon.$$

进而有

$$v \leqslant f(x^k) \leqslant v + \epsilon,$$

即证 (1) 成立.

(2) 当算法无限步终止时, 根据算法的过程知, $\{\mathrm{LB}_k\}$ 是非减的单调序列且有上界 $\min\limits_{x\in\Lambda} f(x)$, 这就保证了该序列存在极限

$$\mathrm{LB} = \lim_{k\to\infty} \mathrm{LB}_k \leqslant \min_{x\in\Lambda} f(x).$$

因为 $\{x^k\}$ 是包含在紧集 X^0 中的, 所以存在收敛子序列 $\{x^s\} \subseteq \{x^k\}$. 假定其极限为 $\lim\limits_{s\to\infty} x^s = \hat{x}$, 则由算法知存在一递减子序列 $\{X^r\} \subseteq \{X^s\}$, 其中

$$X^s \in Q_s, \quad x^r \in X^r, \quad \mathrm{LB}_r = \mathrm{LB}(X^r) = f^l(x^r) \quad \text{且} \ \lim_{r\to\infty} X^r = \{\hat{x}\}.$$

根据定理 7.1.1 知

$$\lim_{r\to\infty} f^l(x^r) = \lim_{r\to\infty} f(x^r) = f(\hat{x}). \tag{7.1.7}$$

结合 (7.1.7) 式知 $\hat{x}$ 是问题 (GLFP) 的最优解, 即证得 (2) 结论成立.

7.1.5　数值实验

为验证本算法的可行性与有效性, 我们做了一些数值实验. 算法程序实现采用 MATLAB 7.1 语言, 线性规划问题的求解采用单纯形方法. 实验平台为 Pentium IV (3.06 GHz) 计算机. 算法的收敛性误差设置为 $\epsilon = 1.0e - 8$.

例 7.1.1[116]

$$\begin{cases} \min & -\dfrac{3x_1+4x_2+50}{3x_1+5x_2+4x_3+50} + \dfrac{3x_1+5x_2+3x_3+50}{5x_1+5x_2+4x_3+50} \\ & +\dfrac{x_1+2x_2+4x_3+50}{5x_2+4x_3+50} + \dfrac{4x_1+3x_2+3x_3+50}{3x_2+3x_3+50} \\ \text{s.t.} & 6x_1+3x_2+3x_3 \leqslant 10, \\ & 10x_1+3x_2+8x_3 \leqslant 10, \\ & x_1 \geqslant 0, x_2 \geqslant 0, x_3 \geqslant 0. \end{cases}$$

例 7.1.2[115]

$$\begin{cases} \min & -\dfrac{4x_1+3x_2+3x_3+50}{3x_2+3x_3+50} - \dfrac{3x_1+4x_3+50}{4x_1+4x_2+5x_3+50} \\ & -\dfrac{x_1+2x_2+5x_3+50}{x_1+5x_2+5x_3+50} - \dfrac{x_1+2x_2+4x_3+50}{5x_2+4x_3+50} \\ \text{s.t.} & 2x_1+x_2+5x_3 \leqslant 10, \\ & x_1+6x_2+3x_3 \leqslant 10, \\ & 5x_1+9x_2+2x_3 \leqslant 10, \\ & 9x_1+7x_2+3x_3 \leqslant 10, \\ & x_1 \geqslant 0, x_2 \geqslant 0, x_3 \geqslant 0. \end{cases}$$

例 7.1.3[170]

$$\begin{cases} \min & -\dfrac{3x_1+5x_2+3x_3+50}{3x_1+4x_2+5x_3+50}-\dfrac{3x_1+4x_2+50}{4x_1+3x_2+2x_3+50}-\dfrac{4x_1+2x_2+4x_3+50}{5x_1+4x_2+3x_3+50} \\ \text{s.t.} & 6x_1+3x_2+3x_3 \leqslant 10, \\ & 10x_1+3x_2+8x_3 \leqslant 10, \\ & 0 \leqslant x_1 \leqslant 1,\ 0 \leqslant x_2 \leqslant 3.3333,\ 0 \leqslant x_3 \leqslant 1. \end{cases}$$

例 7.1.4[116]

$$\begin{cases} \min & -\dfrac{37x_1+73x_2+13}{13x_1+13x_2+13}+\dfrac{63x_1-18x_2+39}{13x_1+26x_2+13} \\ & -\dfrac{13x_1+13x_2+13}{63x_2-18x_3+39}+\dfrac{13x_1+26x_2+13}{37x_1+73x_2+13} \\ \text{s.t.} & 5x_1-3x_2=3, \\ & 1.5 \leqslant x_1 \leqslant 3. \end{cases}$$

例 7.1.5[170]

$$\begin{cases} \min & \dfrac{-x_1+2x_2+2}{3x_1-4x_2+5}+\dfrac{4x_1-3x_2+4}{-2x_1+x_2+3} \\ \text{s.t.} & x_1+x_2 \leqslant 1.5, \\ & x_1-x_2 \leqslant 0, \\ & 0 \leqslant x_1 \leqslant 1,\ 0 \leqslant x_2 \leqslant 1. \end{cases}$$

以上算例的计算结果见表 7.1, 数据结果显示该算法可以有效地确定出问题 (GLFP) 的全局最优解.

表 **7.1** 例 **7.1.1**—例 **7.1.5** 的测试结果

例	文献	最优解	最优值	迭代次数
7.1.1	[116]	(0.0, 3.3333, 0.0)	1.9	8
	本节	(0.0, 3.3333, 0.0)	1.9	1
7.1.2	[115]	(1.0, 0.0, 0.0)	−4.081481	38
	本节	(1.0, 0.0, 0.0)	−4.0815	16
7.1.3	[170]	(0.0, 3.3333, 0.0)	−3.002923975	119
	本节	(0.0, 3.3333, 0.0)	−3.0029	68
7.1.4	[116]	(3.0, 4.0)	−3.29167	9
	本节	(3.0, 4.0)	−3.2917	7
7.1.5	[170]	(0.0, 0.283935547)	1.623183358	71
	本节	(0.0, 0.2812)	1.6232	57

7.2 外空间分支定界加速算法

本节考虑如下形式的广义线性比式和问题:

$$(\text{SLR})\begin{cases} \max\ f(x)=\sum_{i=1}^{p}\delta_i\dfrac{\varphi_i(x)}{\psi_i(x)}\\ \text{s.t.}\ \ x\in D\triangleq\{x\in R^n|Ax\leqslant b,x\geqslant 0\}, \end{cases}$$

其中 D 是一个非空有界多面体集, $\varphi_i(x)$ 和 $\psi_i(x)$ 均为定义在 R^n 上的仿射函数; 对任意的 $x\in D$, 有 $\psi_i(x)\neq 0$; $\delta_i(i=1,2,\cdots,p)$ 为任意实数.

由于 $\dfrac{\varphi_i(x)}{\psi_i(x)}$ 为定义在 D 上的连续函数, 由函数的连续性知, $\psi_i(x)<0$ 或 $\psi_i(x)>0$. 若 $\psi_i(x)<0$, 用 $\dfrac{-\varphi_i(x)}{-\psi_i(x)}$ 替代 $\dfrac{\varphi_i(x)}{\psi_i(x)}$, 则问题 (SLR) 本质保持不变, 不失一般性可以假设, 对所有的 $x\in D$, 均有 $\psi_i(x)>0$. 由于 D 是有界闭集, 如果存在某一个 $x\in D$ 使得 $\varphi_i(x)<0$, 用 $\dfrac{\varphi_i(x)+M\psi_i(x)}{\psi_i(x)}$ 替代 $\dfrac{\varphi_i(x)}{\psi_i(x)}$, 其中 M 是一个常数, 且满足对任意的 $x\in D$, 均有 $\varphi_i(x)+M\psi_i(x)\geqslant 0$, 那么问题 (SLR) 本质保持不变. 因此, 不失一般性, 可以假定: 对所有的 $x\in D$, 均有 $\varphi_i(x)\geqslant 0$. 综上所述, 不失一般性, 下面我们假设: 对任意的 $x\in D$, 均有 $\varphi_i(x)\geqslant 0,\psi_i(x)>0,i=1,2,\cdots,p$.

输出空间分支定界算法是当前求解比式和问题较为有效的方法之一, 一般情况下, 输出空间通常指的是目标函数中分子函数值或分母函数值或其他函数值的输出空间, 通过对输出空间区域剖分及构造输出空间区域上的线性松弛或凸松弛问题, 建立相应的输出空间分支定界算法. 本节为带系数的线性比式和问题建立了一个输出空间分支定界加速算法. 首先将原问题转化为等价的双线性规划问题, 然后利用双线性函数的凸包、凹包逼近构造等价问题的线性松弛规划问题, 通过逐次剖分分母倒数的输出空间区域及求解一系列线性松弛规划问题, 从而得到原问题的全局最优解. 为了提高该算法的计算效率, 基于等价问题的特性和分支定界算法的结构, 构造新的输出空间区域删除原则. 该输出空间分支定界算法主要的计算工作是求解一系列线性松弛规划问题, 并且这些线性松弛规划问题随着迭代次数的增加其问题规模并不扩大. 此外, 由于该算法基于分母倒数的函数值所在的输出空间区域 R^p 进行剖分, 而不是 R^n 和 R^{2p}, 这里 p 一般远小于 n, 使得该算法能求解大规模的线性比式和问题.

7.2.1　线性松弛规划

为求解问题 (SLR), 首先将其转化为等价问题 (EQ), 并不失一般性, 假设

$$\delta_i>0,\quad i=1,2,\cdots,T;\quad \delta_i<0,\quad i=T+1,T+2,\cdots,p;$$

$$l_i^0=\min_{x\in D}\varphi_i(x),\quad u_i^0=\max_{x\in D}\varphi_i(x),\quad i=1,2,\cdots,p;$$

$$L_i^0 = \frac{1}{\max\limits_{x \in D} \psi_i(x)}, \quad U_i^0 = \frac{1}{\min\limits_{x \in D} \psi_i(x)}, \quad i = 1, 2, \cdots, p.$$

由于 $\varphi_i(x)$ 和 $\psi_i(x)$ 均为定义在 D 上的仿射函数, 通过求解线性规划问题, 我们容易计算 l_i^0, u_i^0, L_i^0 及 U_i^0 的值. 显然, 我们有 $0 \leqslant l_i^0 \leqslant u_i^0$, $0 < L_i^0 \leqslant U_i^0$, $i = 1, 2, \cdots, p$.

定义

$$\Omega^0 = \{(t, s) \in R^{2p} \mid l_i^0 \leqslant t_i \leqslant u_i^0, L_i^0 \leqslant s_i \leqslant U_i^0, \ i = 1, 2, \cdots, p\},$$

并考虑下面的等价非凸规划问题:

$$(\text{EQ}) \begin{cases} \max \ g(t, s) = \sum\limits_{i=1}^{T} \delta_i t_i s_i + \sum\limits_{i=T+1}^{p} \delta_i t_i s_i \\ \text{s.t.} \quad \varphi_i(x) - t_i \geqslant 0, \ i = 1, 2, \cdots, T, \\ \qquad \varphi_i(x) - t_i \leqslant 0, \ i = T+1, T+2, \cdots, p, \\ \qquad s_i \psi_i(x) \leqslant 1, \ i = 1, 2, \cdots, T, \\ \qquad s_i \psi_i(x) \geqslant 1, \ i = T+1, T+2, \cdots, p, \\ \qquad x \in D, \ (t, s) \in \Omega^0. \end{cases}$$

下面的定理给出了问题 (SLR) 和 (EQ) 的等价性.

定理 7.2.1 若 (x^*, t^*, s^*) 是问题 (EQ) 的一个全局最优解, 则 $t_i^* = \varphi_i(x^*)$, $s_i^* = 1/\psi_i(x^*), i = 1, 2, \cdots, p$, 且 x^* 是问题 (SLR) 的一个全局最优解. 反之, 若 x^* 是问题 (SLR) 的一个全局最优解, 令 $t_i^* = \varphi_i(x^*)$, $s_i^* = 1/\psi_i(x^*), i = 1, 2, \cdots, p$, 则 (x^*, t^*, s^*) 是问题 (EQ) 的一个全局最优解.

证明 若 (x^*, t^*, s^*) 是问题 (EQ) 的一个全局最优解, 则对每一个 $i = 1, 2, \cdots, T, \delta_i > 0, 0 \leqslant l_i^0 \leqslant t_i^* \leqslant \varphi_i(x^*), 0 < L_i^0 \leqslant s_i^* \leqslant 1/\psi_i(x^*)$; 对每一个 $i = T+1, T+2, \cdots, p, \delta_i < 0, t_i^* \geqslant \varphi_i(x^*) \geqslant l_i^0 \geqslant 0, s_i^* \geqslant 1/\psi_i(x^*) \geqslant L_i^0 > 0$. 因此, 有

$$\delta_i t_i^* s_i^* \leqslant \delta_i \frac{\varphi_i(x^*)}{\psi_i(x^*)}.$$

故

$$\sum_{i=1}^{T} \delta_i t_i^* s_i^* + \sum_{i=T+1}^{p} \delta_i t_i^* s_i^* \leqslant \sum_{i=1}^{p} \delta_i \frac{\varphi_i(x^*)}{\psi_i(x^*)} = f(x^*).$$

对每一个 $i = 1, 2, \cdots, p$, 令 $\hat{t}_i = \varphi_i(x^*)$ 和 $\hat{s}_i = 1/\psi_i(x^*)$, 那么 $(x^*, \hat{t}, \hat{s})$ 是问题 (EQ) 的一个可行解, 且目标函数值等于 $f(x^*)$. 由于 (x^*, t^*, s^*) 是问题 (P) 的一个全局最优解, 这表明

$$f(x^*) \leqslant \sum_{i=1}^{T} \delta_i t_i^* s_i^* + \sum_{i=T+1}^{p} \delta_i t_i^* s_i^*.$$

综合上述不等式, 有

$$f(x^*) = \sum_{i=1}^{T} \delta_i t_i^* s_i^* + \sum_{i=T+1}^{p} \delta_i t_i^* s_i^*.$$

由 g 的定义及上式, 对每一个 $i = 1, \cdots, p$, $\delta_i \dfrac{\varphi_i(x^*)}{\psi_i(x^*)} \geqslant \delta_i t_i^* s_i^*$; 对每一个 $i = 1, 2, \cdots, T, \delta_i > 0, 0 \leqslant l_i^0 \leqslant t_i^* \leqslant \varphi_i(x^*), 0 < L_i^0 \leqslant s_i^* \leqslant 1/\psi_i(x^*)$; 对每一个 $i = T+1, T+2, \cdots, p, \delta_i < 0, t_i^* \geqslant \varphi_i(x^*) \geqslant l_i^0 \geqslant 0, s_i^* \geqslant 1/\psi_i(x^*) \geqslant L_i^0 > 0$. 这表明对每一个 $i = 1, \cdots, p$, 有

$$t_i^* = \varphi_i(x^*), \quad s_i^* = 1/\psi_i(x^*).$$

对于问题 (SLR) 的任何可行解 x, 如果令 $t_i = \varphi_i(x), s_i = 1/\psi_i(x), i = 1, 2, \cdots, p$, 那么 (x, t, s) 是问题 (EQ) 的一个可行解且其对应的目标函数值为 $f(x)$. 由于 (x^*, t^*, s^*) 是问题 (EQ) 的全局最优解, 这表明对于问题 (SLR) 的任何可行解 x, 有

$$f(x) = \sum_{i=1}^{p} \delta_i \frac{\varphi_i(x)}{\psi_i(x)} = \sum_{i=1}^{T} \delta_i t_i s_i + \sum_{i=T+1}^{p} \delta_i t_i s_i \leqslant \sum_{i=1}^{T} \delta_i t_i^* s_i^* + \sum_{i=T+1}^{p} \delta_i t_i^* s_i^*.$$

由上面的证明可知,

$$f(x) \leqslant f(x^*).$$

由于 $x^* \in D$, 这表明 x^* 是问题 (SLR) 的一个全局最优解.

反之, 设 x^* 是问题 (SLR) 的一个全局最优解, 并令 $t_i^* = \varphi_i(x^*), s_i^* = 1/\psi_i(x^*)$, $i = 1, \cdots, p$, 那么 (x^*, t^*, s^*) 是问题 (EQ) 的一个可行解且目标函数值等于 $f(x^*)$. 设 (x, t, s) 为问题 (EQ) 的一个可行解. 那么, 对每一个 $i = 1, 2, \cdots, T, \delta_i > 0, 0 \leqslant l_i^0 \leqslant t_i \leqslant \varphi_i(x), 0 < L_i^0 \leqslant s_i \leqslant 1/\psi_i(x)$; 对每一个 $i = T+1, T+2, \cdots, p, \delta_i < 0, t_i \geqslant \varphi_i(x) \geqslant l_i^0 \geqslant 0, s_i \geqslant 1/\psi_i(x) \geqslant L_i^0 > 0$. 这表明: 对每一个 $i = 1, 2, \cdots, p$,

$$\delta_i t_i s_i \leqslant \delta_i \frac{\varphi_i(x)}{\psi_i(x)},$$

因此

$$f(x) \geqslant \sum_{i=1}^{T} \delta_i t_i s_i + \sum_{i=T+1}^{p} \delta_i t_i s_i.$$

由于 $x^* \in D$, 且 x^* 是问题 (SLR) 的一个全局最优解, $f(x) \leqslant f(x^*)$. 综合上面的不等式, 有

$$f(x^*) \geqslant \sum_{i=1}^{T} \delta_i t_i s_i + \sum_{i=T+1}^{p} \delta_i t_i s_i.$$

由于 $t_i^* = \varphi_i(x^*), s_i^* = 1/\psi_i(x^*), i = 1, 2, \cdots, p$, 所以

$$\sum_{i=1}^{T} \delta_i t_i^* s_i^* + \sum_{i=T+1}^{p} \delta_i t_i^* s_i^* = f(x^*).$$

综合上述两式, 有

$$\sum_{i=1}^{T} \delta_i t_i^* s_i^* + \sum_{i=T+1}^{p} \delta_i t_i^* s_i^* \geqslant \sum_{i=1}^{T} \delta_i t_i s_i + \sum_{i=T+1}^{p} \delta_i t_i s_i.$$

因此, (x^*, t^*, s^*) 是问题 (EQ) 的一个全局最优解. 证明完毕.

由定理 7.2.1 可知, 为求解问题 (SLR), 只需求解其等价问题 (EQ). 下面主要的计算工作将是求解问题 (EQ).

由文献 [2,124] 及定理 7.2.2 知, 利用双线性函数的凸包、凹包逼近, 可以建立问题 (EQ) 的线性松弛规划问题.

定理 7.2.2 对于矩形 $\mathrm{LR} = \{(t, s) \in R^2 \mid l \leqslant t \leqslant u, \ L \leqslant s \leqslant U\}$, 其中 l, u, L 和 U 均为非负常数, 且满足 $0 \leqslant l \leqslant u, 0 < L \leqslant U$. 对任意的 $(t, s) \in \mathrm{LR}$, 定义函数 $g(t, s), g^{\mathrm{LR}}(t, s)$ 和 $g_{\mathrm{LR}}(t, s)$ 如下

$$
\begin{aligned}
g(t, s) &= ts, \\
g^{\mathrm{LR}}(t, s) &= \min\{Ut + ls - lU, Lt + us - uL\}, \\
g_{\mathrm{LR}}(t, s) &= \max\{Lt + ls - lL, Ut + us - uU\}.
\end{aligned}
$$

则下面的结论成立:

(1) 对任意的 $(t, s) \in \mathrm{LR}$, $g(t, s), g^{\mathrm{LR}}(t, s)$ 和 $g_{\mathrm{LR}}(t, s)$, 有

$$g_{\mathrm{LR}}(t, s) \leqslant g(t, s) \leqslant g^{\mathrm{LR}}(t, s);$$

(2) 令 $\Delta t = u - l, \Delta s = U - L$, 则

$$\lim_{\Delta s \to 0} g_{\mathrm{LR}}(t, s) = \lim_{\Delta s \to 0} g(t, s) = \lim_{\Delta s \to 0} g^{\mathrm{LR}}(t, s);$$

(3) 令 $\mathrm{LR} = \{(t, s) \in R^2 \mid l \leqslant t \leqslant u, s = b\}$, 则有

$$g^{\text{LR}}(t,s) = g(t,s) = g_{\text{LR}}(t,s).$$

证明 (1) 对任意的 $(t,s) \in \text{LR}$, 由双线性函数凸包、凹包的定义及文献 [2,124] 知,

$$g_{\text{LR}}(t,s) \leqslant g(t,s) \leqslant g^{\text{LR}}(t,s).$$

即结论 (1) 成立.

(2) 由 $g^{\text{LR}}(t,s), g(t,s)$ 及 $g_{\text{LR}}(t,s)$ 的定义可知

$$
\begin{aligned}
g^{\text{LR}}(t,s) - g(t,s) &= \min\{Ut + ls - lU, Lt + us - uL\} - ts \\
&= \min\{Ut + ls - lU - ts, Lt + us - uL - ts\} \\
&= \min\{(t-l)(U-s), (u-t)(s-L)\} \\
&\leqslant \min\{(t-l)(U-L), (U-L)(u-t)\} \\
&= (U-L) \times \min\{(t-l), (u-t)\} \\
&\leqslant \Delta s \Delta t,
\end{aligned}
$$

$$
\begin{aligned}
g(t,s) - g_{\text{LR}}(t,s) &= ts - \max\{Lt + ls - lL, Ut + us - uU\} \\
&= \min\{ts - (Lt + ls - lL), ts - (Ut + us - uU)\} \\
&= \min\{(t-l)(s-L), (U-s)(u-t)\} \\
&\leqslant \min\{(t-l)(U-L), (U-L)(u-t)\} \\
&= (U-L) \times \min\{(t-l), (u-t)\} \\
&\leqslant \Delta s \Delta t.
\end{aligned}
$$

由于 Δt 有界, 所以当 $\Delta s \to 0$ 时,

$$| g^{\text{LR}}(t,s) - g(t,s) | \to 0 \ \text{且} \ | g(t,s) - g_{\text{LR}}(t,s) | \to 0.$$

因此, 有

$$\lim_{\Delta s \to 0} g_{\text{LR}}(t,s) = \lim_{\Delta s \to 0} g(t,s) = \lim_{\Delta s \to 0} g^{\text{LR}}(t,s).$$

(3) 对每一个 $(t,s) \in \text{LR}$, 由 $s = b$ 可知, $L = b = U$. 因此, 有

$$g(t,s) = ts = bt,$$

$$
\begin{aligned}
g^{\text{LR}}(t,s) &= \min\{Ut + ls - lU, Lt + us - uL\} \\
&= \min\{bt + lb - bl, bt + bu - bu\} \\
&= bt,
\end{aligned}
$$

$$
\begin{aligned}
g_{\text{LR}}(t,s) &= \max\{Lt + ls - lL, Ut + us - uU\} \\
&= \max\{bt + lb - lb, bt + ub - ub\} \\
&= bt.
\end{aligned}
$$

因此, 可得

$$g^{\mathrm{LR}}(t,s) = g(t,s) = g_{\mathrm{LR}}(t,s),$$

证明结束.

由定理 7.2.2, 可以构造问题 (EQ) 目标函数的上估计函数. 假设 $\Omega \subseteq \Omega^0$, 其中 $\Omega = \Omega_1 \times \Omega_2 \times \cdots \times \Omega_p$, $\Omega_i = \{(t_i, s_i) \in R^2 \mid l_i \leqslant t_i \leqslant u_i,\ L_i \leqslant s_i \leqslant U_i\}$, $i = 1, 2, \cdots, p$. 显然, l_i, u_i, L_i, U_i 满足 $0 \leqslant l_i \leqslant u_i$, $0 < L_i \leqslant U_i$. 对每一个 $i \in \{1, 2, \cdots, p\}$ 及对每一个 $(t_i, s_i) \in \Omega_i$, 定义

$$g_i(t_i, s_i) = t_i s_i,$$
$$g_i^{\mathrm{LR}}(t_i, s_i) = \min\{U_i t_i + l_i s_i - l_i U_i, L_i t_i + u_i s_i - u_i L_i\},$$
$$g_{i\mathrm{LR}}(t_i, s_i) = \max\{L_i t_i + l_i s_i - l_i L_i, U_i t_i + u_i s_i - u_i U_i\},$$

且令 $\delta_i g_i(t_i, s_i)$ 的上估计函数为 $G_i(t_i, s_i)$. 那么对每个 $i \in \{1, 2, \cdots, p\}$, 由定理 7.2.2, 有

$$\delta_i g_i(t_i, s_i) \leqslant G_i(t_i, s_i) = \begin{cases} \delta_i g_i^{\mathrm{LR}}(t_i, s_i), & i = 1, 2, \cdots, T, \\ \delta_i g_{i\mathrm{LR}}(t_i, s_i), & i = T+1, T+2, \cdots, p. \end{cases}$$

因此, 对任意的 $(t,s) \in \Omega$, 对所有的 $i = 1, 2, \cdots, p$, 关于 $G_i(t_i, s_i)$ 求和, 并令 $\sum_{i=1}^p G_i(t_i, s_i)$ 为 $G(t,s)$, 则对任意的 $(t,s) \in \Omega$, 均有

$$g(t,s) \leqslant G(t,s) = \sum_{i=1}^p G_i(t_i, s_i).$$

同理, 有

$$L_i \psi_i(x) \leqslant s_i \psi_i(x) \leqslant 1, \quad i = 1, 2, \cdots, T,$$

$$U_i \psi_i(x) \geqslant s_i \psi_i(x) \geqslant 1, \quad i = T+1, T+2, \cdots, p,$$

且当 $|U_i - L_i| \to 0$ 时,

$$|s_i \psi_i(x) - L_i \psi_i(x)| \leqslant |s_i - L_i| \cdot |\psi_i(x)| \leqslant \frac{1}{L_0^i} \cdot |U_i - L_i| \to 0, \tag{7.2.1}$$

$$|U_i \psi_i(x) - s_i \psi_i(x)| \leqslant |U_i - s_i| \cdot |\psi_i(x)| \leqslant \frac{1}{L_0^i} \cdot |U_i - L_i| \to 0. \tag{7.2.2}$$

因此, 基于以上讨论, 我们能构造问题 (EQ) 在区域 Ω 上的线性松弛规划问题如下

$$
\text{(LRP)}
\begin{cases}
\max\ G(t,s) = \sum_{i=1}^{p} \delta_i r_i \\
\text{s.t.}\quad r_i \leqslant U_i t_i + l_i s_i - l_i U_i,\ i=1,2,\cdots,T, \\
\qquad r_i \leqslant L_i t_i + u_i s_i - u_i L_i,\ i=1,2,\cdots,T, \\
\qquad r_i \geqslant L_i t_i + l_i s_i - l_i L_i,\ i=T+1,T+2,\cdots,p, \\
\qquad r_i \geqslant U_i t_i + u_i s_i - u_i U_i,\ i=T+1,T+2,\cdots,p, \\
\qquad \varphi_i(x) - t_i \geqslant 0,\ i=1,2,\cdots,T, \\
\qquad \varphi_i(x) - t_i \leqslant 0,\ i=T+1,T+2,\cdots,p, \\
\qquad L_i \psi_i(x) \leqslant 1,\ i=1,2,\cdots,T, \\
\qquad U_i \psi_i(x) \geqslant 1,\ i=T+1,T+2,\cdots,p, \\
\qquad x \in D,\ (t,s) \in \Omega.
\end{cases}
$$

由线性松弛规划问题 (LRP) 的构造方法可知, 在子区域 Ω 上, 问题 (EQ) 的每个可行点也是问题 (LRP) 的可行点, 问题 (LRP) 的最优值大于或等于问题 (EQ) 的最优值. 因此, 在子区域 Ω 上, 线性松弛规划问题 (LRP) 的最优值能够为问题 (EQ) 的最优值提供可靠的上界, 并且由定理 7.2.2 及 (7.2.1)—(7.2.2) 可知, 当 $\|U - L\| \to 0$ 时, 问题 (LRP) 无限逼近问题 (EQ).

7.2.2　输出空间加速方法

对任意的矩形 $\Omega^k \subseteq \Omega^0$, 在第 k 次迭代过程中, 我们想判断 Ω^k 是否包含等价问题 $\text{EQ}(\Omega^0)$ 的全局最优解, 这里

$$
\Omega^k = \Omega_1^k \times \Omega_2^k \times \cdots \times \Omega_{q-1}^k \times \Omega_q^k \times \Omega_{q+1}^k \times \cdots \times \Omega_p^k,
$$

其中

$$
\Omega_q^k = \{(t_q, s_q) \in R^2 \mid l_q^0 \leqslant t_q \leqslant u_q^0,\ L_q^k \leqslant s_q \leqslant U_q^k\}.
$$

下面的定理给出了一个新的输出空间加速技巧, 该加速技巧的基本思想是: 用较小的矩形 Ω 替代 Ω^k, 且不删除问题 $\text{EQ}(\Omega^0)$ 的全局最优解.

定理 7.2.3　假定 $\underline{f}$ 是已知的问题 $\text{EQ}(\Omega^0)$ 最优值 v 的下界, 对任意的 $\Omega^k \subseteq \Omega^0$, 则有以下结论:

(1) 若 $\text{RUB}^k < \underline{f}$, 则在子区域 Ω^k 上不存在问题 $\text{EQ}(\Omega^0)$ 的全局最优解.

(2) 若 $\text{RUB}^k \geqslant \underline{f}$, 则对每一个 $\mu \in \{1,2,\cdots,T\}$, 在子区域 $\overline{\Omega}^k$ 上不存在问题 $\text{EQ}(\Omega^0)$ 的全局最优解; 对每一个 $\mu \in \{T+1,T+2,\cdots,p\}$, 在子区域 $\overline{\overline{\Omega}}^k$ 上不存在问题 $\text{EQ}(\Omega^0)$ 的全局最优解, 这里

$$
\text{RUB}^k = \sum_{i=1}^{T} \delta_i u_i^0 U_i^k + \sum_{i=T+1}^{p} \delta_i l_i^0 L_i^k,
$$

$$\rho_\mu^k = \begin{cases} \dfrac{\underline{f} - \mathrm{RUB}^k + \delta_\mu u_\mu^0 U_\mu^k}{\delta_\mu u_\mu^0}, & \mu \in \{1, 2, \cdots, T\}, \\[4mm] \dfrac{\underline{f} - \mathrm{RUB}^k + \delta_\mu l_\mu^0 L_\mu^k}{\delta_\mu l_\mu^0}, & \mu \in \{T+1, T+2, \cdots, p\}, \end{cases}$$

$$\overline{\Omega}^k = \Omega_1^k \times \Omega_2^k \times \cdots \times \Omega_{\mu-1}^k \times \overline{\Omega}_\mu^k \times \Omega_{\mu+1}^k \times \cdots \times \Omega_T^k \times \Omega_{T+1}^k \times \cdots \times \Omega_p^k,$$

$$\overline{\overline{\Omega}}^k = \Omega_1^k \times \Omega_2^k \times \cdots \times \Omega_T^k \times \Omega_{T+1}^k \times \cdots \times \Omega_{\mu-1}^k \times \overline{\overline{\Omega}}_\mu^k \times \Omega_{\mu+1}^k \times \cdots \times \Omega_p^k,$$

其中

$$\overline{\Omega}_\mu^k = \{(t_\mu, s_\mu) \in R^2 \mid l_\mu^0 \leqslant t_\mu \leqslant u_\mu^0,\ L_\mu^k \leqslant s_\mu < \rho_\mu^k\} \bigcap \Omega_\mu^k, \quad \mu \in \{1, \cdots, T\},$$

$$\overline{\overline{\Omega}}_\mu^k = \{(t_\mu, s_\mu) \in R^2 \mid l_\mu^0 \leqslant t_\mu \leqslant u_\mu^0,\ \rho_\mu^k < s_\mu \leqslant U_\mu^k\} \bigcap \Omega_\mu^k, \quad \mu \in \{T+1, \cdots, p\}.$$

证明 (1) 若 $\mathrm{RUB}^k < \underline{f}$, 则

$$\max_{(t,s) \in \Omega^k} \sum_{i=1}^p \delta_i t_i s_i = \sum_{i=1}^T \delta_i u_i^0 U_i^k + \sum_{i=T+1}^p \delta_i l_i^0 L_i^k = \mathrm{RUB}^k < \underline{f}.$$

因此, 在子区域 Ω^k 上不存在问题 $\mathrm{EQ}(\Omega^0)$ 的全局最优解.

(2) 若 $\mathrm{RUB}^k \geqslant \underline{f}$, 则对每一个 $\mu \in \{1, 2, \cdots, T\}$, 对任意的 $(t,s) \in \overline{\Omega}^k$, 对每一个 $i = 1, 2, \cdots, p$, 有

$$0 \leqslant l_i^0 \leqslant t_i \leqslant u_i^0, \quad 0 \leqslant L_\mu^k \leqslant s_\mu < \rho_\mu^k\ (i = \mu), \quad 0 \leqslant L_i^k \leqslant s_i \leqslant U_i^k\ (i \neq \mu).$$

因此, 有

$$\max_{(t,s) \in \overline{\Omega}^k} \sum_{i=1}^p \delta_i t_i s_i = \max_{(t,s) \in \overline{\Omega}^k} \sum_{i=1, i \neq \mu}^T \delta_i t_i s_i + \max_{(t,s) \in \overline{\Omega}^k} \delta_\mu t_\mu s_\mu + \max_{(t,s) \in \overline{\Omega}^k} \sum_{i=T+1}^p \delta_i t_i s_i$$

$$< \sum_{i=1, i \neq \mu}^T \delta_i u_i^0 U_i^k + \delta_\mu u_\mu^0 \rho_\mu^k + \sum_{i=T+1}^p \delta_i l_i^0 L_i^k$$

$$= \sum_{i=1, i \neq \mu}^T \delta_i u_i^0 U_i^k + \delta_\mu u_\mu^0 \times \frac{\underline{f} - \mathrm{RUB}^k + \delta_\mu u_\mu^0 U_\mu^k}{\delta_\mu u_\mu^0} + \sum_{i=T+1}^p \delta_i l_i^0 L_i^k$$

$$= \sum_{i=1, i \neq \mu}^T \delta_i u_i^0 U_i^k + \underline{f} - \mathrm{RUB}^k + \delta_\mu u_\mu^0 U_\mu^k + \sum_{i=T+1}^p \delta_i l_i^0 L_i^k$$

$$= \mathrm{RUB}^k + \underline{f} - \mathrm{RUB}^k$$

$$= \underline{f}.$$

因此, 在子区域 $\overline{\Omega}^k$ 上不存在问题 EQ(Ω^0) 的全局最优解.

类似地, 对每一个 $\mu \in \{T+1, T+2, \cdots, p\}$, 对任意的 $(t,s) \in \overline{\overline{\Omega}}^k$, 对每一个 $i = 1, 2, \cdots, p$, 有

$$0 \leqslant l_i^0 \leqslant t_i \leqslant u_i^0, \quad 0 \leqslant \rho_\mu^k < s_\mu \leqslant U_\mu^k \ (i = \mu), \quad 0 \leqslant L_i^k \leqslant s_i \leqslant U_i^k \ (i \neq \mu).$$

因此, 有

$$\begin{aligned}
\max_{(t,s)\in\overline{\overline{\Omega}}^k} \sum_{i=1}^p \delta_i t_i s_i &= \max_{(t,s)\in\overline{\overline{\Omega}}^k} \sum_{i=1}^T \delta_i t_i s_i + \max_{(t,s)\in\overline{\overline{\Omega}}^k} \delta_\mu t_\mu s_\mu + \max_{(t,s)\in\overline{\overline{\Omega}}^k} \sum_{i=T+1,i\neq\mu}^p \delta_i t_i s_i \\
&< \sum_{i=1}^T \delta_i u_i^0 U_i^k + \delta_\mu l_\mu^0 \rho_\mu^k + \sum_{i=T+1,i\neq\mu}^p \delta_i l_i^0 L_i^k \\
&= \sum_{i=1}^T \delta_i u_i^0 U_i^k + \delta_\mu l_\mu^0 \times \frac{\underline{f} - \mathrm{RUB}^k + \delta_\mu l_\mu^0 L_\mu^k}{\delta_\mu l_\mu^0} + \sum_{i=T+1,i\neq\mu}^p \delta_i l_i^0 L_i^k \\
&= \sum_{i=1}^T \delta_i u_i^0 U_i^k + \underline{f} - \mathrm{RUB}^k + \delta_\mu l_\mu^0 L_\mu^k + \sum_{i=T+1,i\neq\mu}^p \delta_i l_i^0 L_i^k \\
&= \mathrm{RUB}^k + \underline{f} - \mathrm{RUB}^k \\
&= \underline{f}.
\end{aligned}$$

因此, 在子区域 $\overline{\overline{\Omega}}^k$ 上不存在问题 EQ(Ω^0) 的全局最优解.

由定理 7.2.3 可知, 新的输出空间加速技巧为删除问题 EQ(Ω^0) 整个或一部分不含全局最优解的区域提供了可能性.

7.2.3　算法及其收敛性

在这一部分, 为了设计一个求解问题 (EQ) 的高效算法, 首先介绍比率 α 剖分. 接下来, 基于分支定界算法框架, 结合比率 α 剖分及新的输出空间加速技巧, 为问题 (EQ) 建立一个输出空间分支定界加速算法.

比率 α 剖分

算法的分支操作发生在 R^p 空间, 这里 p 是比式的个数. 假定 $\Omega = \{(t,s) \in R^{2p} \mid l_i \leqslant t_i \leqslant u_i, L_i \leqslant s_i \leqslant U_i, \ i = 1, 2, \cdots, p\} \subseteq \Omega^0$, $\alpha \in (0,1)$, 该分支方法如下:

(1) 令

$$q \in \arg\max\{U_i - L_i, \ i = 1, 2, \cdots, p\};$$

(2) 令

$$\gamma_q = L_q + \alpha(U_q - L_q);$$

(3) 剖分 Ω_q 为两个 2-维子矩形 Ω'_q 和 Ω''_q,

$$\Omega'_q = \{(t_q, s_q) \in R^2 \mid l_q \leqslant t_q \leqslant u_q, \ L_q \leqslant s_q \leqslant \gamma_q\},$$

$$\Omega''_q = \{(t_q, s_q) \in R^2 \mid l_q \leqslant t_q \leqslant u_q, \gamma_q \leqslant s_q \leqslant U_q\};$$

(4) 令

$$\Omega' = \Omega_1 \times \Omega_2 \times \cdots \times \Omega_{q-1} \times \Omega'_q \times \Omega_{q+1} \times \cdots \times \Omega_p,$$

$$\Omega'' = \Omega_1 \times \Omega_2 \times \cdots \times \Omega_{q-1} \times \Omega''_q \times \Omega_{q+1} \times \cdots \times \Omega_p.$$

由上面的分支操作可知, t_i 的区间 $[l_i, u_i]$ ($i = 1, 2, \cdots, p$) 从不被分支过程剖分. 因此, 分支操作仅发生在 p 维输出空间. 因此, 本章提出的算法减小了计算的工作量. 对于 $\{1, 2, \cdots\}$ 的某一子序列 K, 由所使用的分支操作知, 极限矩形 $\Omega_q^\infty = \bigcap\limits_{k \in K} \Omega_q^k$ 为 R^2 上平行于 t_q 轴的一条线.

分支定界算法

组合前面给出的线性松弛定界技巧、分支操作、输出空间加速方法等操作, 可以构造求解问题 (SLR) 的输出空间分支定界加速算法如下.

步 0 (初始化) 初始化迭代次数 $k = 0$, 收敛性误差 $\epsilon \geqslant 0$. 对每一个 $i = 1, 2, \cdots, p$, 计算 l_i^0, u_i^0, L_i^0 和 U_i^0 的值, 并且使用单纯形方法求解线性松弛规划问题 LRP(Ω^0) 得到其最优解 (x^0, t^0, s^0) 和最优值 UB(Ω^0). 令

$$x^* = x^0, \quad t^* = t^0, \quad s_i^* = \frac{1}{\psi_i(x^0)}, \quad i = 1, 2, \cdots, p,$$

显然, (x^*, t^*, s^*) 是问题 EQ(Ω^0) 的一个可行解. 令

$$\mathrm{UB}_0 = \mathrm{UB}(\Omega^0), \quad \underline{f} = g(t^*, s^*) = \sum_{i=1}^p \delta_i t_i^* s_i^*.$$

如果 $\mathrm{UB}_0 - \underline{f} \leqslant \epsilon$, 算法停止, 那么 (x^*, t^*, s^*) 和 x^* 分别为问题 EQ(Ω^0) 和 (SLR) 的 ϵ-全局最优解. 否则, 令 $F = \varnothing, k = 1, \Omega^1 = \Omega^0$, 活动节点的集合 $\Theta_1 = \{\Omega^1\}$, 继续步 1.

步 1 (区域缩减)　对每个所考察的子矩形 Ω^k, 利用 7.2.2 节描述的加速技巧, 删除问题 $EQ(\Omega^0)$ 整个或一部分不含全局最优解的区域, 并仍然用 Ω^k 表示剩余的区域部分.

步 2 (分支)　根据比率 α 剖分方法, 剖分矩形 Ω^k 为两个子矩形 $\Omega^{k,1}, \Omega^{k,2} \subseteq \Omega^k$, 并记剖分后的子矩形所构成的集合为 $\bar{\Omega}^k$.

步 3 (定界)　对每一个 $\Omega^{k,\tau} \in \bar{\Omega}^k$, 求解线性松弛规划问题 (LRP) 得最优值 $UB(\Omega^{k,\tau})$ 和最优解 $(x^{k,\tau}, t^{k,\tau}, s^{k,\tau})$, 这里 $\tau \in \{1,2\}$, 并令

$$\bar{s}_i^{k,\tau} = 1/\psi_i(x^{k,\tau}), \quad i = 1,2,\cdots,p, \quad \tau = 1,2.$$

如果 $UB(\Omega^{k,\tau}) < \underline{f}$, 令 $\bar{\Omega}^k := \bar{\Omega}^k \setminus \Omega^{k,\tau}$, 否则, 更新下界 $\underline{f} = \max\{\underline{f}, g(t^{k,\tau}, \bar{s}^{k,\tau})\}$.

令 $x^{k,\tau}$ 和 $(x^{k,\tau}, t^{k,\tau}, \bar{s}^{k,\tau})$ 分别为问题 (SLR) 和 $EQ(\Omega^0)$ 当前已知的最好可行解. 令 $x^* = x^{k,\tau}$ 和 $(x^*, t^*, s^*) = (x^{k,\tau}, t^{k,\tau}, \bar{s}^{k,\tau})$.

令剩余的剖分集为 $\Theta_k := (\Theta_k \setminus \Omega^k) \bigcup \{\bar{\Omega}^k\}$, 更新上界 $UB_k = \max\limits_{\Omega \in \Theta_k} UB(\Omega)$.

步 4 (判断步)　若 $UB_k - \underline{f} \leqslant \epsilon$, 则算法终止, (x^*, t^*, s^*) 和 x^* 分别是问题 $EQ(\Omega^0)$ 和 (SLR) 的 ϵ-全局最优解. 否则, 令 $k = k+1$, 并返回到步 1.

收敛性分析

下面给出上述算法的收敛性定理.

定理 7.2.4　上述算法或者有限步终止得到问题 (SLR) 的一个全局最优解, 或者产生一个可行解的无穷序列 $\{x^k\}$, 其聚点是问题 (SLR) 的全局最优解.

证明　若上述算法经过 k 次迭代后终止, 当算法终止时, 求解线性松弛规划问题 $LRP(\Omega^k)$ 可以得到其最优解 (x^k, t^k, s^k), 并令

$$\bar{s}_i^k = 1/\psi_i(x^k), \quad i = 1,2,\cdots,p,$$

则 $(x^k, t^k, \bar{s}^k)$ 是问题 $EQ(\Omega^0)$ 的一个可行解. 由定理 7.2.1 和定理 7.2.2 可知, 当算法终止时, 可得

$$UB_k \geqslant v, \quad v \geqslant g(t^k, \bar{s}^k), \quad f(x^k) = g(t^k, \bar{s}^k), \quad g(t^k, \bar{s}^k) + \epsilon \geqslant UB_k.$$

组合上述不等式可得

$$f(x^k) + \epsilon = g(t^k, \bar{s}^k) + \epsilon \geqslant UB_k \geqslant v \geqslant g(t^k, \bar{s}^k) = f(x^k),$$

即

$$v \geqslant f(x^k) \geqslant v - \epsilon.$$

因此, 当算法有限步终止时, x^k 和 $f(x^k)$ 分别为问题 (SLR) 的全局最优解和最优值.

如果通过求解线性松弛规划问题 LRP(Ω^k), 上述算法产生一个解的无穷序列 $\{x^k, t^k, s^k\}$, 令

$$\bar{s}_i^k = 1/\psi_i(x^k), \quad i = 1, 2, \cdots, p,$$

则可以得到问题 EQ(Ω^0) 的一个可行解的无穷序列 $\{x^k, t^k, \bar{s}^k\}$. 令 (x^*, t^*) 为 $\{(x^k, t^k)\}$ 的一个聚点, 并不失一般性, 假设 $\lim_{k \to \infty}(x^k, t^k) = (x^*, t^*)$. 由函数 $\psi_i(x)$ 的连续性可知,

$$\lim_{k \to \infty} 1/\psi_i(x^k) = 1/\lim_{k \to \infty}\psi_i(x^k) = 1/\psi_i(x^*). \tag{7.2.3}$$

由分支操作和定理 7.2.2, 可知

$$\lim_{k \to \infty} \Omega^k = \bigcap_{k \in K} \Omega_1^k \times \bigcap_{k \in K} \Omega_2^k \times \cdots \times \bigcap_{k \in K} \Omega_p^k = \Omega_1^\infty \times \Omega_2^\infty \times \cdots \times \Omega_p^\infty = \Omega^\infty,$$

其中

$$\Omega_i^k = \{(t_i, s_i) \in R^2 \mid l_i^0 \leqslant t_i \leqslant u_i^0, \ L_i^k \leqslant s_i \leqslant U_i^k\},$$

$$\Omega_i^\infty = \{(t_i, s_i) \in R^2 \mid l_i^0 \leqslant t_i \leqslant u_i^0, \ s_i = s_i^*\}.$$

因此, 有

$$\lim_{k \to \infty} L_i^k = s_i^* = \lim_{k \to \infty} U_i^k. \tag{7.2.4}$$

由于 $1/\psi_i(x^k) = \bar{s}_i^k \in [L_i^k, U_i^k]$, $i = 1, 2, \cdots, p$, 可得

$$L_i^k \leqslant \frac{1}{\psi_i(x^k)} = \bar{s}_i^k \leqslant U_i^k. \tag{7.2.5}$$

由 (7.2.3)—(7.2.5) 式可得

$$1/\psi_i(x^*) = \lim_{k \to \infty} \frac{1}{\psi_i(x^k)} = \lim_{k \to \infty} \bar{s}_i^k = s_i^*.$$

因此, (x^*, t^*, s^*) 是问题 EQ(Ω^0) 的一个可行解, 又由于 $\{\text{UB}(\Omega^k)\}$ 是一个递减且有下界 v 的实数序列, 所以

$$g(t^*, s^*) \leqslant v \leqslant \lim_{k \to \infty} \text{UB}(\Omega^k). \tag{7.2.6}$$

由上界的更新过程, 有

$$\lim_{k \to \infty} \text{UB}(\Omega^k) = \lim_{k \to \infty} G(t^k, s^k), \tag{7.2.7}$$

其中 (t^k, s^k) 是问题 LRP(Ω^k) 的一个最优解. 由定理 7.2.2 及函数 $g(t,s)$ 的连续性可得

$$\lim_{k \to \infty} G(t^k, s^k) = \lim_{k \to \infty} \left[\sum_{i=1}^{T} \delta_i g_i^{\mathrm{LR}}(t_i^k, s_i^k) + \sum_{i=T+1}^{p} \delta_i g_{i\mathrm{LR}}(t_i^k, s_i^k) \right] = g(t^*, s^*).$$

$$(7.2.8)$$

由 (7.2.6)—(7.2.8) 式可得

$$\lim_{k \to \infty} \mathrm{UB}(\Omega^k) = v = g(t^*, s^*).$$

因此, (x^*, t^*, s^*) 是问题 EQ(Ω^0) 的一个全局最优解. 由等价性定理 7.2.1 知, x^* 是问题 (SLR) 的一个全局最优解. 证明完毕.

7.2.4　数值实验

为验证本章算法的可行性, 我们用 C++ 语言编程计算一些数值例子, 数值实验结果表明, 本章提出的输出空间分支定界加速算法具有很强的鲁棒性和高效性, 能够求解大规模线性比式和问题.

例 7.2.1[117]

$$\begin{cases} \max & \dfrac{37x_1 + 73x_2 + 13}{13x_1 + 13x_2 + 13} + \dfrac{63x_1 - 18x_2 + 39}{13x_1 + 26x_2 + 13} \\ \text{s.t.} & 5x_1 - 3x_2 = 3, \\ & 1.5 \leqslant x_1 \leqslant 3. \end{cases}$$

选取 $\epsilon = 10^{-6}$ 和 $\alpha = 0.5$, 使用本章算法求解例 7.2.1, 经过 1 次迭代, 得到 ϵ-全局最优解 $(x_1, x_2) = (3, 4)$ 和最优值 5.

选取 $\epsilon = 0.01$, 使用文献 [117] 提出的三个算法求解例 7.2.1, 分别经过 11, 10 和 7 次迭代, 得到 ϵ-全局最优解 $(x_1, x_2) = (3.000000, 4.000000)$ 和最优值 5.000000.

例 7.2.2[141]

$$\begin{cases} \max & \dfrac{4x_1 + 3x_2 + 3x_3 + 50}{3x_2 + 3x_3 + 50} + \dfrac{3x_1 + 4x_2 + 50}{4x_1 + 4x_2 + 5x_3 + 50} \\ & + \dfrac{x_1 + 2x_2 + 5x_3 + 50}{x_1 + 5x_2 + 5x_3 + 50} + \dfrac{x_1 + 2x_2 + 4x_3 + 50}{5x_2 + 4x_3 + 50} \\ \text{s.t.} & 2x_1 + x_2 + 5x_3 \leqslant 10, \\ & x_1 + 6x_2 + 3x_3 \leqslant 10, \\ & 5x_1 + 9x_2 + 2x_3 \leqslant 10, \\ & 9x_1 + 7x_2 + 3x_3 \leqslant 10, \\ & x_1, x_2, x_3 \geqslant 0. \end{cases}$$

选取 $\epsilon = 10^{-9}$ 和 $\alpha = 0.55$, 使用本章算法求解例 7.2.2, 经过 1289 次迭代, 得 ϵ-全局最优解 $(x_1, x_2, x_3) = (1.1111, 1.36577\mathrm{e} - 005, 1.35168\mathrm{e} - 005)$ 和最优值 4.0907.

选取 $\epsilon = 10^{-5}$, 使用文献 [141] 提出的算法求解例 7.2.2, 经过 1640 次迭代, 得 ϵ-全局最优解 $(x_1, x_2, x_3) = (0.0013, 0.0000, 0.0000)$ 和最优值 4.0001.

例 7.2.3

$$\begin{cases} \max & 0.9 \times \dfrac{-x_1 + 2x_2 + 2}{3x_1 - 4x_2 + 5} + (-0.1) \times \dfrac{4x_1 - 3x_2 + 4}{-2x_1 + x_2 + 3} \\ \text{s.t.} & x_1 + x_2 \leqslant 1.50, \\ & x_1 - x_2 \leqslant 0, \\ & 0 \leqslant x_1, x_2 \leqslant 1. \end{cases}$$

选取 $\epsilon = 10^{-6}$ 和 $\alpha = 0.5$, 使用本章算法求解例 7.2.3, 经过 1 次迭代, 得 ϵ-全局最优解 $(x_1, x_2) = (0, 1)$ 和最优值 3.575.

例 7.2.4[117]

$$\begin{cases} \max \sum_{i=1}^{5} \dfrac{\langle c^i, x \rangle + r_i}{\langle d^i, x \rangle + s_i} \\ \text{s.t.} \quad Ax \leqslant b, \quad x \geqslant 0, \end{cases}$$

其中

$c^1 = (0.0, -0.1, -0.3, 0.3, 0.5, 0.5, -0.8, 0.4, -0.4, 0.2, 0.2, -0.1), \quad r_1 = 14.6,$

$d^1 = (-0.3, -0.1, -0.1, -0.1, 0.1, 0.4, 0.2, -0.2, 0.4, 0.2, -0.4, 0.3), \quad s_1 = 14.2,$

$c^2 = (0.2, 0.5, 0.0, 0.4, 0.1, -0.6, -0.1, -0.2, -0.2, 0.1, 0.2, 0.3), \quad r_2 = 7.1,$

$d^2 = (0.0, 0.1, -0.1, 0.3, 0.3, -0.2, 0.3, 0.0, -0.4, 0.5, -0.3, 0.1), \quad s_2 = 1.7,$

$c^3 = (-0.1, 0.3, 0.0, 0.1, -0.1, 0.0, 0.3, -0.2, 0.0, 0.3, 0.5, 0.3), \quad r_3 = 1.7,$

$d^3 = (0.8, -0.4, 0.7, -0.4, -0.4, 0.5, -0.2, -0.8, 0.5, 0.6, -0.2, 0.6), \quad s_3 = 8.1,$

$c^4 = (-0.1, 0.5, 0.1, 0.1, -0.2, -0.5, 0.6, 0.7, 0.5, 0.7, -0.1, 0.1), \quad r_4 = 4.0,$

$d^4 = (0.0, 0.6, -0.3, 0.3, 0.0, 0.2, 0.3, -0.6, -0.2, -0.5, 0.8, -0.5), \quad s_4 = 26.9,$

$c^5 = (0.7, -0.5, 0.1, 0.2, -0.1, -0.3, 0.0, -0.1, -0.2, 0.6, 0.5, -0.2), \quad r_5 = 6.8,$

$d^5 = (0.4, 0.2, -0.2, 0.9, 0.5, -0.1, 0.3, -0.8, -0.2, 0.6, -0.2, -0.4), \quad s_5 = 3.7.$

$A = (A_1, A_2, A_3, A_4, A_5, A_6, A_7, A_8, A_9, A_{10}, A_{11}, A_{12}, A_{13}, A_{14}, A_{15})^{\mathrm{T}},$

$A_1 = (-1.8, -2.2, 0.8, 4.1, 3.8, -2.3, -0.8, 2.5, -1.6, 0.2, -4.5, -1.8),$

$A_2 = (4.6, -2.0, 1.4, 3.2, -4.2, -3.3, 1.9, 0.7, 0.8, -4.4, 4.4, 2.0),$

$A_3 = (3.7, -2.8, -3.2, -2.0, -3.7, -3.3, 3.5, -0.7, 1.5, -3.1, 4.5, -1.1),$

$A_4 = (-0.6, -0.6, -2.5, 4.1, 0.6, 3.3, 2.8, -0.1, 4.1, -3.2, -1.2, -4.3),$

$A_5 = (1.8, -1.6, -4.5, -1.3, 4.6, 3.3, 4.2, -1.2, 1.9, 2.4, 3.4, -2.9),$

$A_6 = (-0.5, -4.1, 1.7, 3.9, -0.1, -3.9, -1.5, 1.6, 2.3, -2.3, -3.2, 3.9),$

$A_7 = (0.3, 1.7, 1.3, 4.7, 0.9, 3.9, -0.5, -1.2, 3.8, 0.6, -0.2, -1.5),$

$A_8 = (0.5, -4.2, 3.6, -0.6, -4.8, 1.5, -0.3, 0.6, -3.6, 0.2, 3.8, -2.8),$

$A_9 = (0.1, 3.3, -4.3, 2.4, 4.1, 1.7, 1.0, -3.3, 4.4, -3.7, -1.1, -1.4),$

$A_{10} = (-0.6, 2.2, 2.5, 1.3, -4.3, -2.9, -4.1, 2.7, -0.8, -2.9, 3.5, 1.2),$

$A_{11} = (4.3, 1.9, -4.0, -2.6, 1.8, 2.5, 0.6, 1.3, -4.3, -2.3, 4.1, -1.1),$

$A_{12} = (0.0, 0.4, -4.5, -4.4, 1.2, -3.8, -1.9, 1.2, 3.0, -1.1, -0.2, 2.5),$

$A_{13} = (-0.1, -1.7, 2.9, 1.5, 4.7, -0.3, 4.2, -4.4, -3.9, 4.4, 4.7, -1.0),$

$A_{14} = (-3.8, 1.4, -4.7, 1.9, 3.8, 3.5, 1.5, 2.3, -3.7, -4.2, 2.7, -0.1),$

$A_{15} = (0.2, -0.1, 4.9, -0.9, 0.1, 4.3, 1.6, 2.6, 1.5, -1.0, 0.8, 1.6),$

$b = (15.7, 31.8, -36.4, 38.5, 40.3, 10.0, 89.8, 5.8, 2.7, -16.3, -14.6, -72.7, 57.7,$
$\qquad -34.5, 69.1)^{\mathrm{T}}.$

选取 $\epsilon = 10^{-3}$ 和 $\alpha = 0.5$, 使用本章算法求解例 7.2.4, 经过 927 次迭代, 得 ϵ-全局最优解

$$(x_1, x_2, \cdots, x_{12}) = (6.24409, 20.0249, 3.79672, 5.93972, 0, 7.43852, 0, 23.2833,$$
$$0.515015, 40.9896, 0, 3.14363)$$

和最优值 16.2619.

选取 $\epsilon = 10^{-2}$, 使用文献 [117] 中的算法求解例 7.2.4, 经过 620 次迭代, 得 ϵ-全局最优解

$$(x_1, x_2, \cdots, x_{12}) = (6.223689, 20.060317, 3.774684, 5.947841, 0, 7.456686, 0,$$
$$23.312579, 0.000204, 41.031824, 0, 3.171106)$$

和最优值 16.077978.

例 7.2.5

$$\begin{cases} \max \quad \sum_{i=1}^{p} \delta_i \dfrac{\sum_{j=1}^{n} d_{ij} x_j + g_i}{\sum_{j=1}^{n} c_{ij} x_j + h_i} \\ \mathrm{s.t.} \quad \sum_{j=1}^{n} a_{kj} x_j \leqslant b_k, \ k = 1, 2, \cdots, m, \\ \qquad x_j \geqslant 0.0, \ j = 1, 2, \cdots, n, \end{cases}$$

其中 $g_i, h_i, d_{ij}, c_{ij}, b_k, a_{kj}, \delta_i, i = 1, 2, \cdots, p, k = 1, 2, \cdots, m, j = 1, 2, \cdots, n$, 均为从区间 $[0.0, 1.0]$ 中使用 C++ 随机生成的一组任意实数.

为叙述方便, 在例 7.2.5 和表 7.2 中, 我们用 p 表示问题目标函数中线性比式的个数, 用 n 表示问题的变量维数, 用 m 表示问题约束的个数.

例 7.2.5 的数值计算结果在表 7.2 中给出, 由表 7.2 可知, 本章提出的算法具备可行性和鲁棒性.

表 7.2　例 7.2.5 的数值结果

(p, n, m)	迭代次数	最大节点数	运行时间/s
$(2, 20, 20)$	21813	11078	44.3172
$(2, 30, 30)$	159	14	0.670391
$(2, 40, 40)$	8885	2289	54.056
$(2, 50, 50)$	15423	3129	170.657
$(2, 100, 10)$	21324	5758	75.6833
$(2, 100, 30)$	798	243	8.57381
$(2, 200, 10)$	11	2	0.12789
$(3, 30, 30)$	77242	14953	538.733
$(3, 50, 50)$	66159	13470	1023.46
$(3, 100, 10)$	83	12	0.453565
$(3, 100, 30)$	25	2	0.402723
$(3, 200, 10)$	1401	144	13.6551
$(4, 20, 20)$	571	68	2.82045
$(4, 100, 10)$	63	2	0.565671
$(4, 100, 30)$	57	2	1.06628
$(4, 200, 10)$	108	9	1.52257
$(5, 100, 10)$	152	4	1.61992
$(5, 200, 10)$	346	29	6.65545
$(5, 300, 10)$	7	5	0.368428
$(6, 300, 10)$	2271	144	88.3613
$(7, 100, 10)$	10615	1045	228.132
$(7, 200, 10)$	1650	40	48.4593

7.3　梯形分支定界算法

本节考虑如下形式的广义线性比式和问题:

$$(\mathrm{P})\begin{cases} v = \max h(x) = \displaystyle\sum_{i=1}^{p} \frac{d^i x + \delta_i}{c^i x + \gamma_i} \\ \text{s.t.} \quad Ax \leqslant b, x \geqslant 0, \end{cases}$$

其中 $A \in R^{m \times n}$, $b \in R^m$, $c^i, d^i \in R^n, \gamma_i, \delta_i \in R, i = 1, 2, \cdots, p$. $X \triangleq \{x \in R^n \mid Ax \leqslant b, \ x \geqslant 0\}$ 是非空有界集, 并且对任意的 $x \in R$, 有 $c^i x + \gamma_i \neq 0$, $i = 1, 2, \cdots, p$.

本节提出一有效的梯形分支定界算法来求解更一般的广义线性比式和问题 (P). 为提高求解效率, 算法运用两个加速策略, 即删除技术和界紧技术. 删除技术可以删除当前考虑的可行域中不存在问题 (P) 的等价问题全局最优解的一大部分. 界紧技术可以毫不费力地减少最优值的上界, 进而抑制算法搜索过程中分支数的迅速增长. 因而这两种技术可以看作问题 (P) 的全局优化算法的两种加速策略. 数值实验结果表明通过利用新的加速技术, 计算效率有明显改进. 关于本节的详细内容, 可参考文献 [126, 171].

7.3.1　预备知识

该部分首先给出一个重要定理, 为本章提出的全局优化算法奠定基础.

定理 7.3.1　假定对任意 $x \in R$, $c^i x + \gamma_i \neq 0$, 则 $c^i x + \gamma_i > 0$ 或 $c^i x + \gamma_i < 0$.

证明　由微分中值定理可知, 结论显然成立.

注意到

$$h(x) = \sum_{i \in I_+} \frac{d^i x + \delta_i}{c^i x + \gamma_i} + \sum_{i \in I_-} \frac{d^i x + \delta_i}{c^i x + \gamma_i} = \sum_{i \in I_+} \frac{d^i x + \delta_i}{c^i x + \gamma_i} + \sum_{i \in I_-} \frac{-(d^i x + \delta_i)}{-(c^i x + \gamma_i)},$$

其中

$$I_+ = \left\{ i \in \{1, 2, \cdots, p\} \mid c^i x + \gamma_i > 0, \forall x \in X \right\},$$
$$I_- = \left\{ i \in \{1, 2, \cdots, p\} \mid c^i x + \gamma_i < 0, \forall x \in X \right\}.$$

显然 $h(x)$ 中的分母都是正的. 因而, 可以假定 $c^i x + \gamma_i > 0$ 恒成立. 另外, 对 $\forall x \in X$, 令

$$J_+ = \left\{ i \in \{1, 2, \cdots, p\} \mid d^i x + \delta_i > 0, \forall x \in X \right\},$$
$$J_- = \left\{ i \in \{1, 2, \cdots, p\} \mid d^i x + \delta_i < 0, \forall x \in X \right\}$$

且对 $i \in J_-$, 通过求解线性规划问题, 取 $m_i = \dfrac{\max\left\{-(d^i x + \delta_i) \mid x \in X\right\}}{\min\left\{c^i x + \gamma_i \mid x \in X\right\}}$. 那么, 在上述假设 $c^i x + \gamma_i > 0$ 时, m_i 是正数, 这意味着

$$h(x) = \sum_{i \in J_+} \frac{d^i x + \delta_i}{c^i x + \gamma_i} + \sum_{i \in J_-} \frac{d^i x + \delta_i}{c^i x + \gamma_i}$$
$$= \sum_{i \in J_+} \frac{d^i x + \delta_i}{c^i x + \gamma_i} + \sum_{i \in J_-} \frac{d^i x + \delta_i + m_i(c^i x + \gamma_i)}{c^i x + \gamma_i} - \sum_{i \in J_-} m_i.$$

因此, 可以假设

$$d^i x + \delta_i > 0, \quad c^i x + \gamma_i > 0, \quad \forall x \in X, \quad i = 1, 2, \cdots, p.$$

接下来, 将问题 (P) 转化为其等价问题 $P(\Theta^0)$. 为此, 通过求解线性规划问题, 得到初始的界 l_i, u_i, L_i^0, U_i^0, 它们分别满足

$$0 < l_i = \min\left\{d^i x + c^i x \mid \forall x \in X\right\} + \delta_i + \gamma_i, \quad i = 1, 2, \cdots, p,$$

$$\infty > u_i = \max\left\{d^i x + c^i x \mid \forall x \in X\right\} + \delta_i + \gamma_i > 0, \quad i = 1, 2, \cdots, p,$$

$$0 \leqslant L_i^0 \leqslant \frac{d^i x + \delta_i}{c^i x + \gamma_i} \leqslant U_i^0 < \infty, \quad \forall x \in X, \quad i = 1, 2, \cdots, p.$$

显然 l_i 和 u_i 容易得到. 为展示 L_i^0 和 U_i^0 的由来, 考虑如下两个线性规划问题, 其中一个线性规划问题如下

$$\text{(PL)} \begin{cases} \min & d^i y + \delta_i z \\ \text{s.t.} & Ay - bz \leqslant 0, \\ & c^i x + \gamma_i = 1. \end{cases}$$

假设 x_0 是如下问题的最优解:

$$\min\left\{\sum_{i=1}^{p} \frac{d^i x + \delta_i}{c^i x + \gamma_i} \middle| x \in X\right\},$$

且令

$$y_0 = \frac{x_0}{c^i x_0 + \gamma_i}, \quad z^0 = \frac{1}{c^i x_0 + \gamma_i}.$$

则可得到

$$Ay_0 - bz^0 = \frac{Ax_0 - b}{c^i x_0 + \gamma_i},$$
$$c^i y_0 + \gamma_i z^0 = 1,$$
$$d^i y_0 + \delta_i z^0 = \frac{d^i x_0 + \delta_i}{c^i x_0 + \gamma_i}.$$

这意味着 (y_0, z^0) 是问题 (PL) 的可行解, 且有 $\min\{\text{(PL)}\} \leqslant \min\left\{\frac{d^i x + \delta_i}{c^i x + \gamma_i} \middle| x \in X\right\}$, 其中 $\min\{\text{(PL)}\}$ 是问题 (PL) 的最优值. 因而, 令 $L_i^0 = \min\{\text{(PL)}\}$. 类似地, 通过求解另一个线性规划问题得到 U_i^0:

$$\text{(PU)} \begin{cases} \max & d^i y + \delta_i z \\ \text{s.t.} & Ay - bz \leqslant 0, \\ & c^i x + \gamma_i = 1, \end{cases}$$

并且令 $U_i^0 = \max\{\text{(PU)}\}$.

为方便起见, 引进 R^p 中另外一些向量如下

$$t = (t_1, \cdots, t_p), \quad s = (s_1, \cdots, s_p),$$
$$l = (l_1, \cdots, l_p), \quad u = (u_1, \cdots, u_p),$$
$$L^0 = (L_1^0, \cdots, L_p^0), \quad U^0 = (U_1^0, \cdots, U_p^0),$$

且集合 $\Omega, \sum\limits_i (l_i, u_i)$ 和 $\Theta_i^0(L_i^0, U_i^0)$ 定义如下

$$\Omega = \{(t, s) \in R^{2p} | t_i = d^i x + \delta_i, s_i = c^i x + \gamma_i, i = 1, 2, \cdots, p, x \in X\},$$
$$\sum_i (l_i, u_i) = \{(t_i, s_i) \in R^2 | 0 < l_i \leqslant t_i + s_i \leqslant u_i\},$$
$$\Theta_i^0(L_i^0, U_i^0) = \{(t_i, s_i) \in R^2 | 0 < L_i^0 s_i \leqslant t_i \leqslant U_i^0 s_i\}.$$

$$(7.3.1)$$

而且定义

$$\sum(l, u) = \prod_{i=1}^p \sum_i (l_i, u_i),$$

$$\Theta^0(L^0, U^0) = \prod_{i=1}^p \Theta_i^0(L_i^0, U_i^0).$$

则 $\sum(l, u) \bigcap \Theta^0(L^0, U^0)$ 是梯形.

基于上述记号, 问题 (P) 可写成:

$$\mathrm{P}(\Theta^0) \begin{cases} v(\Theta^0) = \max \sum\limits_{i=1}^p \dfrac{t_i}{s_i} \\ \mathrm{s.t.} \quad (t, s) \in \Omega \bigcap \sum(l, u) \bigcap \Theta^0(L^0, U^0). \end{cases}$$

定理 7.3.2　如果 (x^*, t^*, s^*) 是问题 $\mathrm{P}(\Theta^0)$ 的全局最优解, 那么 $t_i^* = d_i x^* + \delta_i, s_i^* = c_i x^* + \gamma_i, i = 1, \cdots, p$, 且 x^* 是问题 (P) 的全局最优解. 反之, 如果 x^* 是问题 (P) 的全局最优解, 那么 (x^*, t^*, s^*) 是问题 $\mathrm{P}(\Theta^0)$ 的全局最优解, 其中 $t_i^* = d_i x^* + \delta_i, s_i^* = c_i x^* + \gamma_i, i = 1, \cdots, p$. 而且, 问题 (P) 的最优值 v 和问题 $\mathrm{P}(\Theta^0)$ 的最优值 $v(\Theta^0)$ 相等.

证明　从问题 (P) 和问题 $\mathrm{P}(\Theta^0)$ 的定义易证结论, 因此省略.

由定理 7.3.2 可知, 为求解问题 (P), 可以构造求解问题 $\mathrm{P}(\Theta^0)$ 的分支定界算法. 对于梯形 $\sum(l, u) \bigcap \Theta^0(L^0, U^0)$, 在整个过程中, 由于对每个 $i = 1, \cdots, p, l_i, u_i$ 在 $\sum\limits_i (l_i, u_i)$ 上是常数, 因此该算法在锥 Θ^0 上进行搜索, 在 R^p 上进行分支, 而且在逐次迭代过程中把 $2p$ 维的锥 Θ^0 分裂成 $2p$ 维的子锥. 将分支过程称为锥分.

定义 7.3.1 令 Θ 是 $2p$-维的锥, 其中 $\Theta(L, U) = \prod\limits_{i=1}^{p} \Theta_i(L_i, U_i)$. 选择 $i \in \text{argmax}\{U_i - L_i \mid i = 1, \cdots, p\}$, 并且记 $\omega_j = \lambda L_j + (1 - \lambda)U_j$, 其中 $\lambda \in (0, 0.5]$. 那么 $\{\bar{\Theta}, \bar{\bar{\Theta}}\}$ 称为 Θ 的锥分, 其中

$$\bar{\Theta} = \Theta_1 \times \cdots \times \Theta_{j-1} \times \bar{\Theta}_j \times \Theta_{j+1} \times \cdots \Theta_p,$$
$$\bar{\bar{\Theta}} = \Theta_1 \times \cdots \times \Theta_{j-1} \times \bar{\bar{\Theta}}_j \times \Theta_{j+1} \times \cdots \Theta_p,$$

这里

$$\bar{\Theta}_j = \{(t_j, s_j) \in R^2 \mid L_j s_j \leqslant t_j \leqslant \omega_j s_j\},$$
$$\bar{\bar{\Theta}}_j = \{(t_j, s_j) \in R^2 \mid \omega_j s_j \leqslant t_j \leqslant U_j s_j\}.$$

在算法的每个阶段, 存在问题 $P(\Theta^0)$ 的最优值 Θ^0 的剖分是有效的. 剖分 G^0 的初始值可简记为 $G^0 = \{\Theta^0\}$. 随着算法的逐次迭代, Θ^0 及其子锥都用锥分来分裂. 因此, 从算法迭代的第 k 步开始, 其中 $k > 1$, 由 $2p$-维的锥构成的剖分是有效的. 集合 G^{k-1} 是分支定界搜索过程中没有被删除的 Θ^0 的剖分.

对分支过程中产生的 $2p$-维锥 Θ, 求解问题 $P(\Theta)$ 最优值 $v(\Theta)$ 的上界 $\text{UB1}(\Theta)$. 计算 $\text{UB1}(\Theta)$ 的方法是基于问题 $P(\Theta)$ 的目标函数的每个比式 $\dfrac{t_i}{s_i}$ 的凹包络 $\Phi(t_i, s_i)$ 来求解线性规划问题, 下面给出具体结论.

由参考文献 [138] 中定理 2 可知, $\dfrac{t_i}{s_i}$ 在梯形 $\sum\limits_i (l_i, u_i) \bigcap \Theta_i(L_i, U_i)$ 上的凹包络 Φ_i 如下

$$\Phi_i(t_i, s_i) = \min\{f_i(t_i, s_i), g_i(t_i, s_i)\},$$

其中

$$f_i(t_i, s_i) = \frac{U_i + 1}{l_i}(t_i - L_i s_i) + L_i,$$
$$g_i(t_i, s_i) = \frac{L_i + 1}{u_i}(t_i - U_i s_i) + U_i. \tag{7.3.2}$$

定理 7.3.3 对每个 $i \in \{1, \cdots, p\}$, 函数 Φ_i 满足

$$\Phi_i(t_i, s_i) \geqslant \frac{t_i}{s_i}, \quad \text{若} \quad (t_i, s_i) \in \sum_i (l_i, u_i) \bigcap \Theta_i(l_i, u_i),$$
$$\Phi_i(t_i, s_i) < \frac{t_i}{s_i}, \quad \text{若} \quad (t_i, s_i) \in \sum_i (l_i, u_i) \setminus \Theta_i(L_i, U_i). \tag{7.3.3}$$

证明 记梯形 $\sum\limits_i (l_i, u_i) \bigcap \Theta_i(L_i, U_i)$ 的四个顶点

$$A_i = \frac{u_i}{L_i+1}(L_i, 1),$$

$$B_i = \frac{u_i}{U_i+1}(U_i, 1),$$

$$C_i = \frac{l_i}{U_i+1}(U_i, 1),$$

$$D_i = \frac{l_i}{L_i+1}(L_i, 1).$$

用 A_i 和 C_i 两点的连线将 $\sum_i (l_i, u_i)$ 分成两部分:

$$\sum_i^f (l_i, u_i) = \sum_i (l_i, u_i) \bigcap \{(t_i, s_i) \mid f_i(t_i, s_i) \leqslant g_i(t_i, s_i)\}$$

和

$$\sum_i^g (l_i, u_i) = \sum_i (l_i, u_i) \bigcap \{(t_i, s_i) \mid f_i(t_i, s_i) \geqslant g_i(t_i, s_i)\}.$$

首先, 在 $\sum_i^f (l_i, u_i)$ 上证明 (7.3.3) 式对每个点 $(t_i^f, s_i^f) \in \sum_i^f (l_i, u_i)$, 有

$$\Phi_i(t_i^f, s_i^f) - \frac{t_i^f}{s_i^f} = f_i(t_i^f, s_i^f) - \frac{t_i^f}{s_i^f}$$

$$= (U_i+1)(t_i^f - L_i s_i^f)/l_i - (t_i^f - L_i s_i^f)/s_i^f$$

$$= (t_i^f - L_i s_i^f)(U_i s_i^f + s_i^f - l_i)/(l_i s_i^f). \tag{7.3.4}$$

如果 $(t_i^f, s_i^f) \in \Theta_i(L_i, U_i)$, 那么 $L_i s_i^f \leqslant t_i^f \leqslant U_i s_i^f$, 由 (7.3.4) 式得

$$\Phi_i(t_i^f, s_i^f) - \frac{t_i^f}{s_i^f} \geqslant (U_i s_i^f - t_i^f)(t_i^f - l_i s_i^f)/(l_i s_i^f) \geqslant 0.$$

因为 $l_i \leqslant t_i^f + s_i^f$. 反之, 有 $t_i^f < l_i s_i^f \leqslant U_i s_i^f$, 这意味着从 (7.3.2)—(7.3.4) 式得

$$\Phi_i(t_i^f, s_i^f) - \frac{t_i^f}{s_i^f} \leqslant (U_i s_i^f - t_i^f)(t_i^f - l_i s_i^f)/(l_i s_i^f) < 0.$$

其次, 对任意 $(t_i^g, s_i^g) \in \sum_i^g (l_i, u_i)$, 证明 (7.3.3) 式和上述证明过程类似, 即可得到结论.

注　当 $U = \infty$ 时, 定理 7.3.3 仍成立.

为给出求 UB1(Θ) 的线性规划问题, 需考虑子问题 P(Θ) 如下

$$\mathrm{P}(\Theta)\begin{cases} v(\Theta) = \max \sum_{i=1}^{p} \dfrac{t_i}{s_i} \\ \text{s.t.} \quad (t,s) \in \Omega \bigcap \sum(l,u) \bigcap \Theta(L,U), \end{cases}$$

其中 $\Theta(L,U) = \prod_{i=1}^{p} \Theta(L_i, U_i)$ 是 Θ^0 的子锥, 并且 $L_i^0 \leqslant L_i \leqslant U_i \leqslant U_i^0, i = 1, \cdots, p$.

由定理 7.3.3 知, 对每个 $i = 1, \cdots, p, \Phi_i(t_i, s_i)$ 是 $\dfrac{t_i}{s_i}$ 在 $\sum_i(l_i, u_i) \bigcap \Theta_i(l_i, u_i)$ 上的上估计. 取代问题 $\mathrm{P}(\Theta)$ 中的极大化函数 $\sum_{i=1}^{p} \dfrac{t_i}{s_i}$ 得到问题 $\mathrm{P}_1(\Theta)$, 通过求解问题 $\mathrm{P}_1(\Theta)$ 可得到问题 $\mathrm{P}(\Theta)$ 的最优值 $v(\Theta)$ 的上界 $\mathrm{UB1}(\Theta)$:

$$\mathrm{P}_1(\Theta)\begin{cases} \mathrm{UB1}(\Theta) = \max \sum_{i=1}^{p} \Phi_i(t_i, s_i) \\ \text{s.t.}(t,s) \in \Omega \bigcap \sum(l,u) \bigcap \Theta(L,U). \end{cases}$$

显然, 问题 $\mathrm{P}_1(\Theta)$ 等价于

$$\mathrm{P}_2(\Theta)\begin{cases} \mathrm{UB1}(\Theta) = \max \sum_{i=1}^{p} r_i \\ \text{s.t.} \quad (t,s) \in \Omega \bigcap \sum(l,u) \bigcap \Theta(L,U), \\ r_i \leqslant f_i(t_i, s_i), \quad i = 1, \cdots, p, \\ r_i \leqslant g_i(t_i, s_i), \quad i = 1, \cdots, p. \end{cases}$$

由 (7.3.1) 式和 (7.3.2) 式, 问题 $\mathrm{P}_2(\Theta)$ 可写成如下线性规划问题:

$$\mathrm{LP}(\Theta)\begin{cases} \mathrm{UB1}(\Theta) = \max \sum_{i=1}^{p} r_i \\ \text{s.t.} \quad Ax \leqslant b, x \geqslant 0, \\ (U_i + 1)(L_i c^i - d^i)x + l_i r_i \leqslant \alpha_i, \quad i = 1, \cdots, p, \\ (L_i + 1)(U_i c^i - d^i)x + u_i r_i \leqslant \beta_i, \quad i = 1, \cdots, p, \\ L_i \leqslant \dfrac{d^i x + \delta_i}{c^i x + \gamma_i} \leqslant U_i, \quad i = 1, \cdots, p, \qquad (7.3.5) \\ l_i \leqslant (d^i + c^i)x + \delta_i + \gamma_i \leqslant u_i, \quad i = 1, \cdots, p, \quad (7.3.6) \end{cases}$$

其中

$$\alpha_i = (U_i + 1)(\delta_i - L_i \gamma_i) + l_i L_i,$$
$$\beta_i = (L_i + 1)(\delta_i - U_i \gamma_i) + u_i U_i.$$

因此可有下面结论.

定理 7.3.4　线性规划问题 $\text{LP}(\Theta)$ 等价于问题 $\text{P}_1(\Theta)$: 如果 $\text{LP}(\Theta)$ 不可行, 则令 $\text{UB1}(\Theta) = -\infty$; 否则, 对于问题 $\text{LP}(\Theta)$ 的任何一个最优解 $(\hat{x}, \hat{r})$, 可得到问题 $\text{P}_1(\Theta)$ 的最优解 $(\hat{x}, \hat{r}, \hat{s})$, 其中 $\hat{t}_i = d^i\hat{x} + \delta_i, \hat{s}_i = c^i\hat{x} + \gamma_i, i = 1, \cdots, p, \text{UB1}(\Theta) = \sum\limits_{i=1}^{p} \hat{r}_i$, 而且 $\text{UB1}(\Theta)$ 为问题 $\text{P}(\Theta)$ 的最优值 $v(\Theta)$ 提供了一个上界.

证明　结论的证明可从上述过程得到.

7.3.2　加速技术

删除技术的目的是删除不存在问题 $\text{P}(\Theta^0)$ 最优解的区域. 为构造删除技术, 令 h_{best} 是问题 $\text{P}(\Theta^0)$ 最优值当前最好的下界, 定义

$$\text{RU} = \sum_{i=1}^{p} U_i, \tag{7.3.7}$$

$$\rho_j = h_{\text{best}} - \sum_{i=1, i \neq j}^{p} U_i, \quad j = 1, \cdots, p. \tag{7.3.8}$$

那么, 下面的定理 7.3.5 和定理 7.3.6 将给出删除技术, 它将提供删除子锥 Θ 的过程.

定理 7.3.5　对于任意 $\Theta(L, U) = \prod\limits_{i=1}^{p} \Theta_{ai}(L_i, U_i) \subseteq \Theta(L^0, U^0)$, 如果 $\text{RU} < h_{\text{best}}$, 那么在 $\Theta(L, U)$ 上问题 $\text{P}(\Theta^0)$ 不存在最优解, 否则, 如果存在 $h \in \{1, \cdots, p\}$ 满足 $\rho_h > L_h$, 那么在 $\Theta_a(L, U)$ 上问题 $\text{P}(\Theta^0)$ 不存在最优解, 其中

$$\Theta_a(L, U) = \prod_{i=1}^{p} \Theta_{ai}(L_i, U_i),$$

$$\Theta_{ai}(L_i, U_i) = \begin{cases} \Theta_i(L_i, U_i), & i \neq h, \\ \Delta_{ah}(L_h, \rho_h) \bigcap \Theta_h(L_h, U_h), & i = h, \end{cases}$$

这里 $\Delta_{ah}(L_h, \rho_h) = \{(t_h, s_h) \in R^2 \mid L_h s_h \leqslant t_h < \rho_h s_h\}$.

为给出定理 7.3.6, 对每个 $j = 1, \cdots, p$, 给出如下线性规划问题

$$\text{Q1}^{(j)}(\Theta) \begin{cases} U^1(j) = \max(\alpha_j - (U_j + 1)(L_j c^j - d^j)x)/l_j \\ \text{s.t.} \quad Ax \leqslant b, \quad x \geqslant 0 \end{cases}$$

和

$$\text{Q2}^{(j)}(\Theta) \begin{cases} U^2(j) = \max(\beta_j - (L_j + 1)(U_j c^j - d^j)x)/u_j \\ \text{s.t.} \quad Ax \leqslant b, \quad x \geqslant 0, \end{cases}$$

并定义

$$\tau_j = \min\left\{U^1(j), U^2(j)\right\}, \quad j = 1, \cdots, p. \tag{7.3.9}$$

则有如下结论.

定理 7.3.6 对任意 $\Theta(L,U) = \prod_{i=1}^p \Theta_i(L_i,U_i) \subseteq \Theta(L^0,U^0)$, 如果存在 $h \in \{1,\cdots,p\}$ 满足 $\tau_h > U_h$, 那么在 $\Theta_b(L,U)$ 上问题 $\mathrm{P}(\Theta^0)$ 不存在可行解, 其中

$$\Theta_b(L,U) = \prod_{i=1}^p \Theta_{bi}(L_i,U_i),$$

$$\Theta_{bi}(L_i,U_i) = \begin{cases} \Theta_i(L_i,U_i), & i \neq h, \\ \Delta_{bh}(\tau_h,U_h)\bigcap\Theta_h(L_h,U_h), & i = h, \end{cases}$$

这里 $\Delta_{bh}(\tau_h,U_h) = \{(t_h,s_h) \in R^2 \mid \tau_h s_h < t_h \leqslant U_h s_h\}$.

通过定理 7.3.5 和定理 7.3.6, 给出新的删除技术来删除不存在问题 $\mathrm{P}(\Theta^0)$ 全局最优解的区域, 该删除技术包含两个基本准则.

删除技术 (DT):

(1) **最优性准则** 计算 (7.3.7) 式中的 RU. 如果 $\mathrm{RU} < h_{\mathrm{best}}$, 令 $\Theta(L,U) = \varnothing$; 否则, 计算 (7.3.8) 式中的 ρ_j $(j=1,\cdots,p)$. 如果对某个 $h \in \{1,\cdots,p\}, \rho_h > L_h$, 那么令 $L_h = \rho_h$, 当 $\rho_h \leqslant U_h$ 时, 令 $\Theta(L,U) = \prod_{i=1}^p \Theta_i(L_i,U_i)$, 当 $\rho_h > U_h$ 时, 令 $\Theta(L,U) = \varnothing$.

(2) **可行性准则** 计算 (7.3.9) 式中的 τ_j $(j=1,\cdots,p)$. 如果存在 $h \in \{1,\cdots,p\}$ 满足 $\tau_h < U_h$, 则令 $U_h = \tau_h$, 当 $\tau_h > L_h$ 时, 令 $\Theta(L,U) = \prod_{i=1}^p \Theta_i(L_i,U_i)$, 当 $\tau_h < L_h$ 时, 令 $\Theta(L,U) = \varnothing$.

该删除技术为算法求解过程中删除当前考察的子锥 $\Theta(L,U)$ 的全部或已达部分提供了可能.

7.3.3 界紧技术

下面将给出算法中采用的界紧技术 (BTT), 它可以使问题 $\mathrm{P}(\Theta)$ 的目标函数的上界尽可能逼近目标函数, 从而来提高计算效率.

假设 $(\hat{x},\hat{r})$ 是线性规划问题 $\mathrm{LP}(\Theta)$ 的最优解, 并且令 $\hat{t}_i = d^i\hat{x} + \delta_i, \hat{s}_i = c^i\hat{t}_i + \gamma_i, i = 1,\cdots,p$. 由于 $\hat{r}_i$ 的值既不依赖于 L_i, 也跟 U_i 没有直接的关系, 而是依赖于 $\Phi_i(\hat{x},\hat{s}_i)$, 因此可通过构造一个新的函数 Ψ_i 来改变 $\dfrac{\hat{t}_i}{\hat{s}_i}$ 的上界 $\Phi_i(\hat{x},\hat{s}_i)$,

该函数是利用 $\dfrac{t_i}{s_i}$ 和它的上估计 Φ_i 之间的关系得到的. 下面的定理将给出 Ψ_i 的构造过程.

定理 7.3.7 假设 $(\hat{x}, \hat{r})$ 是线性规划问题 LP(Θ) 的最优解, 并且令 $\hat{t}_i = d^i\hat{x} + \delta_i, \hat{s}_i = c^i\hat{t}_i + \gamma_i, i = 1, \cdots, p$. 那么对每个 $i = 1, \cdots, p$, 存在 $\dfrac{\hat{t}_i}{\hat{s}_i}$ 的上界函数 Ψ_i, 使得

$$\Psi_i(\hat{t}_i, \hat{s}_i; \sigma) = \frac{(\sigma L_i + \sigma U_I + 1)\hat{t}_i\hat{s}_i + (1 - \sigma)\hat{t}_i^2 - \sigma L_i U_i \hat{s}_i^2}{\hat{s}_i(\hat{t}_i + \hat{s}_i)},$$

其中 $\sigma \in (0, 1]$ 并且满足

$$\Phi_i(\hat{t}_i, \hat{s}_i) \geqslant \Psi_i(\hat{t}_i, \hat{s}_i, \sigma) \geqslant \frac{\hat{t}_i}{\hat{s}_i}, \tag{7.3.10}$$

特别地, 当 $(\hat{t}_i, \hat{s}_i) \in \text{int}(\Sigma_i \bigcap \Theta_i)$ 时, 不等式严格成立.

证明 为使下面证明方便, 定义函数 $\chi_i : \Sigma_i \bigcap \Theta_i \subseteq R^2 \to R$ 如下

$$\chi_i(t_i, s_i) = \frac{t_i}{s_i}, \quad i = 1, 2, \cdots, p.$$

记 $t_i = \dfrac{\hat{t}_i}{\hat{s}_i}s_i$ 和 $t_i + s_i = l_i$ 与 $t_i + s_i = u_i$ 的交点分别为

$$\xi = \frac{l_i}{\hat{t}_i + \hat{s}_i}(\hat{t}_i, \hat{s}_i), \quad \eta = \frac{u_i}{\hat{t}_i + \hat{s}_i}(\hat{t}_i, \hat{s}_i).$$

由于 $\chi_i(t_i, s_i) = \dfrac{t_i}{s_i}$ 在射线 $t_i = \dfrac{\hat{t}_i}{\hat{s}_i}s_i$ 上是常数, 则 $\chi_i(t_i, s_i)$ 在 ξ 和 η 上的值也都为常数 $\dfrac{\hat{t}_i}{\hat{s}_i}$, 即

$$\chi_i(\xi) = \chi_i(\eta) = \frac{\hat{t}_i}{\hat{s}_i}.$$

而且, 由 (7.3.1) 式和定理 7.3.3 的证明得

$$\xi \in \sum_i^f (l_i, u_i), \quad \eta \in \sum_i^g (l_i, u_i),$$

且有

$$\Phi_i(\xi) = f_i(\xi) = \frac{(U_i + L_i + 1)\hat{t}_i - U_i L_i \hat{s}_i}{\hat{t}_i + \hat{s}_i} = g_i(\eta) = \Phi_i(\eta). \tag{7.3.11}$$

由于 $\Phi_i(t_i, s_i)$ 是 $\dfrac{t_i}{s_i}$ 在 $\Sigma_i \bigcap \Theta_i$ 上的凹包络, 有

$$\Phi_i(\xi) \geqslant \chi_i(\xi) = \frac{\hat{t}_i}{\hat{s}_i}, \quad \Phi_i(\eta) \geqslant \chi_i(\eta) = \frac{\hat{t}_i}{\hat{s}_i}. \tag{7.3.12}$$

由于 $l_i \leqslant \hat{t}_i + \hat{s}_i \leqslant u_i$, 则存在

$$\mu = \frac{\hat{t}_i + \hat{s}_i - u_i}{l_i - u_i} \in [0, 1]$$

满足 $(\hat{t}_i, \hat{s}_i) = \mu\xi + (1 - \mu)\eta$. 因而, 由 (7.3.11) 式和 $\Phi_i(\hat{t}_i, \hat{s}_i)$ 的凹性, 可得

$$\Phi_i(\hat{t}_i, \hat{s}_i) = \Phi_i(\mu\xi + (1 - \mu)\eta) \geqslant \mu\Phi_i(\xi) + (1 - \mu)\Phi_i(\eta) = \Phi_i(\xi). \tag{7.3.13}$$

因此, 由 (7.3.11)—(7.3.13) 式, 有

$$\Phi_i(\hat{t}_i, \hat{s}_i) \geqslant \Phi_i(\xi) = \frac{(U_i + L_i + 1)\hat{t}_i - U_i L_i \hat{s}_i}{\hat{t}_i + \hat{s}_i} \geqslant \frac{\hat{t}_i}{\hat{s}_i}. \tag{7.3.14}$$

而且运用 (7.3.2)—(7.3.14) 式和选择一个合适的参数 $\sigma \in (0, 1]$ 可知, 存在一个非负函数

$$\pi_i(\sigma) = (1 - \sigma)\frac{(U_i\hat{s}_i - \hat{t}_i)(\hat{t}_i - L_i\hat{s}_i)}{\hat{s}_i(\hat{t}_i + \hat{s}_i)} \geqslant 0,$$

满足

$$\Phi_i(\hat{t}_i, \hat{s}_i) \geqslant \Phi_i(\xi) \geqslant \Phi_i(\xi) - \pi_i(\sigma) \geqslant \frac{\hat{t}_i}{\hat{s}_i}. \tag{7.3.15}$$

注意到下面关系成立

$$\Phi_i(\xi) - \pi_i(\sigma) - \frac{\hat{t}_i}{\hat{s}_i} = \sigma\frac{(U_i\hat{s}_i - \hat{t}_i)(\hat{t}_i - L_i\hat{s}_i)}{\hat{s}_i(\hat{t}_i + \hat{s}_i)} \geqslant 0. \tag{7.3.16}$$

因而, 容易从 (7.3.12), (7.3.15) 和 (7.3.16) 式得到 $\chi_i(\hat{t}_i, \hat{s}_i) = \dfrac{\hat{t}_i}{\hat{s}_i}$ 改进的上界

$$\Psi_i(\hat{t}_i, \hat{s}_i; \sigma) = \Phi_i(\xi) - \pi_i(\sigma)$$

$$= \frac{(\sigma L_i + \sigma U_i + 1)\hat{t}_i\hat{s}_i + (1 - \sigma)\hat{t}_i^2 - \sigma L_i U_i \hat{s}_i^2}{\hat{s}_i(\hat{t}_i + \hat{s}_i)}, \quad \sigma \in (0, 1], \tag{7.3.17}$$

不等式 (7.3.10) 可由 (7.3.15) 式和 (7.3.16) 式得到. 特别地, 当 $(\hat{t}_i, \hat{s}_i) \in \mathrm{int}(\Sigma_i \bigcap \Theta_i)$ 时, 由上述证明过程可知不等式严格成立, 因此结论显然.

由上述定理证明过程可知, 由 (7.3.14) 式可得 $\Phi_i(\xi)$ 或者 $\Phi_i(\eta)$ 是 $\dfrac{\hat{t}_i}{\hat{s}_i}$ 改进的上界, 正如 Kuno 在参考文献 [122] 中提到的一样. 然而, 由 (7.3.15) 式可知, 作为 $\dfrac{\hat{t}_i}{\hat{s}_i}$ 的上界, $\Psi_i(\hat{t}_i, \hat{s}_i; \sigma)$ 比 $\Phi_i(\xi)$ 更紧. 事实上, 如果选择 $\sigma = 1$, 那么 $\Psi_i(\hat{t}_i, \hat{s}_i; 1) = \Phi_i(\xi)$, 特别地, 从 (7.3.16) 式易知当 σ 接近零时, $\Psi_i(\hat{t}_i, \hat{s}_i; \sigma)$ 与 $\dfrac{\hat{t}_i}{\hat{s}_i}$ 更逼近. 因此, 如果用 $\bar{r}_i = \Psi_i(\hat{t}_i, \hat{s}_i; \sigma)$ 代替 $\bar{r}_i = \Phi_i(\hat{t}_i, \hat{s}_i)$, 新的上界 $\mathrm{UB}(\Theta) = \sum\limits_{i=1}^{p} \bar{r}_i$ 可以改进 $\sum\limits_{i=1}^{p} \Phi_i(\hat{t}_i, \hat{s}_i) = \sum\limits_{i=1}^{p} \hat{r}_i$, 并且抑制分支树的增长. 7.3.5 节的数值结果将证实该结论.

基于定理 7.3.7 给出如下界紧技术 (BTT). 对每个 $i = 1, \cdots, p$, 令 $\hat{t}_i = d^i \hat{x} + \delta_i$ 和 $\hat{s}_i = c^i \hat{x} + \gamma_i$, 并且用 $\bar{r}_i = \Psi_i(\hat{t}_i, \hat{s}_i; \sigma)$ 取代 $\hat{r}_i$. 那么 $v(\Theta)$ 的新的更紧的上界 $\mathrm{UB}(\Theta)$ 为

$$\mathrm{UB}(\Theta) = \sum_{i=1}^{p} \bar{r}_i = \sum_{i=1}^{p} \Psi_i(\hat{t}_i, \hat{s}_i; \sigma),$$

并且满足 $v(\Theta) \leqslant \mathrm{UB}(\Theta) \leqslant \mathrm{UB1}(\Theta)$.

7.3.4　算法及其收敛性

基于前面的转化及加速技术, 该部分给出一求问题 (P) 全局最优解的加速梯形算法. 算法步骤描述如下.

算法步骤

步 0 (初始化)

0.1　给定收敛参数 $\epsilon > 0, \lambda, \sigma$. 置迭代次数 $k = 0$, 有效节点指标集 $Q_0 = \{0\}$. 令 $\Theta^k = \prod\limits_{i=1}^{p} \Theta_i^{k_i} = \Theta^0$.

0.2　求解线性规划问题 $\mathrm{LP}(\Theta^k)$ 得到其最优解 $(\hat{x}(\Theta^k), \hat{r}(\Theta^k))$. 令 $\hat{t}_i = d^i \hat{x}(\Theta^k) + \delta_i, \hat{s}_i = c^i \hat{x}(\Theta^k) + \gamma_i$, 且令 $\bar{r}_i(\Theta^k) = \Psi_i(\hat{t}_i, \hat{s}_i; \sigma)$, 对每个 $i = 1, \cdots, p$. 置上界 $\mathrm{UB}(k) = \sum\limits_{i=1}^{p} \bar{r}_i(\Theta^k)$.

0.3　令当前最好的可行点为 $x^* = \hat{x}(\Theta^k)$, 且下界为 $h_{\mathrm{best}} = h(x^*)$.

0.4　如果 $\mathrm{UB}(k) - h_{\mathrm{best}} \leqslant \epsilon$, 则算法停止, 且 x^* 是问题 (P) 的最优解, h_{best} 是其最优值. 否则, 转步 1.

步 1 (删除步)　对当前考察的每个子锥 Θ^k, 运用 7.3.2 节和 7.3.3 节提出的删除技术来删除 Θ^k 并且记剩下部分为 Θ^k.

步 2 (分裂步)   应用上述锥分规则, 把 Θ^k 分裂为两个子锥 $\Theta^{k.1}$ 和 $\Theta^{k.2}$. Q_k 中的节点指标用 $k.1, k.2$ 取代 k.

步 3 (删除检查和定界步)   对每个 $k.\iota$, 其中 $\iota = 1, 2$, 计算 (7.3.7) 式中的 $\mathrm{RU}^{k.\iota}$. 若 $\mathrm{RU}^{k.\iota} < h_{\text{best}}$, 则相应的节点指标 $q(k).\iota$ 被删除. 若 $\Theta^{k.\iota}(\iota = 1, 2)$ 全部被删除, 则转步 4. 否则, 对每个未被删除的 $\Theta^{k.\iota}$, 其中 $\iota = 1$ 或 2 或 1, 2, 求解线性规划问题 $(\mathrm{LP}(\Theta^{k.\iota}))$, 得到其最优解为 $(\hat{x}(\Theta^{k.\iota}), \hat{r}(\Theta^{k.\iota}))$, 对 $i = 1, \cdots, p$, 令 $\hat{t}_i^{k.\iota} = d^i(\hat{x}(\Theta^{k.\iota})) + \delta_i, \hat{s}_i^{k.\iota} = c^i(\hat{x}(\Theta^{k.\iota})) + \gamma_i$, 则紧缩上界为 $\mathrm{UB}_{k.\iota} = \sum_{i=1}^{p} \Psi_i(\hat{t}_i^{k.\iota}, \hat{s}_i^{k.\iota}; \sigma)$. 更新可行点 x^* 和下界 h_{best} 且 $h(x^*) = \max\left\{h(\hat{x}(\Theta^{k.\iota})), h(x^*)\right\}$, 令 $h_{\text{best}} = h(x^*)$.

步 4 (筛选步)   筛选更新的指标集并记为

$$Q_{k+1} = Q_k - \{q \in Q_k | \mathrm{UB}_q \leqslant h_{\text{best}} + \epsilon\}.$$

若 $Q_{k+1} \neq \varnothing$, 则算法停止, 且 h_{best} 是问题 (P) 的最优值, x^* 是其最优解. 否则, 令 $k = k + 1$.

步 5 (节点选择步)   令 $\mathrm{UB}(k) = \max\{\mathrm{UB}_q | q \in Q_k\}$, 为进一步考虑, 选择一个有效节点 $q \in Q_k$ 满足 $\mathrm{UB}(k) = \mathrm{UB}_q$, 转步 1.

算法收敛性

由算法的设计可知, 当算法是有限步终止时, 该算法可以找到问题 (P) 的全局最优解. 算法也可能是无限步终止的. 下面的定义和引理帮助分析这些结论.

定义 7.3.2   求解问题 (P) 的算法是有限的, 若该算法是无限的且 $\lim\limits_{l \to \infty} h(\hat{x}^l) = v$, 或者是有限的.

当算法是无限的, 既然 $\{1, 2, \cdots, p\}$ 是有限的, 算法产生 R^{2p} 维的无穷序列锥 $\{\Theta^l\}_{l=1}^{\infty}$, 使得对每个 $l = 1, 2, \cdots$, 有 Θ^{l+1} 是由 Θ^l 通过锥分过程产生的, 即算法的步 2, 存在 $j_0 \in \{1, 2, \cdots, p\}$, 使得

$$U_{j_0}^l - L_{j_0}^l = \max_{i=1,2,\cdots,p}\{U_i^l - L_i^l\},$$

且 $\Theta^l = \prod\limits_{i=1}^{p} \Theta_i^l$, 其中, 对每个 l 和 $i = 1, 2, \cdots, p, \Theta_i^l = \{(t_i, s_i) \in R^2 \mid L_i^l s_i \leqslant t_i \leqslant U_I^l s_i\}$. 假定以下结论中的 $\{\Theta^l\}_{l=1}^{\infty}$ 是该种类型的锥序列, 对每个 l 和 $i = 1, 2, \cdots, p$, 令

$$\Theta_i^l = \{(t_i, s_i) \in R^2 \mid L_i^l s_i \leqslant t_i \leqslant U_I^l s_i\}.$$

引理 7.3.1   对 $\{1, 2, \cdots, p\}$ 的某个子序列 Q, 锥的极限

$$\Theta_{j_0}^* = \bigcap_l \Theta_{j_0}^l$$

是射线

$$\Theta_{j_0}^* = \left\{ (t_{j_0}, s_{j_0}) \in R^2 \mid t_{j_0} = w_{j_0}^* s_{j_0} \right\},$$

其中 $w_{j_0}^* \in [L_{j_0}^0, U_{j_0}^0]$.

证明　由锥分规则可知, 存在 $\{1, 2, \cdots, p\}$ 的子序列 Q,

$$L_{j_0}^0 \leqslant L_{j_0}^l \leqslant L_{j_0}^{l+1} \leqslant U_{j_0}^{l+1} \leqslant U_{j_0}^l \leqslant U_{j_0}^0, \quad \forall l \in Q.$$

因而, 一种情况, 对某个 $L_{j_0}^*$ 和 $U_{j_0}^*$ 满足 $L_{j_0}^0 \leqslant L_{j_0}^* \leqslant U_{j_0}^* \leqslant U_{j_0}^0$, 于是有

$$\lim_{l \to \infty} U_{j_0}^l = \lim_{l \to \infty} U_{j_0}^{l+1} = U_{j_0}^*, \quad \lim_{l \to \infty} L_{j_0}^l = \lim_{l \to \infty} L_{j_0}^{l+1} = L_{j_0}^*.$$

这意味着 $\lim\limits_{l \to \infty} w_{j_0}^l = w_{j_0}^* \in \{L_{j_0}^*, U_{j_0}^*\}$, 因为 $w_{j_0}^l = \lambda L_{j_0}^l + (1 - \lambda) U_{j_0}^l$ 与 $L_{j_0}^{l+1}$ 或者 $U_{j_0}^{l+1}$ 相一致, 对每个 $l \in Q$, 其中 $\lambda \in \left(0, \dfrac{1}{2}\right]$. 另一种情况, $w_i^* \in (L_i^0, U_i^0)$ 是一个点, 这意味着当 $l \to \infty$ 时锥序列 Θ^l 收敛到一条射线:

$$\Theta^* = \left\{ (t, s) \in R^{2p} \mid t_i = w_i^* s_i, i = 1, 2, \cdots, p \right\},$$

其中 w_i^* 是 $[L_i^0, U_i^0]$ 内的点.

引理 7.3.2　假设算法是无限的, 令 $\left\{ \Theta^l \right\}_{l=1}^{\infty}$ 是算法产生的 R^{2p} 维空间中的锥序列, 且满足对每个 $l = 1, 2, \cdots, \Theta^{l+1} \subset \Theta^l$. 那么对 $\{1, 2, \cdots\}$ 的子序列 Q, 有

$$\lim_{l \in Q} \left(\sum_{i=1}^{p} \frac{\hat{t}_i^l}{\hat{s}_i^l} - \mathrm{UB}(\Theta^l) \right) = 0,$$

其中 $(\hat{t}_i^l, \hat{s}_i^l)$ 是问题 $\mathrm{LP}(\Theta^l)$ 的最优解且 $\mathrm{UB}(\Theta^l)$ 是基于问题 $\mathrm{LP}(\Theta^l)$ 最优值的更紧的上界.

证明　由于 $\left\{ \Theta^l \right\}_{l=1}^{\infty}$ 是无限的, 由算法的步 0.4 和步 4, 不失一般性, 可以选择 $\{1, 2, \cdots\}$ 的子序列 Q, 使得对每个 $l \in Q, \{\Theta^l\}_{l \in Q}$ 具有引理 7.3.1 的特性. 另外, 一方面, 对每个 i, 紧集 $\Sigma_i \bigcap \Theta_i^0$ 上产生的序列 $\left\{ (\hat{t}_i^l, \hat{s}_i^l) \mid l \in Q \right\}$, 至少有一个极限点 $(\hat{t}_i^*, \hat{s}_i^*)$ 满足 $\hat{t}_i^* = w_i^* \hat{s}_i^*$, 因此

$$\lim_{l \to \infty} \frac{\hat{t}_i^l}{\hat{s}_i^l} = w_i^*. \tag{7.3.18}$$

另一方面, 由定理 7.3.7, $\Psi_i(\hat{t}_i^l, \hat{s}_i^l; \sigma)$ 是 $\dfrac{\hat{t}_i^l}{\hat{s}_i^l}$ 在 $\Theta_i^l \bigcap \Sigma_i$ 上的上估计, 由 Ψ_i 在 $\Theta_i^l \bigcap \Sigma_i$ 上的凹性有

$$\lim_{l \to \infty} \hat{r}_i^l = w_i^*, \quad i = 1, 2, \cdots, p. \tag{7.3.19}$$

因此, 由步 3、(7.3.18) 和 (7.3.19) 式得

$$\lim_{l\in Q}\left[\mathrm{UB}(\Theta^l)-\sum_{i=1}^{p}\frac{\hat{t}_i^l}{\hat{s}_i^l}\right]=0.$$

证毕.

引理 7.3.3 上述算法是收敛的.

证明 假设算法是无限的. 那么, 跟前面记号一样, 选择一个锥序列, 不失一般性, 记为 $\{\Theta^l\}_{l=1}^{\infty}$, 使得对每个 $l=1,2,\cdots,\Theta^{l+1}\subset\Theta^l$, 并且 Θ^{l+1} 是由 Θ^l 通过锥分得到的. 由上界过程的有效性和算法的步 2 和步 3 知, 对每个 $l=1,2,\cdots,$

$$\mathrm{UB}(\Theta^l)\geqslant v(\Theta^0)=v\geqslant\sum_{i=1}^{p}\frac{\hat{t}_i^l}{\hat{s}_i^l}=h(\hat{x}^l)\triangleq v^l,\qquad(7.3.20)$$

且 $\{v^l\}_{l=1}^{p}$ 是单调不减的实数序列. 由引理 7.3.2, 对某个 $Q\subset\{1,2,\cdots\}$, 有

$$\lim_{l\in Q}\mathrm{UB}(\Theta^l)=\lim_{l\in Q}\sum_{i=1}^{p}\frac{\hat{t}_i^l}{\hat{s}_i^l},$$

由 (7.3.20) 式得

$$\lim_{l\in Q}\mathrm{UB}(\Theta^l)=\lim_{l\in Q}\hat{v}(\Theta^0)=v=\lim_{l\in Q}\sum_{i=1}^{p}\frac{\hat{t}_i^l}{\hat{s}_i^l}=\lim_{l\in Q}h(\hat{x}^l)=\lim_{l\in Q}v^l.$$

由于 $\{v^l\}_{l=1}^{p}$ 是单调不减序列, 所以 $\lim_{l\in Q}h(\hat{x}^l)=v$.

定理 7.3.8 (1) 若求解问题 (P) 算法是有限的, 则算法终止时, x^* 是问题 (P) 的 ϵ-全局最优解;

(2) 若问题 (P) 的算法是无限且收敛的, 则无穷序列 $\{(\hat{x}^l,\hat{t}^l,\hat{s}^l)\}_{l=1}^{\infty}$ 存在一个聚点 $(\hat{x}^l,\hat{t}^l,\hat{s}^l)$, 且 $(\hat{x}^l,\hat{t}^l,\hat{s}^l)$ 是问题 $\mathrm{P}(\Theta^0)$ 的全局最优解, $\hat{x}^*$ 是问题 (P) 的全局最优解, 其中 $\hat{t}_i^l=d^i\hat{x}^l+\delta_i,\hat{s}_i^l=c^i\hat{x}^l+\gamma_i,i=1,2,\cdots,p.$

证明 (1) 若算法是有限的, 则算法在第 k 步终止, $k\geqslant1$. 算法终止时, 由于 x^* 是通过求解问题 $\mathrm{LP}(\Theta^{k,\iota})$ 得到的, 则对某个 $\Theta^{k,\iota}\subseteq\Theta^0,x^*$ 是问题 (P) 的可行解. 算法终止时,

$$\mathrm{UB}(k)-\sum_{i=1}^{p}\frac{d^i\hat{x}^*+\delta_i}{c^i\hat{x}^*+\gamma_i}\leqslant\epsilon.\qquad(7.3.21)$$

由算法可知

$$\mathrm{UB}(k)\geqslant v.\qquad(7.3.22)$$

由于 x^* 是问题 (P) 的可行解, 所以

$$\sum_{i=1}^{p} \frac{d^i \hat{x}^* + \delta_i}{c^i \hat{x}^* + \gamma_i} \leqslant v. \tag{7.3.23}$$

由 (7.3.21)—(7.3.23) 式, 得

$$v \leqslant \mathrm{UB}(k) \leqslant \sum_{i=1}^{p} \frac{d^i \hat{x}^* + \delta_i}{c^i \hat{x}^* + \gamma_i} + \epsilon \leqslant v + \epsilon.$$

因此

$$v - \epsilon \leqslant \sum_{i=1}^{p} \frac{d^i \hat{x}^* + \delta_i}{c^i \hat{x}^* + \gamma_i} \leqslant v,$$

(1) 证明完毕.

(2) 由于问题 $\mathrm{P}(\Theta^0)$ 的算法是无限的且收敛的, 则由引理 7.3.3, 得

$$\lim_{l \to \infty} \sum_{i=1}^{p} \frac{\hat{t}_i^l}{\hat{s}_i^l} = v. \tag{7.3.24}$$

又因为 $(\hat{x}^*, \hat{t}^*, \hat{s}^*)$ 是 $\{(\hat{x}^l, \hat{t}^l, \hat{s}^l)\}_{l=1}^{\infty}$ 的聚点, 所以对某个 $Q \subseteq \{1, 2, \cdots\}$,

$$\lim_{l \in Q} (\hat{x}^l, \hat{t}^l, \hat{s}^l) = (\hat{x}^*, \hat{t}^*, \hat{s}^*). \tag{7.3.25}$$

由 (7.3.24)—(7.3.25) 式, 由于 $\left\{ \sum_{i=1}^{p} \frac{\hat{t}_i^l}{\hat{s}_i^l} \right\}_{l \in Q}$ 是 $\left\{ \sum_{i=1}^{p} \frac{\hat{t}_i^l}{\hat{s}_i^l} \right\}_{l=1}^{\infty}$ 的子序列, 所以

$$\lim_{l \in Q} \sum_{i=1}^{p} \frac{\hat{t}_i^l}{\hat{s}_i^l} = v. \tag{7.3.26}$$

由 (7.3.25) 式和问题 $\mathrm{P}(\Theta^0)$ 的目标函数的连续性, 得

$$\lim_{l \in Q} \sum_{i=1}^{p} \frac{\hat{t}_i^l}{\hat{s}_i^l} = \sum_{i=1}^{p} \frac{\hat{t}_i^*}{\hat{s}_i^*}. \tag{7.3.27}$$

由 (7.3.26) 式和 (7.3.27) 式, 有

$$\sum_{i=1}^{p} \frac{\hat{t}_i^*}{\hat{s}_i^*} = v.$$

结合 (7.3.24) 式, 又因为问题 $\mathrm{P}(\Theta^0)$ 的可行域是闭集, 所以 $(\hat{x}^*, \hat{t}^*, \hat{s}^*)$ 是问题 $\mathrm{P}(\Theta^0)$ 的可行解. 再由 (7.3.27) 式, 得 $(\hat{x}^*, \hat{t}^*, \hat{s}^*)$ 是问题 $\mathrm{P}(\Theta^0)$ 的全局最优解, 由定理 7.3.2 得 $\hat{x}^*$ 是问题 (P) 的全局最优解.

7.3.5 数值结果

为了验证本算法的可执行性, 选择如下随机产生的线性比式和问题来检测我们的算法.

例 7.3.1

$$
\begin{cases}
\max & \displaystyle\sum_{i=1}^{p} \frac{\displaystyle\sum_{j=1}^{n} d_{ij}x_j + c}{\displaystyle\sum_{j=1}^{n} c_{ij}x_j + c} \\[4mm]
\text{s.t.} & \displaystyle\sum_{j=1}^{n} a_{kj}x_j \leqslant 1.0, \quad k=1,2,\cdots,m, \\[2mm]
& x_j \geqslant 0.0, \quad j=1,\cdots,n,
\end{cases}
$$

其中 $c_{ij}, d_{ij} \in [0.0, 0.5], a_{kj} \in [0.0, 1.0]$ 都是随机产生的数. 分子和分母具有相同的常数 c, 产生于 2.0 到 100.0 之间. 该参数随机产生的实例的收敛容许误差为 $\epsilon = 10^{-5}$. 表 7.3 中的平均 CPU 时间 (Time), 平均分支操作次数 (Bra) 都是算法执行 10 次得到的 DBT (既使用删除技术又使用界紧技术算法) 的数值结果. 数值实验结果表明, 本节给出的梯形分支定界算法能有效地求解大规模线性比式和问题.

表 7.3 $\quad c=10.0, \sigma=0.01, \lambda=0.3$ 时问题 7.3.1 的计算结果 2-4

$m \times n$	$p=4$		$p=5$		$p=6$		$p=7$	
	Bra	Time	Bra	Time	Bra	Time	Bra	Time
40×60	40.0	2.2	61.3	5.0	75.0	5.1	188.6	18.5
80×60	60.2	9.2	123.6	26.9	162.5	30.7	197.5	41.5
60×80	62.4	16.9	112.0	31.6	187.8	45.2	188.3	74.9
100×80	77.3	33.5	189.8	81.57	251.0	144.8	505.7	291.52
80×100	173.6	100.3	240.6	106.5	215.7	143.8	523.6	379.5
120×100	262.7	123.5	287.5	123.0	439.0	591.7	656.9	1305.3

7.4 本 章 小 结

本章针对广义线性比式和问题, 依据问题的特殊结构, 通过选取不同的剖分空间和分支技巧, 分别提出了基于线性化方法的矩形分支定界算法、外空间分支定界算法、梯形分支定界算法等, 并证明了算法的全局收敛性, 给出了相应的数值实验. 此外, 关于广义线性比式和问题, 一些学者也提出了单纯形分支对偶定界算法, 有关本节方面的详细内容请参考文献 [13,123,126,171].

第 8 章　二次约束二次比式和问题的
分支缩减定界算法

本章为二次约束二次比式和问题建立了一个分支缩减定界算法. 首先, 基于二次函数的特征构造了一个新的线性化方法, 并基于该方法构造原问题的线性松弛规划问题, 该线性松弛规划问题能够为原问题提供可靠的下界. 其次, 充分利用线性松弛规划问题的特殊结构和当前已知的上界构造区域缩减技巧, 该区域缩减技巧能够删除或压缩所考察的子区域, 从而缩小分支定界算法的搜索范围. 最后, 基于分支定界算法框架和区域缩减技巧, 为二次比式和问题建立了一个分支缩减定界算法. 与已知的算法相比, 本章提出的方法不需要引入新的变量和约束, 也不需要使用额外的算法程序计算每个比式中分子、分母所在的区间, 这使得该算法更易于在计算机上实现. 最终, 数值实验结果表明: 该算法与当前文献中的算法相比, 具有较高的计算效率.

8.1　问题描述

考虑下面的二次约束二次比式和问题:

$$
(\mathrm{P})\begin{cases}
\min\ \Psi_0(x) = \sum_{i=1}^{p}\dfrac{H_i(x)}{F_i(x)} \\
\mathrm{s.t.}\ \ \Psi_m(x) \leqslant 0, \quad m = 1, 2, \cdots, M, \\
x \in X^0 = \{x \in R^n : \underline{x}^0 \leqslant x \leqslant \overline{x}^0\} \subset R^n,
\end{cases}
$$

其中 $p \geqslant 2$, $H_i(x)$, $F_i(x)(i = 1, 2, \cdots, p)$, $\Psi_m(x)(m = 1, 2, \cdots, M)$ 均为二次函数, 这些二次函数可能是非凸的, 其表达式如下

$$
H_i(x) = x^{\mathrm{T}}A^i x + (c^i)^{\mathrm{T}}x + \delta_i = \sum_{k=1}^{n}c_k^i x_k + \sum_{j=1}^{n}\sum_{k=1}^{n}a_{jk}^i x_j x_k + \delta_i,
$$

$$
F_i(x) = x^{\mathrm{T}}B^i x + (d^i)^{\mathrm{T}}x + \beta_i = \sum_{k=1}^{n}d_k^i x_k + \sum_{j=1}^{n}\sum_{k=1}^{n}b_{jk}^i x_j x_k + \beta_i,
$$

$$
\Psi_m(x) = x^{\mathrm{T}}Q^m x + (e^m)^{\mathrm{T}}x + \gamma_m = \sum_{k=1}^{n}e_k^m x_k + \sum_{j=1}^{n}\sum_{k=1}^{n}q_{jk}^m x_j x_k + \gamma_m,
$$

其中 $A^i = (a^i_{jk})_{n \times n}, B^i = (b^i_{jk})_{n \times n}, Q^m = (q^m_{jk})_{n \times n}$ 均为 $n \times n$ 的实对称矩阵, 这些矩阵可能是非半正定的; $c^i, d^i, e^m \in R^n$; $\delta_i, \beta_i, \gamma_m \in R$; $\underline{x}^0 = (\underline{x}^0_1, \cdots, \underline{x}^0_n)^{\mathrm{T}}$, $\overline{x}^0 = (\overline{x}^0_1, \cdots, \overline{x}^0_n)^{\mathrm{T}}$; $F_i(x) \neq 0$.

由函数 $\dfrac{H_i(x)}{F_i(x)}$ 的连续性可知, $F_i(x) > 0$ 或 $F_i(x) < 0$. 如果存在某一个 $i \in \{1, 2, \cdots, p\}$ 使得 $F_i(x) < 0$, 使用 $\dfrac{-H_i(x)}{-F_i(x)}$ 替代 $\dfrac{H_i(x)}{F_i(x)}$, 那么问题本质保持不变. 因此, 不失一般性, 我们假定: 对所有的 $i = 1, 2, \cdots, p$ 均有 $F_i(x) > 0$. 如果存在某一个 $x \in X^0$ 使得 $H_i(x) < 0$, 使用 $\dfrac{H_i(x) + \widetilde{M} F_i(x)}{F_i(x)}$ 替代 $\dfrac{H_i(x)}{F_i(x)}$, 其中 $\widetilde{M}$ 是一个充分大的正数, 且满足对所有的 $x \in X^0, H_i(x) + \widetilde{M} F_i(x) \geqslant 0$, 那么问题 (P) 本质保持不变. 因此, 不失一般性, 我们假定对所有 $i = 1, 2, \cdots, p$, 均有 $H_i(x) \geqslant 0$.

8.2 新的线性松弛方法

在这一部分, 为构造原问题的线性松弛规划问题, 我们给出一个新的线性松弛方法, 详见定理 8.2.1 和定理 8.2.2.

令 $X = \{x = (x_1, x_2, \cdots, x_n)^{\mathrm{T}} \in R^n : -\infty \leqslant \underline{x}_j \leqslant x_j \leqslant \overline{x}_j \leqslant +\infty, j = 1, \cdots, n\} \subseteq X^0$. 对任意的 $x \in X$ 及 $j \in \{1, 2, \cdots, n\}, k \in \{1, 2, \cdots, n\}, j \neq k$, 定义

$$\varphi(x_j) = x_j^2, \quad \varphi^l(x_j) = (\underline{x}_j + \overline{x}_j)x_j - \frac{(\underline{x}_j + \overline{x}_j)^2}{4}, \quad \varphi^u(x_j) = (\underline{x}_j + \overline{x}_j)x_j - \underline{x}_j \overline{x}_j,$$

$$\Delta(x_j) = \varphi(x_j) - \varphi^l(x_j), \quad \nabla(x_j) = \varphi^u(x_j) - \varphi(x_j), \quad \varphi(x_j, x_k) = x_j x_k,$$

$$\varphi^l(x_j, x_k) = \frac{1}{2}\left[(\underline{x}_j + \overline{x}_j)x_k + (\underline{x}_k + \overline{x}_k)x_j - \frac{(\underline{x}_j + \overline{x}_j + \underline{x}_k + \overline{x}_k)^2}{4} + \underline{x}_j \overline{x}_j + \underline{x}_k \overline{x}_k\right],$$

$$\varphi^u(x_j, x_k) = \frac{1}{2}\left[(\underline{x}_j + \overline{x}_j)x_k + (\underline{x}_k + \overline{x}_k)x_j - (\underline{x}_j + \underline{x}_k)(\overline{x}_j + \overline{x}_k) + \frac{(\underline{x}_j + \overline{x}_j)^2}{4}\right.$$
$$\left. + \frac{(\underline{x}_k + \overline{x}_k)^2}{4}\right],$$

$$\Delta(x_j, x_k) = \varphi(x_j, x_k) - \varphi^l(x_j, x_k), \quad \nabla(x_j, x_k) = \varphi^u(x_j, x_k) - \varphi(x_j, x_k).$$

定理 8.2.1 对任意的 $x \in X = [\underline{x}, \overline{x}] \subseteq X^0$, 我们有下面的结论:

(1) 对任意的 $x_j \in [\underline{x}_j, \overline{x}_j]$, 有 $\varphi^l(x_j) \leqslant \varphi(x_j) \leqslant \varphi^u(x_j)$;

(2) 对任意的 $j,k \in \{1,2,\cdots,n\}, j \neq k$, 有 $\varphi^l(x_j,x_k) \leqslant \varphi(x_j,x_k) \leqslant \varphi^u(x_j,x_k)$;

(3) 当 $\|\overline{x} - \underline{x}\| \to 0$ 时, 有 $\Delta(x_j), \nabla(x_j), \Delta(x_j,x_k), \nabla(x_j,x_k) \to 0$.

证明　(1) 由单变量二次函数 $\varphi(x_j) = x_j^2$ 在区间 $[\underline{x}_j, \overline{x}_j]$ 上的线性上、下界逼近可得

$$\varphi^l(x_j) = (\underline{x}_j + \overline{x}_j)x_j - \frac{(\underline{x}_j + \overline{x}_j)^2}{4} \leqslant x_j^2 \leqslant (\underline{x}_j + \overline{x}_j)x_j - \underline{x}_j\overline{x}_j = \varphi^u(x_j). \quad (8.2.1)$$

(2) 将 $(x_j + x_k)$ 看作一个变量, 那么 $(x_j + x_k)^2$ 为区间 $[\underline{x}_j + \underline{x}_k, \overline{x}_j + \overline{x}_k]$ 上关于变量 $(x_j + x_k)$ 的凸函数. 由结论 (1) 可得

$$(\underline{x}_j + \overline{x}_j + \underline{x}_k + \overline{x}_k)(x_j + x_k) - \frac{(\underline{x}_j + \overline{x}_j + \underline{x}_k + \overline{x}_k)^2}{4} \leqslant (x_j + x_k)^2, \quad (8.2.2)$$

$$(\underline{x}_j + \overline{x}_j + \underline{x}_k + \overline{x}_k)(x_j + x_k) - (\underline{x}_j + \underline{x}_k)(\overline{x}_j + \overline{x}_k) \geqslant (x_j + x_k)^2. \quad (8.2.3)$$

由 (8.2.1)—(8.2.3) 式可得

$$\varphi(x_j,x_k) = \frac{1}{2}[(x_j+x_k)^2 - x_j^2 - x_k^2]$$

$$\geqslant \frac{1}{2}\left[(\underline{x}_j + \overline{x}_j + \underline{x}_k + \overline{x}_k)(x_j+x_k) - \frac{(\underline{x}_j + \overline{x}_j + \underline{x}_k + \overline{x}_k)^2}{4}\right]$$

$$- \frac{1}{2}[(\underline{x}_j + \overline{x}_j)x_j - \underline{x}_j\overline{x}_j + (\underline{x}_k + \overline{x}_k)x_k - \underline{x}_k\overline{x}_k]$$

$$= \frac{1}{2}\left[(\underline{x}_j + \overline{x}_j)x_k + (\underline{x}_k + \overline{x}_k)x_j - \frac{(\underline{x}_j + \overline{x}_j + \underline{x}_k + \overline{x}_k)^2}{4} + \underline{x}_j\overline{x}_j + \underline{x}_k\overline{x}_k\right]$$

$$= \varphi^l(x_j,x_k)$$

和

$$\varphi(x_j,x_k) = \frac{1}{2}[(x_j+x_k)^2 - x_j^2 - x_k^2]$$

$$\leqslant \frac{1}{2}\left[(\underline{x}_j + \overline{x}_j + \underline{x}_k + \overline{x}_k)(x_j+x_k) - (\underline{x}_j + \underline{x}_k)(\overline{x}_j + \overline{x}_k)\right]$$

$$- \frac{1}{2}\left[(\underline{x}_j + \overline{x}_j)x_j - \frac{(\underline{x}_j + \overline{x}_j)^2}{4} + (\underline{x}_k + \overline{x}_k)x_k - \frac{(\underline{x}_k + \overline{x}_k)^2}{4}\right]$$

$$= \frac{1}{2}\left[(\underline{x}_j + \overline{x}_j)x_k + (\underline{x}_k + \overline{x}_k)x_j - (\underline{x}_j + \underline{x}_k)(\overline{x}_j + \overline{x}_k) + \frac{(\underline{x}_j + \overline{x}_j)^2}{4}\right]$$

$$+ \frac{(\underline{x}_k + \overline{x}_k)^2}{4} \Bigg]$$

$$= \varphi^u(x_j, x_k).$$

因此, 有

$$\varphi^l(x_j, x_k) \leqslant \varphi(x_j, x_k) \leqslant \varphi^u(x_j, x_k).$$

(3) 在区间 $[\underline{x}_j, \overline{x}_j]$ 上, 由于函数 $\Delta(x_j) = \varphi(x_j) - \varphi^l(x_j) = x_j^2 - \Big[(\underline{x}_j + \overline{x}_j)x_j - \frac{(\underline{x}_j + \overline{x}_j)^2}{4} \Big]$ 是关于 x_j 的一个凸函数. 因此, $\Delta(x_j)$ 在点 $\underline{x}_j$ 或 $\overline{x}_j$ 取得最大值, 即

$$\max_{x_j \in [\underline{x}_j, \overline{x}_j]} \Delta(x_j) = \frac{(\overline{x}_j - \underline{x}_j)^2}{4}. \tag{8.2.4}$$

使用类似的证明方法, 可得

$$\max_{x_j \in [\underline{x}_j, \overline{x}_j]} \nabla(x_j) = \frac{(\overline{x}_j - \underline{x}_j)^2}{4}. \tag{8.2.5}$$

由 (8.2.4)—(8.2.5) 式, 我们有: 当 $|\overline{x}_j - \underline{x}_j| \to 0$ 时,

$$\max_{x_j \in [\underline{x}_j, \overline{x}_j]} \Delta(x_j) = \max_{x_j \in [\underline{x}_j, \overline{x}_j]} \nabla(x_j) \to 0. \tag{8.2.6}$$

定义

$$\Delta(x_j + x_k) = (x_j + x_k)^2 - \Big[(\underline{x}_j + \overline{x}_j + \underline{x}_k + \overline{x}_k)(x_j + x_k) - \frac{(\underline{x}_j + \overline{x}_j + \underline{x}_k + \overline{x}_k)^2}{4} \Big],$$

$$\nabla(x_j + x_k) = (\underline{x}_j + \overline{x}_j + \underline{x}_k + \overline{x}_k)(x_j + x_k) - (\underline{x}_j + \underline{x}_k)(\overline{x}_j + \overline{x}_k) - (x_j + x_k)^2.$$

使用类似的方法, 易证: 当 $\|\overline{x} - \underline{x}\| \to 0$ 时,

$$\max_{(x_j + x_k) \in [(\underline{x}_j + \underline{x}_k), (\overline{x}_j + \overline{x}_k)]} \Delta(x_j + x_k) = \max_{(x_j + x_k) \in [(\underline{x}_j + \underline{x}_k), (\overline{x}_j + \overline{x}_k)]} \nabla(x_j + x_k) \to 0. \tag{8.2.7}$$

由于

$$\Delta(x_j, x_k) = \varphi(x_j, x_k) - \varphi^l(x_j, x_k)$$

$$= x_j x_k - \frac{1}{2} \Big[(\underline{x}_j + \overline{x}_j)x_k + (\underline{x}_k + \overline{x}_k)x_j - \frac{(\underline{x}_j + \overline{x}_j + \underline{x}_k + \overline{x}_k)^2}{4} \Big]$$

$$+ \underline{x}_j \overline{x}_j + \underline{x}_k \overline{x}_k \Big]$$

$$= \frac{1}{2}[(x_j + x_k)^2 - x_j^2 - x_k^2]$$

$$- \frac{1}{2}\left[(\underline{x}_j + \overline{x}_j)x_k + (\underline{x}_k + \overline{x}_k)x_j - \frac{(\underline{x}_j + \overline{x}_j + \underline{x}_k + \overline{x}_k)^2}{4} + \underline{x}_j \overline{x}_j + \underline{x}_k \overline{x}_k\right]$$

$$= \frac{1}{2}\left[(x_j + x_k)^2 - \left((\underline{x}_j + \overline{x}_j + \underline{x}_k + \overline{x}_k)(x_j + x_k) - \frac{(\underline{x}_j + \overline{x}_j + \underline{x}_k + \overline{x}_k)^2}{4}\right)\right]$$

$$+ \frac{1}{2}[((\underline{x}_j + \overline{x}_j)x_j - \underline{x}_j \overline{x}_j - x_j^2) + ((\underline{x}_k + \overline{x}_k)x_k - \underline{x}_k \overline{x}_k - x_k^2)]$$

$$= \frac{1}{2}\Delta(x_j + x_k) + \frac{1}{2}\nabla(x_j) + \frac{1}{2}\nabla(x_k)$$

$$\leqslant \frac{1}{2}\max_{(x_j + x_k) \in [(\underline{x}_j + \underline{x}_k),(\overline{x}_j + \overline{x}_k)]} \Delta(x_j + x_k)$$

$$+ \frac{1}{2}\max_{x_j \in [\underline{x}_j, \overline{x}_j]} \nabla(x_j) + \frac{1}{2}\max_{x_k \in [\underline{x}_k, \overline{x}_k]} \nabla(x_k),$$

由 (8.2.6) 和 (8.2.7) 式可得: 当 $\|\overline{x} - \underline{x}\| \to 0$ 时, $\Delta(x_j, x_k) \to 0$.

类似地我们可以证明: 当 $\|\overline{x} - \underline{x}\| \to 0$ 时, $\nabla(x_j, x_k) \to 0$. 证明完毕.

为方便叙述, 不失一般性, 对任意的 $j \in \{1, 2, \cdots, n\}$, $k \in \{1, 2, \cdots, n\}$, 令

$$\underline{\phi}^i(x_k) = \begin{cases} a_{kk}^i \varphi^l(x_k), & a_{kk}^i > 0, \\ a_{kk}^i \varphi^u(x_k), & a_{kk}^i < 0; \end{cases}$$

$$\underline{\phi}^i(x_j, x_k) = \begin{cases} a_{jk}^i \varphi^l(x_j, x_k), & a_{jk}^i > 0, \ j \neq k, \\ a_{jk}^i \varphi^u(x_j, x_k), & a_{jk}^i < 0, \ j \neq k; \end{cases}$$

$$\overline{\psi}^i(x_k) = \begin{cases} b_{kk}^i \varphi^l(x_k), & b_{kk}^i < 0, \\ b_{kk}^i \varphi^u(x_k), & b_{kk}^i > 0; \end{cases}$$

$$\overline{\psi}^i(x_j, x_k) = \begin{cases} b_{jk}^i \varphi^l(x_j, x_k), & b_{jk}^i < 0, \ j \neq k, \\ b_{jk}^i \varphi^u(x_j, x_k), & b_{jk}^i > 0, \ j \neq k; \end{cases}$$

$$\underline{\lambda}^m(x_k) = \begin{cases} q_{kk}^m \varphi^l(x_k), & q_{kk}^m > 0, \\ q_{kk}^m \varphi^u(x_k), & q_{kk}^m < 0; \end{cases}$$

$$\underline{\lambda}^m(x_j, x_k) = \begin{cases} q_{jk}^m \varphi^l(x_j, x_k), & q_{jk}^m > 0, \ j \neq k, \\ q_{jk}^m \varphi^u(x_j, x_k), & q_{jk}^m < 0, \ j \neq k. \end{cases}$$

由定理 8.2.1 可得下面的不等式:

$$a_{kk}^i x_k^2 \geqslant \underline{\phi}^i(x_k), \tag{8.2.8}$$

$$a_{jk}^i x_j x_k \geqslant \underline{\phi}^i(x_j, x_k), \tag{8.2.9}$$

$$b_{kk}^i x_k^2 \leqslant \overline{\psi}^i(x_k), \tag{8.2.10}$$

$$b_{jk}^i x_j x_k \leqslant \overline{\psi}^i(x_j, x_k), \tag{8.2.11}$$

$$q_{kk}^m x_k^2 \geqslant \underline{\lambda}^m(x_k), \tag{8.2.12}$$

$$q_{jk}^m x_j x_k \geqslant \underline{\lambda}^m(x_j, x_k). \tag{8.2.13}$$

不失一般性, 对任意的 $x \in X \subseteq X^0$, 定义

$$H_i^L(x) = \sum_{k=1}^n (c_k^i x_k + \underline{\phi}^i(x_k)) + \sum_{j=1}^n \sum_{k=1, k\neq j}^n \underline{\phi}^i(x_j, x_k) + \delta_i, \quad i = 1, 2, \cdots, p;$$

$$F_i^U(x) = \sum_{k=1}^n (d_k^i x_k + \overline{\psi}^i(x_k)) + \sum_{j=1}^n \sum_{k=1, k\neq j}^n \overline{\psi}^i(x_j, x_k) + \beta_i, \quad i = 1, 2, \cdots, p;$$

$$\Psi_m^L(x) = \sum_{k=1}^n (e_k^m x_k + \underline{\lambda}^m(x_k)) + \sum_{j=1}^n \sum_{k=1, k\neq j}^n \underline{\lambda}^m(x_j, x_k) + \gamma_m, \quad m = 1, \cdots, M;$$

$$\overline{F}_i^U = \max_{x \in X} F_i^U(x);$$

$$\Psi_0^L(x) = \sum_{i=1}^p \frac{H_i^L(x)}{\overline{F}_i^U}.$$

定理 8.2.2 对任意的 $x \in X = [\underline{x}, \overline{x}] \subseteq X^0$, 我们有以下结论:

(1) $H_i(x) \geqslant H_i^L(x)$, $F_i^U(x) \geqslant F_i(x)$, $i = 1, 2, \cdots, p$; $\Psi_m(x) \geqslant \Psi_m^L(x), m = 0, 1, \cdots, M$;

(2) 当 $\|\overline{x} - \underline{x}\| \to 0$ 时, $H_i(x) - H_i^L(x) \to 0, F_i^U(x) - F_i(x) \to 0, i = 1, 2, \cdots, p$; $\Psi_m(x) - \Psi_m^L(x) \to 0, m = 1, 2, \cdots, M$;

(3) 当 $\|\overline{x} - \underline{x}\| \to 0$ 时, $\Psi_0(x) - \Psi_0^L(x) \to 0$.

证明 (1) 对每一个 $i = 1, 2, \cdots, p$, 我们有

$$H_i(x) - H_i^L(x) = \sum_{k=1}^n c_k^i x_k + \sum_{k=1}^n a_{kk}^i x_k^2 + \sum_{j=1}^n \sum_{k=1, k\neq j}^n a_{jk}^i x_j x_k + \delta_i$$

$$- \left[\sum_{k=1}^n [c_k^i x_k + \underline{\phi}^i(x_k)] + \sum_{j=1}^n \sum_{k=1, k\neq j}^n \underline{\phi}^i(x_j, x_k) + \delta_i \right]$$

$$= \sum_{k=1}^n [a_{kk}^i x_k^2 - \underline{\phi}^i(x_k)] + \sum_{j=1}^n \sum_{k=1, k\neq j}^n [a_{jk}^i x_j x_k - \underline{\phi}^i(x_j, x_k)].$$

由 (8.2.8) 式和 (8.2.9) 式可得

$$a_{kk}^i x_k^2 - \underline{\phi}^i(x_k) \geqslant 0 \quad \text{和} \quad a_{jk}^i x_j x_k - \underline{\phi}^i(x_j, x_k) \geqslant 0.$$

因此, $H_i(x) - H_i^L(x) \geqslant 0$, 即 $H_i(x) \geqslant H_i^L(x)$.

类似地, 由 (8.2.10)—(8.2.13) 式易证

$$F_i^U(x) \geqslant F_i(x), \quad i = 1, 2, \cdots, p; \quad \Psi_m(x) \geqslant \Psi_m^L(x), \quad m = 1, 2, \cdots, M.$$

由上面的证明可知

$$\Psi_0^L(x) = \sum_{i=1}^p \frac{H_i^L(x)}{\overline{F}_i^U} \leqslant \sum_{i=1}^p \frac{H_i^L(x)}{F_i^U(x)} \leqslant \sum_{i=1}^p \frac{H_i(x)}{F_i(x)} = \Psi_0(x).$$

结论 (1) 成立.

(2) 由结论 (1) 的证明知

$$
\begin{aligned}
H_i(x) - H_i^L(x) &= \sum_{k=1}^n [a_{kk}^i x_k^2 - \underline{\phi}^i(x_k)] + \sum_{j=1}^n \sum_{k=1, k\neq j}^n [a_{jk}^i x_j x_k - \underline{\phi}^i(x_j, x_k)] \\
&= \sum_{k=1, a_{kk}^i > 0}^n a_{kk}^i [x_k^2 - \varphi^l(x_k)] + \sum_{k=1, a_{kk}^i < 0}^n a_{kk}^i [x_k^2 - \varphi^u(x_k)] \\
&\quad + \sum_{j=1}^n \sum_{k=1, k\neq j, a_{jk}^i > 0}^n a_{jk}^i [x_j x_k - \varphi^l(x_j, x_k)] \\
&\quad + \sum_{j=1}^n \sum_{k=1, k\neq j, a_{jk}^i < 0}^n a_{jk}^i [x_j x_k - \varphi^u(x_j, x_k)] \\
&= \sum_{k=1, a_{kk}^i > 0}^n a_{kk}^i \Delta(x_k) - \sum_{k=1, a_{kk}^i < 0}^n a_{kk}^i \nabla(x_k) \\
&\quad + \sum_{j=1}^n \sum_{k=1, k\neq j, a_{jk}^i > 0}^n a_{jk}^i \Delta(x_j, x_k) \\
&\quad - \sum_{j=1}^n \sum_{k=1, k\neq j, a_{jk}^i < 0}^n a_{jk}^i \nabla(x_j, x_k).
\end{aligned}
$$

由定理 8.2.1 的结论 (3) 知, 当 $\|\overline{x} - \underline{x}\| \to 0$ 时, $\Delta(x_j)$, $\nabla(x_j)$, $\Delta(x_j, x_k)$, $\nabla(x_j, x_k) \to 0$.

因此, 对每一个 $i = 1, \cdots, p$, 可得: 当 $\|\overline{x} - \underline{x}\| \to 0$ 时, $H_i(x) - H_i^L(x) \to 0$.

使用类似的方法, 对每一个 $i = 1, \cdots, p, m = 1, \cdots, M$, 可以证明: 当 $\|\overline{x} - \underline{x}\| \to 0$ 时,

$$F_i^U(x) - F_i(x) \to 0 \quad \text{和} \quad \Psi_m(x) - \Psi_m^L(x) \to 0.$$

结论 (2) 证明完毕.

(3) 对任意的 $x \in X$, 有

$$\Psi_0(x) - \Psi_0^L(x)$$

$$= \sum_{i=1}^p \left[\left(\frac{H_i(x)}{F_i(x)} - \frac{H_i(x)}{F_i^U(x)} \right) + \left(\frac{H_i(x)}{F_i^U(x)} - \frac{H_i(x)}{\overline{F}_i^U} \right) + \left(\frac{H_i(x)}{\overline{F}_i^U} - \frac{H_i^L(x)}{\overline{F}_i^U} \right) \right].$$

$$(8.2.14)$$

由函数 $H_i(x), F_i(x)$ 和 $F_i^U(x)$ 的有界性和非负性可知, 函数 $\dfrac{H_i(x)}{F_i(x)\, F_i^U(x)}$ 在区域 X 上也是非负的和有界的, 即存在一个足够大的正数 $\widehat{M}$ 使得

$$\left| \frac{H_i(x)}{F_i(x)\, F_i^U(x)} \right| \leqslant \widehat{M}.$$

由于当 $\|\overline{x} - \underline{x}\| \to 0$ 时, $|F_i^U(x) - F_i(x)| \to 0$. 因此可得: 当 $\|\overline{x} - \underline{x}\| \to 0$ 时,

$$\left| \frac{H_i(x)}{F_i(x)} - \frac{H_i(x)}{F_i^U(x)} \right| = \left| \frac{H_i(x)}{F_i(x)\, F_i^U(x)} [F_i^U(x) - F_i(x)] \right| \leqslant \widehat{M} |F_i^U(x) - F_i(x)| \to 0.$$

$$(8.2.15)$$

类似地, 由函数 $H_i(x)$ 和 $F_i^U(x)$ 在区域 X 上的有界性和非负性可知, 必存在一个足够大的正数 $\overline{M}$ 使得

$$\left| \frac{H_i(x)}{F_i^U(x)\, \overline{F}_i^U} \right| \leqslant \overline{M}.$$

又因为当 $\|\overline{x} - \underline{x}\| \to 0$ 时,

$$|\overline{F}_i^U - F_i^U(x)| \leqslant \left[\max_{x \in X} F_i^U(x) - \min_{x \in X} F_i^U(x) \right] \to 0,$$

所以当 $\|\overline{x} - \underline{x}\| \to 0$ 时,

$$\left| \frac{H_i(x)}{F_i^U(x)} - \frac{H_i(x)}{\overline{F}_i^U} \right| = \left| \frac{H_i(x)}{F_i^U(x)\, \overline{F}_i^U} [\overline{F}_i^U - F_i^U(x)] \right| \leqslant \overline{M} |\overline{F}_i^U - F_i^U(x)| \to 0. \quad (8.2.16)$$

由前面的结论 (2) 知, 当 $\|\overline{x} - \underline{x}\| \to 0$ 时, $H_i(x) - H_i^L(x) \to 0$. 因此, 当 $\|\overline{x} - \underline{x}\| \to 0$ 时, 有

$$\left| \frac{H_i(x)}{F_i^U} - \frac{H_i^L(x)}{F_i^U} \right| = \left| \frac{H_i(x) - H_i^L(x)}{F_i^U} \right| \to 0. \tag{8.2.17}$$

由 (8.2.14)-(8.2.17) 式可得: 当 $\|\overline{x} - \underline{x}\| \to 0$ 时,

$$\Psi_0(x) - \Psi_0^L(x) \to 0.$$

证明完毕.

基于以上讨论, 我们可以构造问题 (P) 的线性松弛规划问题如下

$$(\text{LRP}) \begin{cases} \min \ \Psi_0^L(x) = \sum_{i=1}^{p} \frac{H_i^L(x)}{F_i^U} \\ \text{s.t.} \ \Psi_m^L(x) \leqslant 0, \quad m = 1, 2, \cdots, M, \\ x \in X = \{x \in R^n : \underline{x} \leqslant x \leqslant \overline{x}\} \subset R^n. \end{cases}$$

由定理 8.2.2 知, 在任意的子区域 X 上, 问题 (LRP) 的目标和约束函数小于等于问题 (P) 的目标和约束函数, 即定理 8.2.2 保证了线性松弛规划问题 (LRP) 能够为问题 (P) 及其子问题的最优值提供可靠的下界, 并且当 $\|X\| \to 0$ 时, 线性松弛规划问题 (LRP) 无限逼近问题 (P), 这保证了算法的全局收敛性.

8.3　分支缩减定界算法及收敛性

基于前面的线性松弛规划问题, 下面给出求解问题 (P) 的分支缩减定界算法. 通过求解一系列线性松弛规划问题 (LRP), 探测问题 (P) 的可行点, 并逐步改进原问题 (P) 最优值的上界和下界, 最终确定原问题的全局最优解. 假设算法在第 k 次迭代过程中, 已经得到一个活动节点构成的集合 Θ_k, 也就是可能存在全局最优解的长方体区域构成的集合. 对每一个长方体区域 X, 使用下面给出的区域缩减技巧进行压缩, 并仍然表示剩余的子区域为 X, 通过计算 (LRP) 的解 LB(X), 得到问题 (P) 最优值的一个下界. 因此, 在第 k 次迭代末, 问题 (P) 在初始长方体区域 X^0 上总的下界为: $\text{LB}_k = \min\{\text{LB}(X)|X \in \Theta_k\}$. 在算法迭代过程中, 若线性松弛规划问题 (LRP) 的解或每个子长方体区域的中点对问题 (P) 是可行的, 则可以更新上界 UB_k. 现选定一活动节点 $X^k \in \Theta_k$, 使其在所有 LB(X) 中具有最小下界 $\text{LB}(X^k)$, 然后将 X^k 分成两个子长方体节点, 对每个新的节点求其相应的线性松弛规划问题的最优解, 重复执行该迭代过程直到算法满足终止性条件为止.

8.3.1 区域分裂方法

确保分支定界算法全局收敛的重要操作是选取合适的区域分裂方法. 在这一节中, 我们选取标准的矩形二分方法, 该分裂方法能够确保本章所给算法的全局收敛性. 该分裂方法如下: 对任意选取的长方体区域 $X' = [\underline{x}', \overline{x}'] \subseteq X^0$, 令 $q \in \arg\max\{\overline{x}'_i - \underline{x}'_i | i = 1, 2, \cdots, n\}$, 通过将区间 $[\underline{x}'_q, \overline{x}'_q]$ 分割为两个子区间 $[\underline{x}'_q, (\underline{x}'_q + \overline{x}'_q)/2]$ 和 $[(\underline{x}'_q + \overline{x}'_q)/2, \overline{x}'_q]$, 可以将区域 X' 剖分为两个子长方体区域 X'_1 和 X'_2.

8.3.2 区域缩减方法

下面给出一个区域缩减方法, 该方法能够删除所考察区域 X 中不含全局最优解的一大部分区域. 为方便叙述, 对任意的 $x \in X = (X_j)_{n\times 1}$, 其中 $X_j = [\underline{x}_j, \overline{x}_j]$ $(j = 1, \cdots, n)$, 不失一般性, 可以将问题 (LRP) 中每个线性函数表示如下

$$\Psi_i^L(x) = \sum_{j=1}^n \rho_{ij} x_j + \sigma_i, \quad i = 0, 1, \cdots, M.$$

假设 UB_k 为算法在第 k 次迭代时当前已知的最好上界, 并令

$$\underline{\mathrm{LB}}_i = \sum_{j=1}^n \min\{\rho_{ij}\underline{x}_j, \rho_{ij}\overline{x}_j\} + \sigma_i, \quad i = 0, 1, \cdots, M,$$

$$\mu_\tau = \mathrm{UB}_k - \underline{\mathrm{LB}}_0 + \min\{\rho_{i\tau}\underline{x}_\tau, \rho_{i\tau}\overline{x}_\tau\}, \quad \tau = 1, \cdots, n,$$

$$\omega_{i\tau} = -\underline{\mathrm{LB}}_i + \min\{\rho_{i\tau}\underline{x}_\tau, \rho_{i\tau}\overline{x}_\tau\}, \quad i = 1, \cdots, M, \tau = 1, \cdots, n.$$

定理 8.3.1 对任意的子区域 $X \subseteq X^0$, 有以下结论.

(1) 对某一个 $i \in \{1, \cdots, M\}$, 若 $\underline{\mathrm{LB}}_i > 0$, 则在子区域 X 上不存在问题 (P) 的可行解; 否则, 如果对所有的 $i = 1, \cdots, M$, 均有 $\underline{\mathrm{LB}}_i \leqslant 0$, 那么: 对任意的 $i \in \{1, 2, \cdots, M\}$, $\tau \in \{1, 2, \cdots, n\}$, 如果 $\rho_{i\tau} > 0$, 那么在子区域 $\widetilde{X} = (\widetilde{X}_j)_{n\times 1}$ 上不存在问题 (P) 的可行解; 否则, 如果 $\rho_{i\tau} < 0$, 那么在子区域 $\widehat{X} = (\widehat{X}_j)_{n\times 1}$ 上不存在问题 (P) 的可行解, 其中

$$\widetilde{X}_j = \begin{cases} X_j, & j = 1, \cdots, n, j \neq \tau, \\ \left(\dfrac{\omega_{i\tau}}{\rho_{i\tau}}, \overline{x}_\tau\right] \bigcap X_\tau, & j = \tau, \end{cases}$$

$$\widehat{X}_j = \begin{cases} X_j, & j = 1, \cdots, n, j \neq \tau, \\ \left[\underline{x}_\tau, \dfrac{\omega_{i\tau}}{\rho_{i\tau}}\right) \bigcap X_\tau, & j = \tau. \end{cases}$$

(2) 如果 $\underline{\mathrm{LB}}_0 > \mathrm{UB}_k$, 那么在子区域 X 上不存在问题 (P) 的任何全局最优解; 否则, 如果 $\underline{\mathrm{LB}}_0 \leqslant \mathrm{UB}_k$, 那么对任意的 $\tau \in \{1, 2, \cdots, n\}$, 若 $\rho_{0\tau} > 0$, 则在子区域 $\overline{\overline{X}} = (\overline{\overline{X}}_j)_{n\times 1}$ 上不存在问题 (P) 的全局最优解; 否则, 若 $\rho_{0\tau} < 0$, 则在子区域 $\underline{X} = (\underline{X}_j)_{n\times 1}$ 上不存在问题 (P) 的全局最优解, 其中

$$\overline{\overline{X}}_j = \begin{cases} X_j, & j \neq \tau, j = 1, \cdots, n, \\ \left(\dfrac{\mu_\tau}{\rho_{0\tau}}, \overline{x}_\tau\right] \bigcap X_\tau, & j = \tau, \end{cases}$$

$$\underline{X}_j = \begin{cases} X_j, & j \neq \tau, j = 1, \cdots, n, \\ \left[\underline{x}_\tau, \dfrac{\mu_\tau}{\rho_{0\tau}}\right) \bigcap X_\tau, & j = \tau. \end{cases}$$

证明　(1) 如果存在某一个 $i \in \{1, \cdots, M\}$ 使得 $\underline{LB}_i > 0$, 那么对任意的 $x \in X$, 有

$$\Psi_i(x) \geqslant \Psi_i^L(x) \geqslant \sum_{j=1}^n \min\{\rho_{ij}\underline{x}_j, \rho_{ij}\overline{x}_j\} + \sigma_i = \underline{LB}_i > 0, \quad \text{即} \quad \Psi_i(x) > 0,$$

因此, 在子区域 X 上不存在问题 (P) 的可行解.

否则, 如果对所有的 $i = 1, 2, \cdots, M$, 均有 $\underline{LB}_i \leqslant 0$, 那么考虑下面两种情形.

情形 1　对任意的 $i \in \{1, 2, \cdots, M\}$ 和 $\tau \in \{1, 2, \cdots, n\}$, 如果 $\rho_{i\tau} > 0$, 那么对任意的 $x \in \widetilde{X}$, 有 $x_\tau > \dfrac{\omega_{i\tau}}{\rho_{i\tau}}$, 即 $x_\tau > \dfrac{-\underline{LB}_i + \min\{\rho_{i\tau}\underline{x}_\tau, \rho_{i\tau}\overline{x}_\tau\}}{\rho_{i\tau}}$, $\rho_{i\tau}x_\tau > -\underline{LB}_i + \min\{\rho_{i\tau}\underline{x}_\tau, \rho_{i\tau}\overline{x}_\tau\}$. 因此, 对任意的 $x \in \widetilde{X}$, 有

$$\begin{aligned}\Psi_i^L(x) &= \sum_{j=1,j\neq\tau}^n \rho_{ij}x_j + \rho_{i\tau}x_\tau + \sigma_i \\ &\geqslant \sum_{j=1,j\neq\tau}^n \min\{\rho_{ij}\underline{x}_j, \rho_{ij}\overline{x}_j\} + \sigma_i + \rho_{i\tau}x_\tau \\ &> \sum_{j=1,j\neq\tau}^n \min\{\rho_{ij}\underline{x}_j, \rho_{ij}\overline{x}_j\} + \sigma_i + \min\{\rho_{i\tau}\underline{x}_\tau, \rho_{i\tau}\overline{x}_\tau\} - \underline{LB}_i \\ &> \underline{LB}_i - \underline{LB}_i \\ &= 0,\end{aligned}$$

即对任意的 $x \in \widetilde{X}$, 有 $\Psi_i(x) \geqslant \Psi_i^L(x) > 0$. 因此, 在区域 $\widetilde{X} = (\widetilde{X}_j)_{n\times1}$ 上不存在问题 (P) 的可行解.

情形 2　对任意的 $i \in \{1, 2, \cdots, M\}$ 和 $\tau \in \{1, 2, \cdots, n\}$, 如果 $\rho_{i\tau} < 0$, 那么对任意的 $x \in \widehat{X}$, 我们有 $x_\tau < \dfrac{\omega_{i\tau}}{\rho_{i\tau}}$, 即 $x_\tau < \dfrac{-\underline{LB}_i + \min\{\rho_{i\tau}\underline{x}_\tau, \rho_{i\tau}\overline{x}_\tau\}}{\rho_{i\tau}}$, $\rho_{i\tau}x_\tau > -\underline{LB}_i + \min\{\rho_{i\tau}\underline{x}_\tau, \rho_{i\tau}\overline{x}_\tau\}$.

类似地, 由情形 1 的证明可知, 对任意的 $x \in \widehat{X}$, 可得 $\Psi_i(x) \geqslant \Psi_i^L(x) > 0$, 因此在区域 $\widehat{X} = (\widehat{X}_j)_{n \times 1}$ 上不存在问题 (P) 的任何可行解.

使用类似的方法, 我们可以证明结论 (2) 成立.

由定理 8.3.1, 我们可以给出下面的区域缩减方法.

区域缩减程序

对每一个 $i = 0, 1, \cdots, M$, 计算 $\underline{\mathrm{LB}}_i$, 我们有:

(1) 如果存在某一个 $i \in \{1, \cdots, M\}$ 使得 $\underline{\mathrm{LB}}_i > 0$, 那么令 $X = \varnothing$. 否则, 对每一个 $i = 1, \cdots, M$, $\tau = 1, \cdots, n$, 如果 $\rho_{i\tau} > 0$ 且 $\dfrac{\omega_{i\tau}}{\rho_{i\tau}} < \overline{x}_\tau$, 那么令 $\overline{x}_\tau = \dfrac{\omega_{i\tau}}{\rho_{i\tau}}$ 和 $X = (X_j)_{n \times 1}$, 其中 $X_j = [\underline{x}_j, \overline{x}_j]$ $(j = 1, \cdots, n)$; 否则, 如果 $\rho_{i\tau} < 0$ 且 $\dfrac{\omega_{i\tau}}{\rho_{i\tau}} > \underline{x}_\tau$, 那么令 $\underline{x}_\tau = \dfrac{\omega_{i\tau}}{\rho_{i\tau}}$ 和 $X = (X_j)_{n \times 1}$, 其中 $X_j = [\underline{x}_j, \overline{x}_j]$ $(j = 1, \cdots, n)$.

(2) 如果 $\underline{\mathrm{LB}}_0 > \mathrm{UB}_k$, 那么令 $X = \varnothing$. 否则, 对每一个 $\tau \in \{1, \cdots, n\}$, 如果 $\rho_{0\tau} > 0$ 且 $\dfrac{\mu_\tau}{\rho_{0\tau}} < \overline{x}_\tau$, 那么令 $\overline{x}_\tau = \dfrac{\mu_\tau}{\rho_{0\tau}}$ 和 $X = (X_j)_{n \times 1}$, 其中 $X_j = [\underline{x}_j, \overline{x}_j]$ $(j = 1, \cdots, n)$; 否则, 如果 $\rho_{0\tau} < 0$ 且 $\dfrac{\mu_\tau}{\rho_{0\tau}} > \underline{x}_\tau$, 那么令 $\underline{x}_\tau = \dfrac{\mu_\tau}{\rho_{0\tau}}$ 和 $X = (X_j)_{n \times 1}$, 其中 $X_j = [\underline{x}_j, \overline{x}_j]$ $(j = 1, \cdots, n)$.

8.3.3 分支缩减定界算法

记 $\mathrm{LB}(X)$ 和 $x(X)$ 分别为线性松弛规划问题 (LRP) 在区域 X 上的最优值和最优解. 基于分支定界算法框架, 组合上述区域分裂方法、区域缩减方法和线性松弛规划, 可以给出求解问题 (P) 的分支缩减定界算法如下.

算法步骤

步 0 (初始化) 设初始的迭代次数 $k := 0$, 初始的活动节点集合 $\Theta_0 = \{X^0\}$, 给定的收敛性误差 $\epsilon > 0$, 初始的上界 $\mathrm{UB}_0 = +\infty$, 初始的可行点集 $F := \varnothing$.

求解 $\mathrm{LRP}(X^0)$ 得最优解 $x^0 := x(X^0)$ 和最优值 $\mathrm{LB}_0 := \mathrm{LB}(X^0)$. 若 x^0 是问题 (P) 的可行解, 则令 $\mathrm{UB}_0 = \Psi_0(x^0)$ 和 $F = F \bigcup \{x^0\}$. 如果 $\mathrm{UB}_0 - \mathrm{LB}_0 \leqslant \epsilon$, 那么算法终止, x^0 是问题 (P) 的一个 ϵ-全局最优解. 否则, 执行步 1.

步 1 (区域分裂) 应用前面给出的区域分裂方法, 将区域 X^k 剖分为两个新的子区域, 并用 $\overline{X}^k$ 表示新的子区域所构成的集合.

步 2 (区域缩减) 对每一个子区域 $X \in \overline{X}^k$, 利用本章所给出的区域缩减方法, 缩减每一个子区域 X, 并仍然用 $\overline{X}^k$ 表示缩减后剩余的子区域所构成的集合.

步 3 (更新下界) 如果 $\overline{X}^k \neq \varnothing$, 对每一个 $X \in \overline{X}^k$, 求解 (LRP) 得 $\mathrm{LB}(X)$ 和 $x(X)$. 如果 $\mathrm{LB}(X) > \mathrm{UB}_k$, 则令 $\overline{X}^k := \overline{X}^k \setminus X$ 和 $\Theta_k := (\Theta_k \setminus X^k) \bigcup \overline{X}^k$, 并更新下界 $\mathrm{LB}_k := \inf\limits_{X \in \Theta_k} \mathrm{LB}(X)$.

步 4 (更新上界)　如果 X 的中点对问题 (P) 是可行的, 那么令 $F := F \bigcup \{x^{\mathrm{mid}}\}$. 如果 $x(X)$ 对问题 (P) 是可行的, 那么令 $F := F \bigcup \{x(X)\}$. 如果 $F \neq \varnothing$, 更新上界 $\mathrm{UB}_k := \min\limits_{x \in F} \Psi_0(x)$, 并记 $x^{\mathrm{best}} := \operatorname*{argmin}\limits_{x \in F} \Psi_0(x)$ 为当前已知的最好可行解.

步 5 (终止性判断)　令 $\Theta_{k+1} = \Theta_k \setminus \{X : \mathrm{UB}_k - \mathrm{LB}(X) \leqslant \epsilon, X \in \Theta_k\}$. 如果 $\Theta_{k+1} = \varnothing$, 那么算法终止, UB_k 和 x^{best} 分别为问题 (P) 的 ϵ-全局最优值和最优解. 否则, 挑选一个满足 $X^{k+1} = \operatorname*{argmin}\limits_{X \in \Theta_{k+1}} \mathrm{LB}(X)$ 的活动节点 X^{k+1}, 返回步 1.

8.3.4　算法及其收敛性

下面讨论上述算法的全局收敛性. 如果上述算法有限步终止, 当算法终止时, 可得问题 (P) 的 ϵ-全局最优解. 如果上述算法不能有限步终止, 那么由区域分裂方法的穷举性知, 每个变量的区间长度均趋于 0. 另外, 当 $\|\overline{x} - \underline{x}\| \to 0$ 时, 定理 8.2.2 证明了线性松弛规划问题 (LRP) 无限逼近问题 (P), 这确保了本章算法的全局收敛性.

定理 8.3.2　假设问题 (P) 的可行域 D 是非空的, 则上述算法或者有限步终止于问题 (P) 的全局最优解, 或者产生一个可行解的无穷迭代序列 $\{x^k\}$, 其聚点是问题 (P) 的全局最优解.

证明　如果上述算法有限步终止, 那么可假设算法在第 k 次迭代时终止, 其中 $k \geqslant 0$. 由算法的步 0 和步 5, 可得: $\mathrm{UB}_k - \mathrm{LB}_k \leqslant \epsilon$. 由算法的步 0 和步 4 知, 存在问题 (P) 的一个可行解 x^*, 满足 $\mathrm{UB}_k = \Psi_0(x^*)$, 并有 $\Psi_0(x^*) - \mathrm{LB}_k \leqslant \epsilon$. 设 v 为问题 (P) 的全局最优值, 由算法的结构知, $\mathrm{LB}_k \leqslant v$. 由 x^* 是问题 (P) 的可行解知, $\Psi_0(x^*) \geqslant v$. 综合考虑上述不等式, 可得: $v \leqslant \Psi_0(x^*) \leqslant \mathrm{LB}_k + \epsilon \leqslant v + \epsilon$, 即 $v \leqslant \Psi_0(x^*) \leqslant v + \epsilon$. 因此, x^* 是问题 (P) 的一个 ϵ-全局最优解.

若上述算法是无限的, 则由分支定界算法的结构可知, $\{\mathrm{LB}_k\}$ 是一个单调递增且有上界 $\min\limits_{x \in D} \Psi_0(x)$ 的序列, 因此, 序列 $\{\mathrm{LB}_k\}$ 的极限存在, 且 $\mathrm{LB} := \lim\limits_{k \to \infty} \mathrm{LB}_k \leqslant \min\limits_{x \in D} \Psi_0(x)$. 由于 $\{x^k\} \subset X^0$, 所以必存在一个收敛的子序列 $\{x^s\} \subseteq \{x^k\}$, 并假设 $\lim\limits_{s \to \infty} x^s = x^*$. 那么由上述算法的步骤知, 必存在一个递减的子序列 $\{X^r\} \subset X^s$, 其中 $X^s \in \Theta_s$, $x^r \in X^r$, $\mathrm{LB}_r = \mathrm{LB}(X^r) = \Psi_0^L(x^r)$, $\lim\limits_{r \to \infty} X^r = \{x^*\}$. 由定理 8.2 及函数 $\Psi_0(x)$ 的连续性可知

$$\lim_{r \to \infty} \mathrm{LB}_r = \lim_{r \to \infty} \Psi_0^L(x^r) = \lim_{r \to \infty} \Psi_0(x^r) = \Psi_0(x^*).$$

下面证明: x^* 是问题 (P) 的一个可行解. 首先, 由于 X^0 是一个闭集, 且 $\{x^k\} \subset X^0$, 显然有 $x^* \in X^0$. 其次, 我们将证明对所有的 $m = 1, 2, \cdots, M$, 均有 $\Psi_m(x^*) \leqslant 0$. 反证法: 假设存在某个 $h \in \{1, \cdots, M\}$ 使得 $\Psi_h(x^*) > 0$ 成立. 由函

数 $\Psi_h(x)$ 的连续性及定理 8.2.2 知, 序列 $\{\Psi_h^L(x^r)\}$ 收敛到 $\Psi_h(x^*)$, 由收敛性的定义知, 必存在一个 $\hat{r}$ 使得对任意的 $r > \hat{r}$, 有 $|\Psi_h^L(x^r) - \Psi_h(x^*)| < \Psi_h(x^*)$. 因此, 对任意的 $r > \hat{r}$, 可得 $\Psi_h^L(x^*) > 0$, 这表明问题 $\text{LRP}(X^r)$ 是不可行的, 这与假设 $x^r = x(X^r)$ 相矛盾. 证明完毕.

8.4 数 值 实 验

为验证上述算法的可行性和高效性, 我们采用 C++ 语言编程将上述算法在计算机上实现, 求解文献 [129,130,132-135,138,140,141,172] 中的一些数值例子, 计算结果在表 8.1—表 8.2 中给出. 数值实验结果表明, 本章算法与文献中的算法相比, 其迭代次数和运行时间都有明显改进.

例 8.4.1[133,134]

$$
\begin{cases}
\min & a_1 \times \dfrac{-x_1^2 + 3x_1 + 2x_2^2 + 3x_2 + 3.5}{x_1 + 1.0} - a_2 \times \dfrac{x_2}{x_1^2 - 2x_1 + x_2^2 - 8x_2 + 20.0} \\
\text{s.t.} & 3x_1 + x_2 \leqslant 8, \\
& x_1 - x_1^{-1} x_2 \leqslant 1, \\
& 2x_1 x_2^{-1} + x_2 \leqslant 6, \\
& 1 \leqslant x_1 \leqslant 3, \ 1 \leqslant x_2 \leqslant 3,
\end{cases}
$$

其中 $a_1 = 0.25, a_2 = 1.75$.

例 8.4.2[135,138,172]

$$
\begin{cases}
\max & \dfrac{-x_1^2 + 3x_1 - x_2^2 + 3x_2 + 3.5}{x_1 + 1.0} + \dfrac{x_2}{x_1^2 - 2x_1 + x_2^2 - 8x_2 + 20.0} \\
\text{s.t.} & 2x_1 + x_2 \leqslant 6, \\
& 3x_1 + x_2 \leqslant 8, \\
& x_1 - x_2 \leqslant 1, \\
& x_1 \geqslant 1, x_2 \geqslant 2.
\end{cases}
$$

例 8.4.3[135,140]

$$
\begin{cases}
\min & \dfrac{2x_1 + x_2}{x_1 + 1.0} + \dfrac{2}{x_2 + 10.0} \\
\text{s.t.} & -x_1^2 - x_2^2 + 3 \leqslant 0, \\
& -x_1^2 - x_2^2 + 8x_2 - 14 \leqslant 0, \\
& 2x_1 + x_2 \leqslant 6, \\
& 3x_1 + x_2 \leqslant 8, \\
& x_1 - x_2 \leqslant 1, \\
& 1 \leqslant x_1 \leqslant 3, \ 1 \leqslant x_2 \leqslant 4.
\end{cases}
$$

例 8.4.4[132]

$$\begin{cases} \max & \dfrac{-x_1^2 + 3x_1 - 2x_2^2 + 3x_2 + 3.5}{x_1 + 1.0} + \dfrac{x_2}{x_1^2 - 2x_1 + x_2^2 - 8x_2 + 20.0} \\ \text{s.t.} & 3x_1 + x_2 \leqslant 8, \\ & x_1 - x_1^{-1}x_2 \leqslant 1, \\ & 2x_1 x_2^{-1} + x_2 \leqslant 6, \\ & 1 \leqslant x_1 \leqslant 3,\ 1 \leqslant x_2 \leqslant 3. \end{cases}$$

例 8.4.5[141]

$$\begin{cases} \max & \dfrac{3x_1 + 5x_2 + 3x_3 + 50}{3x_1 + 4x_2 + 5x_3 + 50} + \dfrac{3x_1 + 5x_2 + 50}{3x_1 + 5x_2 + 3x_3 + 50} + \dfrac{4x_1 + 2x_2 + 4x_3 + 50}{5x_1 + 4x_2 + 3x_3 + 50} \\ \text{s.t.} & 6x_1 + 3x_2 + 3x_3 \leqslant 10, \\ & 10x_1 + 3x_2 + 8x_3 \leqslant 10, \\ & x_1, x_2, x_3 \geqslant 0. \end{cases}$$

例 8.4.6 [129,130]

$$\begin{cases} \min & \dfrac{x_2}{x_1^2 - 2x_1 + x_2^2 - 8x_2 + 20.0} - \dfrac{x_1^2 + 2x_2^2 - 3x_1 - 3x_2 - 10}{x_1 + 1.0} \\ \text{s.t.} & 2x_1 + x_2^2 - 6x_2 \leqslant 0, \\ & 3x_1 + x_2 \leqslant 8, \\ & x_1^2 - x_2 \leqslant x_1, \\ & 1 \leqslant x_1, x_2 \leqslant 3. \end{cases}$$

例 8.4.7[138]

$$\begin{cases} \max & \dfrac{-x_1^2 + 3x_1 - x_2^2 + 3x_2 + 3.5}{x_1 + 1.0} + \dfrac{x_2}{x_1^2 - 2x_1 + x_2^2 - 8x_2 + 20.0} \\ \text{s.t.} & 2x_1 + x_2 \leqslant 6,\quad 3x_1 + x_2 \leqslant 8, \\ & x_1 - x_2 \leqslant 1,\quad x_1 \geqslant 1,\ x_2 \geqslant 1. \end{cases}$$

例 8.4.8[141]

$$\begin{cases} \max & \dfrac{-x_1^2 + 3x_1 - x_2^2 + 3x_2 + 3.5}{x_1 + 1.0} + \dfrac{x_2}{x_1^2 - 2x_1 + x_2^2 - 8x_2 + 20.0} \\ \text{s.t.} & -x_1^2 - x_2^2 + 6 \leqslant 0, \\ & -x_1^2 - x_2^2 + 8x_2 - 12 \leqslant 0, \\ & 2x_1 + x_2 \leqslant 6, \\ & 3x_1 + x_2 \leqslant 8, \\ & x_1 - x_2 \leqslant 1, \\ & x_1 \geqslant 1,\ x_2 \geqslant 2. \end{cases}$$

表 8.1   例 8.4.1—例 8.4.8 的数值结果对比

例	文献	最优解	最优值	迭代次数	ϵ
8.4.1	本章	(1.618033988, 1.000000007)	0.883868686	263	10^{-8}
	[133]	(1.618033989, 1.0)	0.883868686	420	10^{-8}
	[134]	(1.61803398847416, 1.0)	0.8838686849218	5802	10^{-8}
8.4.2	本章	(1.000000000, 2.000038147)	4.035714101	137	10^{-6}
	[135]	(1.000338508, 2.001015610)	4.035714286	1205	10^{-3}
	[138]	(1.0, 2.0)	4.04	1615	10^{-3}
	[172]	(1.0, 2.0)	4.04	1016	10^{-2}
8.4.3	本章	(1.000000000, 1.414213561)	0.485607925	24	10^{-5}
	[135]	(1.000000000, 1.414213525)	0.485580242	140	10^{-4}
	[140]	(1.0000, 1.4142)	0.4856	90	10^{-5}
8.4.4	本章	(1.000000000, 1.000000015)	3.333333331	140	10^{-8}
	[132]	(1.0000, 1.0000)	3.3333	262	10^{-3}
8.4.5	本章	(0.00000, 0.00000, 0.00000)	3.000000	1	10^{-5}
	[141]	(0.0000, 1.6725, 0.0000)	3.0009	1033	10^{-5}
8.4.6	本章	(1.666664408, 3.000000000)	1.88333334	46	10^{-6}
	[129]	(1.66598, 2.99899)	1.8867	142	10^{-6}
	[130]	(1.66649, 2.99998)	1.8831	114	10^{-6}
8.4.7	本章	(1.000000000, 1.768310547)	4.060807586	244	10^{-3}
	[138]	(1.00, 1.74)	4.0608	1133	10^{-3}
8.4.8	本章	(1.000000000, 2.236072193)	3.969978384	74	10^{-5}
	[141]	(1.0014, 2.2380)	3.9676	2080	10^{-5}

为验证算法的鲁棒性, 我们求解了一个随机问题, 并在表 8.2 中给出该随机问题例 8.4.9 的数值结果.

例 8.4.9

$$
\begin{cases}
\min \ \Psi_0(x) = \sum_{i=1}^{p} \dfrac{\displaystyle\sum_{k=1}^{n} c_k^i x_k + \sum_{j=1}^{n}\sum_{k=1}^{n} a_{jk}^i x_j x_k + \delta_i}{\displaystyle\sum_{k=1}^{n} d_k^i x_k + \sum_{j=1}^{n}\sum_{k=1}^{n} b_{jk}^i x_j x_k + \beta_i} \\[6mm]
\text{s.t.} \ \ \Psi_m(x) = \sum_{k=1}^{n} e_k^m x_k + \sum_{j=1}^{n}\sum_{k=1}^{n} q_{jk}^m x_j x_k + \gamma_m \leqslant 0, \quad m = 1, \cdots, M, \\[3mm]
x \in X^0 = \{x \in R^n : \underline{x}^0 \leqslant x \leqslant \overline{x}^0\} \subset R^n,
\end{cases}
$$

其中所有的系数 $a_{jk}^i, b_{jk}^i, q_{jk}^m (i = 1, \cdots, p, m = 1, \cdots, M, j = 1, \cdots, n, k = 1, \cdots, n)$ 均从区间 $[0,1]$ 中随机产生; 所有的系数和常数 $c_k^i, d_k^i, e_k^m, \delta_i, \beta_i (i = 1, \cdots, p, m = 1, \cdots, M, k = 1, \cdots, n)$ 均从区间 $[0,1]$ 中随机产生; 所有的常数 $\gamma_m (m = 1, \cdots, M)$ 均从区间 $[-1, 0]$ 中随机产生; $\underline{x}^0 = (0, \cdots, 0)^{\mathrm{T}}, \overline{x}^0 = (1, \cdots, 1)^{\mathrm{T}}; n = 5.$

由表 8.2 可知, 本章提出的算法能够求解比式个数 p 较大的大规模二次约束二次比式和问题.

表 8.2　　例 8.4.9 的数值结果

p	M	迭代次数	节点个数	时间/s
10	5	185	63	0.286388
10	30	1851	772	21.4967
20	5	138	21	0.289538
20	30	729	309	8.7265
30	5	81	22	0.200709
30	30	1912	467	24.0147
40	5	1546	592	4.16903
40	30	129	26	1.46377
50	5	129	31	0.376501
50	30	303	56	3.93129
60	5	144	28	0.457826
60	30	701	215	9.35985
70	5	360	102	1.65017
70	30	1002	298	13.904
90	5	1295	198	6.50236
90	30	614	143	8.58172
100	5	1263	256	6.75008
200	5	138	26	0.999103
200	30	501	73	9.37042
300	5	534	118	7.9283
400	5	170	28	2.42811
500	5	530	111	15.1949
800	5	247	40	9.26261
1000	5	153	22	6.37032

8.5　本 章 小 结

　　本章为二次约束二次比式和问题建立了一个分支缩减定界算法. 首先, 基于二次函数的特征构造了一个新的线性化方法, 并基于该方法构造原问题的线性松弛规划问题, 该松弛问题能够为原问题提供可靠的下界. 其次, 充分利用线性松弛规划问题的特殊结构和当前已知的上界构造区域缩减技巧, 该区域缩减技巧能够删除或压缩所考察的子区域, 从而缩小分支定界算法的搜索范围. 最后, 基于分支定界算法框架和区域缩减技巧, 为二次比式和问题建立了一个分支缩减定界算法. 与已知的算法相比, 本章提出的方法不需要引入新的变量和约束, 也不需要使用额外的算法程序计算每个比式中分子、分母所在的区间, 这使得该算法更易于在计算机上实现. 最终, 数值实验结果表明: 该算法与当前文献中的算法相比, 具有较高的计算效率.

第 9 章　广义多项式比式和问题的分支定界算法

本章考虑如下形式的广义多项式比式和问题:

$$
(\text{GGFP})\begin{cases}
\min & f(t) = \sum_{j=1}^{p} f_j(t) = \sum_{j=1}^{p} \dfrac{n_j(t)}{d_j(t)} \\
\text{s.t.} & g_k(t) \leqslant \beta_k,\ k = 1, \cdots, m, \\
& \Omega = \{t \mid 0 < \underline{t}_i \leqslant t_i \leqslant \bar{t}_i < \infty,\ i = 1, \cdots, n\},
\end{cases}
$$

其中 $j = 1, \cdots, p,\ k = 1, \cdots, m$,

$$
n_j(t) = \sum_{\tau=1}^{T_j^1} \alpha_{j\tau}^1 \prod_{i=1}^{n} t_i^{\gamma_{j\tau i}^1}, \quad d_j(t) = \sum_{\tau=1}^{T_j^2} \alpha_{j\tau}^2 \prod_{i=1}^{n} t_i^{\gamma_{j\tau i}^2}, \quad g_k(t) = \sum_{\tau=1}^{T_k^2} \alpha_{k\tau}^3 \prod_{i=1}^{n} t_i^{\gamma_{k\tau i}^3},
$$

且 $p,\ T_j^1,\ T_j^2,\ T_k^3$ 是自然数, $\alpha_{j\tau}^1,\ \alpha_{j\tau}^2,\ \alpha_{k\tau}^3$ 是非零实系数, $\gamma_{j\tau i}^1,\ \gamma_{j\tau i}^2,\ \gamma_{k\tau i}^3$ 是实指数.

因为许多优化问题都可归结为问题 (GGFP) 的形式, 比如: 多项式规划和线性分式规划等问题, 所以研究此类具有较广意义的问题十分有必要. 针对问题 (GGFP), 本章通过使用等价转换和一个新的线性化松弛方法, 提出一个确定此问题全局最优解的分支定界算法. 在该算法中, 首先将问题 (GGFP) 转化为一个等价问题 (EP), 之后, 通过使用一个比较方便的线性化技巧, 将等价问题 (EP) 的求解归结为了一系列线性规划问题的求解. 最后, 为有效改善算法收敛性能, 提出了新的删除技巧.

9.1　等价问题

在这一节, 我们给出问题 (GGFP) 的等价问题 (EP). 为此, 首先假定对于所有属于可行域的 t, 存在正常量 l_j, u_j 使得 $0 < l_j \leqslant d_j(t) \leqslant u_j$ 成立, 其中 l_j, u_j 可以由文献 [173] 中的 Bernstein 算法确定.

通过引入正变量 y_j, 可以得到问题 (GGFP) 的等价问题如下

$$
(\text{EP})\begin{cases}
\min & h(t, y) = \sum_{j=1}^{p} h_j(t, y) = \sum_{j=1}^{p} y_j n_j(t) \\
\text{s.t.} & y_j d_j(t) \geqslant 1, \quad j = 1, \cdots, p, \\
& g_k(t) \leqslant \beta_k, \quad k = 1, \cdots, m, \\
& \Omega = \{t \mid 0 < \underline{t}_i \leqslant t_i \leqslant \bar{t}_i < \infty,\ i = 1, \cdots, n\},
\end{cases}
$$

问题 (GGFP) 和 (EP) 的等价性由下面定理给出.

定理 9.1.1　若 (t^*, y^*) 是问题 (EP) 的全局最优解, 则 t^* 是问题 (GGFP) 的全局最优解. 反之, 若 t^* 是问题 (GGFP) 的全局最优解, 则 (t^*, y^*) 是问题 (EP) 的全局最优解, 其中 $y_j^* = \dfrac{1}{d_j(t^*)}$ $(j = 1, \cdots, p)$.

证明　证明过程类似于文献 [136], 故略去.

令 $x = (t_1, \cdots, t_n, y_1, \cdots, y_p)^{\mathrm{T}} \in R^{n+p}$, 不失一般性, 可以将问题 (EP) 改写为如下形式:

$$
(\mathrm{P}) \begin{cases}
v = \min & \Phi(x) = \displaystyle\sum_{j=1}^{p} \Phi_j(x) = \sum_{j=1}^{p} \left(\sum_{\tau=1}^{T_j} \alpha_{j\tau} \prod_{i=1}^{n+p} x_i^{\gamma_{j\tau i}} \right) \\
\mathrm{s.t.} & \Psi_s(x) = \displaystyle\sum_{\tau=1}^{\tilde{T}_s} \tilde{\alpha}_{s\tau} \prod_{i=1}^{n+p} x_i^{\tilde{\gamma}_{s\tau i}} \leqslant \delta_s, \ s = 1, \cdots, m+p, \\
& X_0 = \{x \mid 0 < \underline{x}_i \leqslant x_i \leqslant \bar{x}_i, \ i = 1, \cdots, n+p\} \\
& \quad\ = \{x \mid \underline{t}_i \leqslant x_i \leqslant \bar{t}_i, \ i = 1, \cdots, n, \\
& \qquad\qquad l_{i-n} \leqslant x_i \leqslant u_{i-n}, \ i = n+1, \cdots, n+p\}.
\end{cases}
$$

根据定理 9.1.1, 为求解问题 (GGFP), 可以转化为求其等价问题 (P). 因此, 以下工作主要是针对问题 (P) 展开的.

9.2　线性松弛规划及加速技巧

为了求解等价问题 (P), 我们需要构造问题 (P) 的线性松弛规划问题, 该线性松弛规划问题在提出的分支定界算法中能够为问题 (P) 的最优值提供下界. 我们提出的产生线性松弛规划问题的策略依赖于问题 (P) 的目标函数 $\Phi(x)$ 和约束函数 $\Psi_s(x)$ 的线性下界函数. 为表达方便, 假定 $X = \{x \in R^{n+p} \mid 0 < x_i^l \leqslant x_i \leqslant x_i^u\}$ 表示问题 (P) 的初始盒子 X_0, 或者是由分支过程产生的子盒子. 下面介绍如何构造问题 (P) 在 X 上的线性松弛规划问题 (LRP).

考虑目标函数 $\Phi(x)$ 的项 $\Phi_j(x) \triangleq \displaystyle\sum_{\tau=1}^{T_j} \alpha_{j\tau} \prod_{i=1}^{n+p} x_i^{\gamma_{j\tau i}}$. 令 $\displaystyle\prod_{i=1}^{n+p} x_i^{\gamma_{j\tau i}} = \exp(z_{j\tau})$, 则 $z_{j\tau} = \displaystyle\sum_{i=1}^{n+p} \gamma_{j\tau i} \ln(x_i)$. 由函数 $\ln(\cdot)$ 的单调性, 易得 $z_{j\tau}$ 的下界 $z_{j\tau}^l$ 和上界 $z_{j\tau}^u$ 分别如下

$$
z_{j\tau}^l = \sum_{i=1}^{n+p} b_i, \quad \text{其中} \quad b_i = \begin{cases} \gamma_{j\tau i} \ln(x_i^l), & \gamma_{j\tau i} \geqslant 0, \\ \gamma_{j\tau i} \ln(x_i^u), & \text{否则}, \end{cases}
$$

$$z_{j\tau}^u = \sum_{i=1}^{n+p} c_i, \quad \text{其中} \quad c_i = \begin{cases} \gamma_{j\tau i} \ln(x_i^u), & \gamma_{j\tau i} \geqslant 0, \\ \gamma_{j\tau i} \ln(x_i^l), & \text{否则}, \end{cases}$$

通过转换, 可以得到一个关于 $z_{j\tau}$ 的函数:

$$\widetilde{\Phi}_j(z_{j\tau}) \triangleq \sum_{\alpha_{j\tau}>0} \alpha_{j\tau} \exp(z_{j\tau}) + \sum_{\alpha_{j\tau}<0} \alpha_{j\tau} \exp(z_{j\tau}).$$

下面将根据 $\widetilde{\Phi}_j(z_{j\tau})$, 利用二次松弛化方法, 导出 $\Phi(x)$ 的线性松弛下界函数.

第一次松弛 在区间 $[z_{j\tau}^l, z_{j\tau}^u]$ 上, 对于函数 $\exp(z_{j\tau})$, 利用函数 $\exp(\cdot)$ 的凸性, 有

$$K_{j\tau}(1 + z_{j\tau} - \ln(K_{j\tau})) \leqslant \exp(z_{j\tau}) \leqslant K_{j\tau}(z_{j\tau} - z_{j\tau}^l) + \exp(z_{j\tau}^l),$$

其中 $K_{j\tau} = \dfrac{\exp(z_{j\tau}^u) - \exp(z_{j\tau}^l)}{z_{j\tau}^u - z_{j\tau}^l}$.

首先, 考虑函数 $\widetilde{\Phi}_j(z_{j\tau})$ 中的项 $\displaystyle\sum_{\alpha_{j\tau}>0} \alpha_{j\tau} \exp(z_{j\tau})$. 因为 $\alpha_{j\tau} > 0$, 所以有

$$\sum_{\alpha_{j\tau}>0} \alpha_{j\tau} \exp(z_{j\tau}) \geqslant \sum_{\alpha_{j\tau}>0} \alpha_{j\tau} K_{j\tau}(1 + z_{j\tau} - \ln(K_{j\tau}))$$

和

$$\sum_{\alpha_{j\tau}>0} \alpha_{j\tau} \exp(z_{j\tau}) \leqslant \sum_{\alpha_{j\tau}>0} \alpha_{j\tau}[\exp(z_{j\tau}^l) + K_{j\tau}(z_{j\tau} - z_{j\tau}^l)].$$

然后, 考虑函数 $\widetilde{\Phi}_j(z_{j\tau})$ 的剩余项 $\displaystyle\sum_{\alpha_{j\tau}<0} \alpha_{j\tau} \exp(z_{j\tau})$. 因为 $\alpha_{j\tau} < 0$, 所以有

$$\sum_{\alpha_{j\tau}<0} \alpha_{j\tau} \exp(z_{j\tau}) \geqslant \sum_{\alpha_{j\tau}<0} \alpha_{j\tau}[\exp(z_{j\tau}^l) + K_{j\tau}(z_{j\tau} - z_{j\tau}^l)]$$

和

$$\sum_{\alpha_{j\tau}<0} \alpha_{j\tau} \exp(z_{j\tau}) \leqslant \sum_{\alpha_{j\tau}<0} \alpha_{j\tau} K_{j\tau}(1 + z_{j\tau} - \ln(K_{j\tau})).$$

从而, 由 $z_{j\tau}$ 的定义, 可以导出 $\Phi_j(x)$ 的第一次松弛化后的下界函数 $\overline{\Phi}_j(x)$ 和上界函数 $\widehat{\Phi}_j(x)$,

$$\overline{\Phi}_j(x) \triangleq \sum_{\alpha_{j\tau}>0} \alpha_{j\tau} K_{j\tau} \left(1 + \sum_{i=1}^{n+p} \gamma_{j\tau i} \ln(x_i) - \ln(K_{j\tau}) \right)$$

$$+ \sum_{\alpha_{j\tau}<0} \alpha_{j\tau} \left[\exp(z_{j\tau}^l) + K_{j\tau} \left(\sum_{i=1}^{n+p} \gamma_{jti} \ln(x_i) - z_{j\tau}^l \right) \right]$$

$$= \sum_{\alpha_{j\tau}>0} \alpha_{j\tau} K_{j\tau} (1 - \ln(K_{j\tau})) + \sum_{\alpha_{j\tau}>0} \alpha_{j\tau} K_{j\tau} \sum_{i=1}^{n+p} \gamma_{j\tau i} \ln(x_i)$$

$$+ \sum_{\alpha_{j\tau}<0} \alpha_{j\tau} (\exp(z_{j\tau}^l) - K_{j\tau} z_{j\tau}^l) + \sum_{\alpha_{j\tau}<0} \alpha_{j\tau} K_{j\tau} \sum_{i=1}^{n+p} \gamma_{j\tau i} \ln(x_i),$$

$$\widehat{\Phi}_j(x) \triangleq \sum_{\alpha_{j\tau}>0} \alpha_{j\tau} \left[\exp(z_{j\tau}^l) + K_{j\tau} \left(\sum_{i=1}^{n+p} \gamma_{jti} \ln(x_i) - z_{j\tau}^l \right) \right]$$

$$+ \sum_{\alpha_{j\tau}<0} \alpha_{j\tau} K_{j\tau} \left(1 + \sum_{i=1}^{n+p} \gamma_{jti} \ln(x_i) - \ln(K_{j\tau}) \right)$$

$$= \sum_{\alpha_{j\tau}>0} \alpha_{j\tau} (\exp(z_{j\tau}^l) - K_{j\tau} z_{j\tau}^l) + \sum_{\alpha_{j\tau}>0} \alpha_{j\tau} K_{j\tau} \sum_{i=1}^{n+p} \gamma_{j\tau i} \ln(x_i)$$

$$+ \sum_{\alpha_{j\tau}<0} \alpha_{j\tau} K_{j\tau} (1 - \ln(K_{j\tau})) + \sum_{\alpha_{j\tau}<0} \alpha_{j\tau} K_{j\tau} \sum_{i=1}^{n+p} \gamma_{j\tau i} \ln(x_i).$$

第二次松弛　在区间 $[x_i^l, x_i^u]$ 上, 根据函数 $\ln(\cdot)$ 的凹性, 易知

$$K_i(x_i - x_i^l) + \ln(x_i^l) \leqslant \ln(x_i) \leqslant K_i x_i - 1 - \ln(K_i),$$

其中 $K_i = \dfrac{\ln(x_i^u) - \ln(x_i^l)}{x_i^u - x_i^l}$.

对于函数 $\overline{\Phi}_j(x)$ 和 $\widehat{\Phi}_j(x)$, 首先, 考虑项 $\sum\limits_{\alpha_{j\tau}>0} \alpha_{j\tau} K_{j\tau} \sum\limits_{i=1}^{n+p} \gamma_{j\tau i} \ln(x_i)$. 因为 $\alpha_{j\tau}>0$, $K_{j\tau}>0$, 所以有

$$\sum_{\alpha_{j\tau}>0} \alpha_{j\tau} K_{j\tau} \sum_{i=1}^{n+p} \gamma_{j\tau i} \ln(x_i) = \sum_{\alpha_{j\tau}>0} \alpha_{j\tau} K_{j\tau} \left[\sum_{\gamma_{j\tau i}>0} \gamma_{j\tau i} \ln(x_i) + \sum_{\gamma_{j\tau i}<0} \gamma_{j\tau i} \ln(x_i) \right]$$

$$\geqslant \sum_{\alpha_{j\tau}>0} \alpha_{j\tau} K_{j\tau} \left[\sum_{\gamma_{j\tau i}>0} \gamma_{j\tau i} (K_i(x_i - x_i^l) + \ln(x_i^l)) \right.$$

$$\left. + \sum_{\gamma_{j\tau i}<0} \gamma_{j\tau i} (K_i x_i - 1 - \ln(K_i)) \right]$$

和

$$\sum_{\alpha_{j\tau}>0} \alpha_{j\tau} K_{j\tau} \sum_{i=1}^{n+p} \gamma_{j\tau i}\ln(x_i) = \sum_{\alpha_{j\tau}>0} \alpha_{j\tau} K_{j\tau}\left[\sum_{\gamma_{j\tau i}>0} \gamma_{j\tau i}\ln(x_i) + \sum_{\gamma_{j\tau i}<0} \gamma_{j\tau i}\ln(x_i)\right]$$

$$\leqslant \sum_{\alpha_{j\tau}>0} \alpha_{j\tau} K_{j\tau}\left[\sum_{\gamma_{j\tau i}>0} \gamma_{j\tau i}(K_i x_i - 1 - \ln(K_i))\right.$$

$$\left. + \sum_{\gamma_{j\tau i}<0} \gamma_{j\tau i}(K_i(x_i - x_i^l) + \ln(x_i^l))\right].$$

其次, 考虑项 $\sum\limits_{\alpha_{j\tau}<0} \alpha_{j\tau} K_{j\tau} \sum\limits_{i=1}^{n+p} \gamma_{j\tau i}\ln(x_i)$. 因为 $\alpha_{j\tau}<0$, $K_{j\tau}>0$, 所以有

$$\sum_{\alpha_{j\tau}<0} \alpha_{j\tau} K_{j\tau} \sum_{i=1}^{n+p} \gamma_{j\tau i}\ln(x_i) = \sum_{\alpha_{j\tau}<0} \alpha_{j\tau} K_{j\tau}\left[\sum_{\gamma_{j\tau i}>0} \gamma_{j\tau i}\ln(x_i) + \sum_{\gamma_{j\tau i}<0} \gamma_{j\tau i}\ln(x_i)\right]$$

$$\geqslant \sum_{\alpha_{j\tau}<0} \alpha_{j\tau} K_{j\tau}\left[\sum_{\gamma_{j\tau i}>0} \gamma_{j\tau i}(K_i x_i - 1 - \ln(K_i))\right.$$

$$\left. + \sum_{\gamma_{j\tau i}<0} \gamma_{j\tau i}(K_i(x_i - x_i^l) + \ln(x_i^l))\right]$$

和

$$\sum_{\alpha_{j\tau}<0} \alpha_{j\tau} K_{j\tau} \sum_{i=1}^{n+p} \gamma_{j\tau i}\ln(x_i) = \sum_{\alpha_{j\tau}<0} \alpha_{j\tau} K_{j\tau}\left[\sum_{\gamma_{j\tau i}>0} \gamma_{j\tau i}\ln(x_i) + \sum_{\gamma_{j\tau i}<0} \gamma_{j\tau i}\ln(x_i)\right]$$

$$\leqslant \sum_{\alpha_{j\tau}<0} \alpha_{j\tau} K_{j\tau}\left[\sum_{\gamma_{j\tau i}>0} \gamma_{j\tau i}(K_i(x_i - x_i^l) + \ln(x_i^l))\right.$$

$$\left. + \sum_{\gamma_{j\tau i}<0} \gamma_{j\tau i}(K_i x_i - 1 - \ln(K_i))\right].$$

最后, 综合以上结论, 可以得到 $\Phi_j(x)$ $(j = 1,\cdots,p)$ 的线性松弛下界函数 $\Phi_j^l(x)$ 和线性松弛上界函数 $\Phi_j^u(x)$ 分别如下

$$\Phi_j^l(x) \triangleq \sum_{\alpha_{j\tau}>0} \alpha_{j\tau} K_{j\tau}\left[\sum_{\gamma_{j\tau i}>0} \gamma_{j\tau i}(K_i(x_i - x_i^l) + \ln(x_i^l))\right.$$

$$+ \sum_{\gamma_{j\tau i} < 0} \gamma_{j\tau i}(K_i x_i - 1 - \ln(K_i)) \Bigg]$$

$$+ \sum_{\alpha_{j\tau} < 0} \alpha_{j\tau} K_{j\tau} \Bigg[\sum_{\gamma_{j\tau i} > 0} \gamma_{j\tau i}(K_i x_i - 1 - \ln(K_i)) + \sum_{\gamma_{j\tau i} < 0} \gamma_{j\tau i}(K_i(x_i - x_i^l))$$

$$+ \ln(x_i^l)) \Bigg] + \sum_{\alpha_{j\tau} > 0} \alpha_{j\tau} K_{j\tau}(1 - \ln(K_{j\tau})) + \sum_{\alpha_{j\tau} < 0} \alpha_{j\tau}(\exp(z_{j\tau}^l) - K_{j\tau} z_{j\tau}^l),$$

$$\Phi_j^u(x) \triangleq \sum_{\alpha_{j\tau} > 0} \alpha_{j\tau} K_{j\tau} \Bigg[\sum_{\gamma_{j\tau i} > 0} \gamma_{j\tau i}(K_i x_i - 1 - \ln(K_i))$$

$$+ \sum_{\gamma_{j\tau i} < 0} \gamma_{j\tau i}(K_i(x_i - x_i^l) + \ln(x_i^l)) \Bigg]$$

$$+ \sum_{\alpha_{j\tau} < 0} \alpha_{j\tau} K_{j\tau} \Bigg[\sum_{\gamma_{j\tau i} > 0} \gamma_{j\tau i}(K_i(x_i - x_i^l) + \ln(x_i^l))$$

$$+ \sum_{\gamma_{j\tau i} < 0} \gamma_{j\tau i}(K_i x_i - 1 - \ln(K_i)) \Bigg]$$

$$+ \sum_{\alpha_{j\tau} > 0} \alpha_{j\tau}(\exp(z_{j\tau}^l) - K_{j\tau} z_{j\tau}^l) + \sum_{\alpha_{j\tau} < 0} \alpha_{j\tau} K_{j\tau}(1 - \ln(K_{j\tau})).$$

对于 $\Psi_s(x)$, 令 $\prod_{i=1}^{n+p} x_i^{\widetilde{\gamma}_{s\tau i}} = \exp(\widetilde{z}_{s\tau})$, 类似讨论可得 $\Psi_s(x)$ $(s = 1, \cdots, m+p)$ 的线性下界函数

$$\Psi_s^l(x) = \sum_{\widetilde{\alpha}_{s\tau} > 0} \widetilde{\alpha}_{s\tau} \widetilde{K}_{s\tau} \Bigg[\sum_{\widetilde{\gamma}_{s\tau i} > 0} \widetilde{\gamma}_{s\tau i}(K_i(x_i - \underline{x}_i) + \ln(x_i^l))$$

$$+ \sum_{\widetilde{\gamma}_{s\tau i} < 0} \widetilde{\gamma}_{s\tau i}(K_i x_i - 1 - \ln(K_i)) \Bigg]$$

$$+ \sum_{\widetilde{\alpha}_{s\tau} < 0} \widetilde{\alpha}_{s\tau} \widetilde{K}_{s\tau} \Bigg[\sum_{\widetilde{\gamma}_{s\tau i} > 0} \widetilde{\gamma}_{s\tau i}(K_i x_i - 1 - \ln(K_i))$$

$$+ \sum_{\widetilde{\gamma}_{s\tau i} < 0} \widetilde{\gamma}_{s\tau i}(K_i(x_i - x_i^l) + \ln(x_i^l)) \Bigg]$$

$$+ \sum_{\widetilde{\alpha}_{s\tau} > 0} \widetilde{\alpha}_{s\tau} \widetilde{K}_{j\tau}(1 - \ln(\widetilde{K}_{s\tau})) + \sum_{\widetilde{\alpha}_{j\tau} < 0} \widetilde{\alpha}_{s\tau}(\exp(z_{s\tau}^l) - z_{s\tau}^l),$$

其中 $\widetilde{K}_{s\tau} = \dfrac{\exp(\widetilde{z}_{s\tau}^u) - \exp(\widetilde{z}_{s\tau}^l)}{\widetilde{z}_{s\tau}^u - \widetilde{z}_{s\tau}^l}$.

至此, 根据上述讨论, 可以得到问题 (P) 在 X 上的线性松弛规划问题:

$$(\text{LRP}) \begin{cases} \min \quad \Phi^l(x) = \sum_{j=1}^{p} \Phi_j^l(x) \\ \text{s.t.} \quad \Psi_s^l(x) \leqslant \delta_s, \quad s = 1, \cdots, m+p, \\ \qquad X = \{x: \ 0 < x_i^l \leqslant x_i \leqslant x_i^u, \ \ i = 1, 2, \cdots, n+p\}. \end{cases}$$

显然, 若记 (P) 的最优值为 V[(P)], 则有 V[(LRP)] $\leqslant$ V[(P)], 即 (LRP) 为问题 (P) 的最优值提供了一个下界.

定理 9.2.1 令 $\delta_{j\tau} = z_{j\tau}^u - z_{j\tau}^l (\tau = 1, \cdots, T_j)$, $\widetilde{\delta}_{s\tau} = \widetilde{z}_{s\tau}^u - \widetilde{z}_{s\tau}^l (\tau = 1, \cdots, \widetilde{T}_s)$, $\omega_i = x_i^l - x_i^u$, $j = 0, \cdots, p$, $s = 1, \cdots, m+p$, $i = 1, \cdots, n+p$, 则随着 $\omega_i \to 0$, 有

$$\Delta \triangleq \Phi(x) - \Phi^l(x) \to 0, \quad \widetilde{\Delta}_s \triangleq \Psi_s(x) - \Psi_s^l(x) \to 0.$$

证明 先证明随着 $\omega_i \to 0$, 有 $\Delta = \Phi(x) - \Phi^l(x) \to 0$. 因为

$$\Delta = \sum_{j=1}^{p} (\Phi_j(x) - \Phi_j^l(x)) = \sum_{j=1}^{p} \Delta_j,$$

所以只需证明随着 $\omega_i \to 0$, 有 $\Delta_j \to 0$ 即可. 对于 $\forall x \in X$, 记

$$\Delta_j \triangleq \Phi_j(x) - \Phi_j^l(x) = (\Phi_j(x) - \overline{\Phi}_j(x)) + (\overline{\Phi}_j(x) - \Phi_j^l(x)),$$

并令

$$\Delta_j^1 \triangleq \Phi_j(x) - \overline{\Phi}_j(x), \quad \Delta_j^2 \triangleq \overline{\Phi}_j(x) - \Phi_j^l(x).$$

由上可知, 最终只需证明随着 $\omega_i \to 0$ $(i = 1, \cdots, n+p)$, 有 $\Delta_j^1 \to 0$, $\Delta_j^2 \to 0$.

为此, 首先考虑 Δ_j^1. 由 Δ_j^1 的定义知

$$\begin{aligned} \Delta_j^1 &\triangleq \Phi_j(x) - \overline{\Phi}_j(x) \\ &= \sum_{\alpha_{j\tau} > 0} \alpha_{j\tau} \prod_{i=1}^{n+p} x_i^{j\tau i} - \sum_{\alpha_{j\tau} > 0} \alpha_{j\tau} K_{j\tau} \left[1 + \sum_{i=1}^{n+p} \gamma_{j\tau i} \ln(x_i) - \ln(K_{j\tau}) \right] \\ &\quad + \sum_{\alpha_{j\tau} < 0} \alpha_{j\tau} \prod_{i=1}^{n+p} x_i^{j\tau i} - \sum_{\alpha_{j\tau} < 0} \alpha_{j\tau} \left[\exp(z_{j\tau}^l) + K_{j\tau} \left(\sum_{i=1}^{n+p} \gamma_{jti} \ln(x_i) - z_{j\tau}^l \right) \right] \\ &= \sum_{\alpha_{j\tau} > 0} \alpha_{j\tau} [\exp(z_{j\tau}) - K_{j\tau}(1 + z_{j\tau} - \ln(K_{j\tau}))] \end{aligned}$$

$$+ \sum_{\alpha_{j\tau} > 0} \alpha_{j\tau} [\exp(z_{j\tau}) - \exp(z_{j\tau}^l) - K_{j\tau}(z_{j\tau} - z_{j\tau}^l)].$$

根据 $z_{j\tau}^l$ 和 $z_{j\tau}^u$ 的定义易知, 随着 $\omega_i \to 0$, 有 $\delta_{j\tau} = z_{j\tau}^u - z_{j\tau}^l \to 0$. 于是, 由文献 [97] 中的定理 1 知, 随着 $\delta_{j\tau} \to 0$, 有

$$\exp(z_{j\tau}) - K_{j\tau}(1 + z_{j\tau} - \ln(K_{j\tau})) \to 0$$

和

$$\exp(z_{j\tau}) - \exp(z_{j\tau}^l) - K_{j\tau}(z_{j\tau} - z_{j\tau}^l) \to 0.$$

这意味着, 随着 $\omega_i \to 0$ $(i = 1, \cdots, n + p)$, 有 $\Delta_j^1 \to 0$.

其次, 考虑 Δ_j^2. 由 Δ_j^2 的定义知

$$
\begin{aligned}
\Delta_j^2 &\triangleq \overline{\Phi}_j(x) - \Phi_j^l(x) \\
&= \sum_{\alpha_{j\tau} > 0} \alpha_{j\tau} K_{j\tau}(1 - \ln(K_{j\tau})) \\
&\quad + \sum_{\alpha_{j\tau} > 0} \alpha_{j\tau} K_{j\tau} \left[\sum_{\gamma_{j\tau i} > 0} \gamma_{j\tau i} \ln(x_i) + \sum_{\gamma_{j\tau i} < 0} \gamma_{j\tau i} \ln(x_i) \right] \\
&\quad + \sum_{\alpha_{j\tau} < 0} \alpha_{j\tau} (\exp(z_{j\tau}^l) - z_{j\tau}^l) \\
&\quad + \sum_{\alpha_{j\tau} < 0} \alpha_{j\tau} K_{j\tau} \left[\sum_{\gamma_{j\tau i} > 0} \gamma_{j\tau i} \ln(x_i) + \sum_{\gamma_{j\tau i} < 0} \gamma_{j\tau i} \ln(x_i) \right] \\
&\quad - \sum_{\alpha_{j\tau} > 0} \alpha_{j\tau} K_{j\tau} \left[\sum_{\gamma_{j\tau i} > 0} \gamma_{j\tau i} (K_i(x_i - x_i^l) + \ln(x_i^l)) \right. \\
&\quad \left. + \sum_{\gamma_{j\tau i} < 0} \gamma_{j\tau i} (K_i x_i - 1 - \ln(K_i)) \right] \\
&\quad - \sum_{\alpha_{j\tau} < 0} \alpha_{j\tau} K_{j\tau} \left[\sum_{\gamma_{j\tau i} > 0} \gamma_{j\tau i} (K_i x_i - 1 - \ln(K_i)) \right. \\
&\quad \left. + \sum_{\gamma_{j\tau i} < 0} \gamma_{j\tau i} (K_i(x_i - x_i^l) + \ln(x_i^l)) \right] \\
&\quad - \sum_{\alpha_{j\tau} > 0} \alpha_{j\tau} K_{j\tau}(1 - \ln(K_{j\tau})) - \sum_{\alpha_{j\tau} < 0} \alpha_{j\tau} (\exp(z_{j\tau}^l) - z_{j\tau}^l)
\end{aligned}
$$

$$= \sum_{\alpha_{j\tau}>0} \alpha_{j\tau} K_{j\tau} \Bigg[\sum_{\gamma_{j\tau i}>0} \gamma_{j\tau i}(\ln(x_i) - K_i(x_i - x_i^l) - \ln(x_i^l))$$

$$+ \sum_{\gamma_{j\tau i}<0} \gamma_{j\tau i}(\ln(x_i) - K_i x_i - 1 - \ln(K_i)) \Bigg]$$

$$+ \sum_{\alpha_{j\tau}<0} \alpha_{j\tau} K_{j\tau} \Bigg[\sum_{\gamma_{j\tau i}>0} \gamma_{j\tau i}(\ln(x_i) - K_i x_i - 1 - \ln(K_i))$$

$$+ \sum_{\gamma_{j\tau i}<0} \gamma_{j\tau i}(\ln(x_i) - K_i(x_i - x_i^l) - \ln(x_i^l)) \Bigg],$$

根据函数 $\ln(\cdot)$ 的性质, 可以导出, 当 $\omega_i \to 0$ 时, 有

$$\ln(x_i) - K_i x_i - 1 - \ln(K_i) \to 0, \quad \ln(x_i) - K_i(x_i - x_i^l) - \ln(x_i^l) \to 0.$$

从而, 随着 $\omega_i \to 0 \ (i = 1, \cdots, n+p)$, 有 $\Delta_j^2 \to 0$.

因为 $\Delta_j = \Delta_j^1 + \Delta_j^2$, 且随着 $\omega_i \to 0 \ (i = 1, \cdots, n+p)$, 有 $\Delta_j^1 \to 0$, $\Delta_j^2 \to 0$, 所以, 随着 $\omega_i \to 0 \ (i = 1, \cdots, n+p)$, 必有 $\Delta_j \to 0$, 进而有 $\Delta \to 0$.

类似地, 可以证明随着 $\omega_i \to 0 \ (i = 1, \cdots, n+p)$ 有 $\widetilde{\Delta}_s \to 0$, 即证结论成立.

定理 9.2.1 说明随着 $\omega_i \to 0 \ (i = 1, \cdots, n+p)$, $\Phi^l(x)$ 和 $\Psi_s^l(x)$ 可以分别无限逼近 $\Phi(x)$ 和 $\Psi_s(x)$.

为改善算法的收敛速度, 我们提出新的加速技巧. 该技巧可被用于删除盒子区域中不可能包含全局最优解的部分, 减小算法的搜索范围. 在介绍加速技巧之前, 为表述方便, 引进以下记号:

$$\beta_i = \sum_{j=1}^{p} \Bigg[\sum_{\alpha_{j\tau}>0} \alpha_{j\tau} K_{j\tau} \Big(\sum_{\gamma_{j\tau i}>0} \gamma_{j\tau i} K_i + \sum_{\gamma_{j\tau i}<0} \gamma_{j\tau i} K_i \Big)$$

$$+ \sum_{\alpha_{j\tau}<0} \alpha_{j\tau} K_{j\tau} \Big(\sum_{\gamma_{j\tau i}>0} \gamma_{j\tau i} K_i + \sum_{\gamma_{j\tau i}<0} \gamma_{j\tau i} K_i \Big) \Bigg],$$

$$T = \sum_{\alpha_{j\tau}>0} \alpha_{j\tau} K_{j\tau} \Bigg[\sum_{\gamma_{j\tau i}>0} \gamma_{j\tau i}(\ln(x_i^l) - K_i x_i^l) + \sum_{\gamma_{j\tau i}<0} \gamma_{j\tau i}(-1 - \ln(K_i)) \Bigg]$$

$$+ \sum_{\alpha_{j\tau}<0} \alpha_{j\tau} K_{j\tau} \Bigg[\sum_{\gamma_{j\tau i}>0} \gamma_{j\tau i}(-1 - \ln(K_i)) + \sum_{\gamma_{j\tau i}<0} \gamma_{j\tau i}(\ln(x_i^l) - K_i x_i^l) \Bigg]$$

$$+ \sum_{\alpha_{j\tau}>0} \alpha_{j\tau} K_{j\tau}(1 - \ln(K_{j\tau})) + \sum_{\alpha_{j\tau}<0} \alpha_{j\tau}(\exp(z_{j\tau}^l) - K_{j\tau} z_{j\tau}^l),$$

$$\overline{T} = \sum_{\alpha_{j\tau}>0} \alpha_{j\tau} K_{j\tau}\left[\sum_{\gamma_{j\tau i}>0}\gamma_{j\tau i}(-1-\ln(K_i)) + \sum_{\gamma_{j\tau i}<0}\gamma_{j\tau i}(\ln(x_i^l)-K_i x_i^l)\right]$$

$$+ \sum_{\alpha_{j\tau}<0}\alpha_{j\tau}K_{j\tau}\left[\sum_{\gamma_{j\tau i}>0}\gamma_{j\tau i}(\ln(x_i^l)-K_i x_i^l)+\sum_{\gamma_{j\tau i}<0}\gamma_{j\tau i}(-1-\ln(K_i))\right]$$

$$+ \sum_{\alpha_{j\tau}>0}\alpha_{j\tau}(\exp(z_{j\tau}^l)-K_{j\tau}z_{j\tau}^l)+\sum_{\alpha_{j\tau}<0}\alpha_{j\tau}K_{j\tau}(1-\ln(K_{j\tau})),$$

$$\rho_k = \mathrm{UB} - \sum_{i=1,i\neq k}^{n+p}\min\{\beta_i x_i^l,\beta_i x_i^u\}-T,$$

$$\varrho_k = \mathrm{LB} - \sum_{i=1,i\neq k}^{n+p}\max\{\beta_i x_i^l,\beta_i x_i^u\}-\overline{T}.$$

令 LB, UB 分别表示算法当前所得的最好下界和上界, Φ^* 表示问题 (P) 的最优值.

定理 9.2.2 对于任一子矩形 $X = (X_i)_{(n+p)\times 1}\subseteq X_0$, 其中 $X_i = [x_i^l, x_i^u]$. 如果存在某个 $k\in\{1,\cdots,n+p\}$ 使得 $\beta_k>0$ 且 $\rho_k<\beta_k x_k^u$, 则问题 (P) 在 X^1 上不可能存在全局最优解; 如果存在某个 k 使得有 $\beta_k<0$ 且 $\rho_k<\beta_k x_k^l$, 则问题 (P) 在 X^2 上不可能存在全局最优解, 这里

$$X^1 = (X_i^1)_{(n+p)\times 1}\subseteq X,\quad 其中\quad X_i^1 = \begin{cases} X_i, & i\neq k,\\ \left(\dfrac{\rho_k}{\beta_k},x_k^u\right]\bigcap X_i, & i=k, \end{cases}$$

$$X^2 = (X_i^2)_{(n+p)\times 1}\subseteq X,\quad 其中\quad X_i^2 = \begin{cases} X_i, & i\neq k,\\ \left[x_k^l,\dfrac{\rho_k}{\beta_k}\right)\bigcap X_i, & i=k. \end{cases}$$

证明 首先, 证明对于所有 $x\in X^1$, 有 $\Phi(x)>\mathrm{UB}$. 当 $x\in X^1$ 时, 考虑 x 的第 k 个分量 x_k. 因为

$$x_k\in\left(\frac{\rho_k}{\beta_k},x_k^u\right]\bigcap X_k,$$

所以有

$$\frac{\rho_k}{\beta_k}<x_k\leqslant x_k^u.$$

由 $\beta_k>0$, ρ_k 的定义及上述不等式可得

$$\mathrm{UB}<\sum_{i=1,i\neq k}^{n+p}\min\{\beta_i x_i^l,\beta_i x_i^u\}+\beta_k x_k+T$$

$$\leqslant \sum_{i=1}^{n+p} \beta_i x_i + T = \Phi^l(x).$$

这表示, 对所有 $x \in X^1$, 有 $\Phi(x) \geqslant \Phi^l(x) > \mathrm{UB} \geqslant \Phi^*$, 即对所有 $x \in X^1$, 其函数值 $\Phi(x)$ 总是大于问题 (P) 的最优值. 因此, 问题 (P) 在 X^1 上不可能存在全局最优解.

其次, 证明对于所有 $x \in X^2$, 有 $\Phi(x) > \mathrm{UB}$. 当 $x \in X^2$ 时, 考虑 x 的第 k 个分量 x_k. 因为

$$\left[x_k^l, \frac{\rho_k}{\beta_k}\right) \bigcap X_k,$$

所以有

$$x_k^l \leqslant x_k < \frac{\rho_k}{\beta_k}.$$

根据 $\beta_k < 0$、ρ_k 的定义及上述不等式可得

$$\mathrm{UB} < \sum_{i=1, i \neq k}^{n+p} \min\{\beta_i x_i^l, \beta_i x_i^u\} + \beta_k x_k + T$$

$$\leqslant \sum_{i=1}^{n+p} \beta_i x_i + T = \Phi^l(x).$$

这意味着, 对所有 $x \in X^2$, 有 $\Phi(x) \geqslant \Phi^l(x) > \mathrm{UB} \geqslant \Phi^*$, 即对所有 $x \in X^2$, 其函数值 $\Phi(x)$ 总是大于问题 (P) 的最优值. 因此, 问题 (P) 在 X^2 上不可能存在全局最优解.

定理 9.2.3 对于任一子矩形 $X = (X_i)_{(n+p) \times 1} \subseteq X_0$, 其中 $X_i = [x_i^l, x_i^u]$. 如果存在某个 $k \in \{1, \cdots, n+p\}$ 使得 $\beta_k > 0$ 且 $\varrho_k > \beta_k x_k^l$, 则问题 (P) 在 X^3 上不可能存在全局最优解; 如果存在某个 k 使得 $\beta_k < 0$ 且 $\varrho_k > \beta_k x_k^u$, 则问题 (P) 在 X^4 上不可能存在全局最优解, 这里

$$X^3 = (X_i^3)_{(n+p) \times 1} \subseteq X, \quad \text{其中} \quad X_i^3 = \begin{cases} X_i, & i \neq k, \\ \left[x_k^l, \dfrac{\varrho_k}{\beta_k}\right) \bigcap X_i, & i = k, \end{cases}$$

$$X^4 = (X_i^4)_{(n+p) \times 1} \subseteq X, \quad \text{其中} \quad X_i^4 = \begin{cases} X_i, & i \neq k, \\ \left(\dfrac{\varrho_k}{\beta_k}, x_k^u\right] \bigcap X_i, & i = k. \end{cases}$$

证明 首先, 证明对于所有 $x \in X^3$, 有 $\Phi(x) < \mathrm{LB}$. 当 $x \in X^3$ 时, 考虑 x 的第 k 个分量 x_k. 因为

$$x_k \in \left[x_k^l, \frac{\varrho_k}{\beta_k}\right) \bigcap X_k,$$

所以有

$$x_k^l \leqslant x_k < \frac{\varrho_k}{\beta_k}.$$

由 $\beta_k > 0$、ϱ_k 的定义及上述不等式可得

$$\text{LB} > \sum_{i=1, i \neq k}^{n+p} \max\{\beta_i x_i^l, \beta_i x_i^u\} + \beta_k x_k + \overline{T}$$

$$\geqslant \sum_{i=1}^{n+p} \beta_i x_i + \overline{T} = \Phi^u(x).$$

这说明, 对所有 $x \in X^3$, 有 $\Phi^* \geqslant \text{LB} > \Phi^u(x) \geqslant \Phi(x)$, 即对所有 $x \in X^3$, 其函数值 $\Phi(x)$ 总是严格小于问题 (P) 的最优值. 因此, 问题 (P) 在 X^3 上不可能存在全局最优解.

其次, 证明对所有 $x \in X^4$, 有 $\Phi(x) < \text{LB}$. 当 $x \in X^4$ 时, 考虑 x 的第 k 个分量 x_k. 因为

$$x_k \in \left(\frac{\varrho_k}{\beta_k}, x_k^u\right] \bigcap X_k,$$

所以有

$$\frac{\varrho_k}{\beta_k} < x_k \leqslant x_k^u.$$

再由 $\beta_k < 0$、ϱ_k 的定义及上述不等式可得

$$\text{LB} > \sum_{i=1, i \neq k}^{n+p} \max\{\beta_i x_i^l, \beta_i x_i^u\} + \beta_k x_k + \overline{T}$$

$$\geqslant \sum_{i=1}^{n+p} \beta_i x_i + \overline{T} = \Phi^u(x).$$

这意味着, 对所有 $x \in X^4$, 有 $\Phi^* \geqslant \text{LB} > \Phi^u(x) \geqslant \Phi(x)$, 即对所有 $x \in X^4$, 其函数值 $\Phi(x)$ 总是严格小于问题 (P) 的最优值. 因此, 问题 (P) 在 X^4 上不可能存在全局最优解.

在定理 9.2.2 和定理 9.2.3 的基础上, 下面给出对盒子区域进行缩减的加速技巧, 令 $X = (X_i)_{(n+p) \times 1}$ 为将被进行缩减的盒子区域. 如果存在 $\beta_i \neq 0$ $(i = 1, \cdots, n+p)$, 则计算 β_i, T, $\overline{T}$, ρ_i, ϱ_i. 用 E_i 表示盒子区间 X_i 中被删除部分, 则 E_i 可由下面的删除规则得到

如果 $\beta_i > 0$ 且 $\dfrac{\rho_i}{\beta_i} < x_i^u$, 则 $E_i = \begin{cases} \left(\dfrac{\rho_i}{\beta_i}, x_i^u\right], & \dfrac{\rho_i}{\beta_i} \geqslant x_i^l, \\ [x_i^l, x_i^u], & \dfrac{\rho_i}{\beta_i} < x_i^l, \end{cases}$

$$\text{如果}\beta_i > 0 \text{ 且} \frac{\varrho_i}{\beta_i} > x_i^l, \quad \text{则} E_i = \begin{cases} \left[x_i^l, \dfrac{\varrho_i}{\beta_i}\right), & \dfrac{\varrho_i}{\beta_i} \leqslant x_i^u, \\[3mm] [x_i^l, x_i^u], & \dfrac{\varrho_i}{\beta_i} > x_i^u, \end{cases}$$

$$\text{如果}\beta_i < 0 \text{ 且} \frac{\rho_i}{\beta_i} > x_i^l, \quad \text{则} E_i = \begin{cases} \left[x_i^l, \dfrac{\rho_i}{\beta_i}\right), & \dfrac{\rho_i}{\beta_i} \leqslant x_i^u, \\[3mm] [x_i^l, x_i^u], & \dfrac{\rho_i}{\beta_i} > x_i^u, \end{cases}$$

$$\text{如果}\beta_i < 0 \text{ 且} \frac{\varrho_i}{\beta_i} < x_i^u, \quad \text{则} E_i = \begin{cases} \left(\dfrac{\varrho_i}{\beta_i}, x_i^u\right], & \dfrac{\varrho_i}{\beta_i} \geqslant x_i^l, \\[3mm] [x_i^l, x_i^u], & \dfrac{\varrho_i}{\beta_i} < x_i^l. \end{cases}$$

使用该缩减规则, 盒子区间 X_i 中被割去部分为 $X_i \bigcap E_i$. 由于盒子的初始区域 X_i 被缩减了, 所以算法的搜索区间就减小了, 进而可以提高算法的收敛速度.

9.3 算法及其收敛性

在前面线性松弛规划问题 (LRP) 的基础上, 这一节给出一个确定问题 (P) 全局最优解的分支定界算法.

在算法中, 初始矩形 X_0 将被剖分为一些子矩形, 每个子矩形表示分支定界树上的一个节点, 每一个节点关联着一个线性松弛规划问题.

假定在算法的第 k 阶段, 有效节点集合为 Q_k. 对于节点 $X \subseteq X_0$, 计算问题 (P) 在这一节点上最优值的下界 $\mathrm{LB}(X)$, 并记问题 (P) 在初始矩形 X^0 上的最优值在第 k 阶段的下界为 $\mathrm{LB}_k = \min\{\mathrm{LB}(X), \forall X \in Q_k\}$. 选择一个节点, 按下面给出的分支规则, 将其剖分为两个子矩形, 并为每个子矩形计算问题 (P) 在其上的下界. 同时, 更新上界 UB_k (如果可能). 在删除所有不可能再被改善的节点后, 得到下一阶段的有效节点集. 重复这一过程, 直到算法收敛为止.

9.3.1 分支规则

为保证算法的收敛性, 必须选取合适的分支规则, 这是一个很关键的环节. 本章算法选取标准的矩形对分规则. 该分支规则可以保证算法的收敛性, 因为它可以保证算法沿着任一无穷分支进行剖分时收敛到一点. 考虑由矩形 $X = \{x \in R^{n+p} \mid x_i^l \leqslant x_i \leqslant x_i^u, \ i = 1, \cdots, n+p\} \subseteq X_0$ 确定的任一子问题. 该分支规则如下:

(1) 令

$$j = \mathrm{argmax}\{x_i^u - x_i^l \mid i = 1, \cdots, n+p\};$$

(2) 令 γ_j 满足

$$\gamma_j = \frac{1}{2}(x_j^l + x_j^u);$$

(3) 令

$$X^1 = \{x \in R^{n+p} \mid x_i^l \leqslant x_i \leqslant x_i^u,\ i \neq j,\ x_j^l \leqslant x_j \leqslant \gamma_j\},$$
$$X^2 = \{x \in R^{n+p} \mid x_i^l \leqslant x_i \leqslant x_i^u,\ i \neq j,\ \gamma_j \leqslant x_j \leqslant x_j^u\}.$$

通过使用该分支规则, 矩形 X 被剖分为两个子矩形 X^1 和 X^2, 且有 $X^1 \bigcup X^2 = X$, $\mathrm{int} X^1 \bigcap \mathrm{int} X^2 = \varnothing$.

9.3.2　算法描述

步 0　选取 $\epsilon \geqslant 0$. 确定出问题 (LRP) 在 $X = X_0$ 上的最优解 x^0 和最优值 $\mathrm{LB}(X_0)$. 若 x^0 是可行的, 则置 $\mathrm{UB}_0 = \Phi(x^0)$, 否则, 置 $\mathrm{UB}_0 = +\infty$. 令 $\mathrm{LB}_0 = \mathrm{LB}(X_0)$. 若 $\mathrm{UB}_0 - \mathrm{LB}_0 \leqslant \epsilon$, 则停止计算: x^0 是问题 (P) 的 ϵ-全局最优解. 否则, 置

$$Q_0 = \{X_0\}, \quad F = \varnothing, \quad k = 1,$$

并转步 k.

步 k　$k \geqslant 1$.

步 $k1$　置 $\mathrm{LB}_k = \mathrm{LB}_{k-1}$. 使用分支规则将 X_{k-1} 剖分为 $X_{k,1}$, $X_{k,2} \subseteq R^{n+p}$. 置 $F = F \bigcup \{X_{k-1}\}$.

步 $k2$　对每个子矩形 $X_{k,1}$, $X_{k,2}$, 使用定理 9.2.2 和定理 9.2.3 对其进行缩减, 并修正相应参数 $K_{j\tau}(j = 1, \cdots, p,\ \tau = 1, \cdots, T_j)$, $\widetilde{K}_{s\tau}(s = 1, \cdots, m+p,\ \tau = 1, \cdots, \widetilde{T}_s)$, $K_i\ (i = 1, \cdots, n+p)$. 计算问题 (LRP) 在 $X = X_{k,t}$ 上的最优解 $x^{k,t}$ 及最优值 $\mathrm{LB}(X_{k,t})$, 其中 $t = 1$ 或 $t = 2$ 或 $t = 1, 2$. 如果可能, 则更新上界

$$\mathrm{UB}_k = \min\{\mathrm{UB}_k, \Phi(x^{k,t})\},$$

并令 x^k 为满足 $\mathrm{UB}_k = \Phi(x^k)$ 的点.

步 $k3$　如果 $\mathrm{LB}(X_{k,t}) \geqslant \mathrm{UB}_k$, 则置

$$F = F \bigcup \{X_{k,t}\}.$$

步 $k4$　置

$$F = F \bigcup \{X \in Q_{k-1} \mid \mathrm{LB}(X) \geqslant \mathrm{UB}_k\}.$$

步 $k5$　置

$$Q_k = \{X \mid X \in (Q_{k-1} \bigcup \{X_{k,1}, X_{k,2}\}),\ X \notin F\}.$$

步 $k6$ 置

$$\text{LB}_k = \min\{\text{LB}(X) \mid X \in Q_k\},$$

并令 $X_k \in Q_k$ 为满足 $\text{LB}_k = \text{LB}(X_k)$ 的矩形. 如果 $\text{UB}_k - \text{LB}_k \leqslant \epsilon$, 则停止计算: x^k 是问题 (P) 的 ϵ-全局最优解. 否则, 置 $k = k + 1$, 并转步 k.

9.3.3 收敛性分析

下面给出算法的收敛性分析.

定理 9.3.1 (收敛性)　(1) 若算法有限步终止, 则当算法终止时, x^k 是问题 (P) 的 ϵ-全局最优解.

(2) 若算法无限步终止, 则算法将产生一无穷可行解序列 $\{x^k\}$, 其聚点为问题 (P) 的全局最优解.

证明　(1) 若算法有限步终止, 假设算法在第 k 步终止, $k \geqslant 0$, 则当终止时, 根据算法有

$$\text{UB}_k - \text{LB}_k \leqslant \epsilon.$$

结合步 0 和步 $k2$, $k \geqslant 1$, 这即意味着

$$\Phi(x^k) - \text{LB}_k \leqslant \epsilon.$$

令 v 表示问题 (P) 的最优值, 由前面讨论知

$$v \geqslant \text{LB}_k.$$

因为 x^k 是问题 (P) 的一个可行解, 所以有

$$\Phi(x^k) \geqslant v.$$

综上可知

$$v \leqslant \Phi(x^k) \leqslant \text{LB}_k + \epsilon \leqslant v + \epsilon.$$

因此, 有

$$v \leqslant \Phi(x^k) \leqslant v + \epsilon,$$

即证 (1) 成立.

(2) 若算法无限步终止, 则算法将产生问题 (P) 的一无穷可行解序列 $\{x^k\}$. 令 $\bar{x}$ 是 $\{x^k\}$ 的一个聚点, 不失一般性, 假定

$$\lim_{k \to \infty} x^k = \bar{x}.$$

因为 $\{x^k\}$ 是一无穷序列, 所以, 不失一般性, 假定 $X_{k+1} \subset X_k$. 根据分支规则有

$$\lim_k X_k = \bigcap_k X_k = \{\overline{x}\}.$$

记 $\overline{X} = \{\overline{x}\}$, 对每个 k, 由算法知 $\lim_k \mathrm{LB}(X_k) \leqslant v$. 因为 $\overline{x}$ 是问题 (P) 的一个可行解, 所以 $v \leqslant \Phi(\overline{x})$. 综上有

$$\lim_k \mathrm{LB}(X_k) \leqslant v \leqslant \Phi(\overline{x}).$$

另外, 根据函数 $\Phi^l(x)$ 的连续性, 知

$$\lim_k \mathrm{LB}(X_k) = \lim_k \Phi^l(x^k) = \Phi^l(\overline{x}).$$

结合定理 9.2.1 知 $\Phi(\overline{x}) = \Phi^l(\overline{x})$. 因此, 有 $v = \Phi(\overline{x})$, 即 $\overline{x}$ 是问题 (P) 的一个全局最优解.

9.4 数值实验

为验证本章算法的性能, 我们做了一些数值实验. 算法的实现采用 MATLAB 语言, 线性规划采用单纯形方法求解. 实验平台为 Pentium IV (3.06 GHz) 计算机. 收敛性误差设置为 $\epsilon=1.0\mathrm{e}\text{-}4$, 运行时间单位为秒. 计算结果见表 9.1.

例 9.4.1[129]

$$\begin{cases} \min & \dfrac{x_1^2 + x_2^2 + 2x_1x_3}{x_3^2 + 5x_1x_2} + \dfrac{x_1+1}{x_1^2 - 2x_1 + x_2^2 - 8x_2 + 20} \\ \text{s.t.} & x_1^2 + x_2^2 + x_3 \leqslant 5, \\ & (x_1-2)^2 + x_2^2 + x_3^2 \leqslant 5, \\ & \Omega = \{x : 1 \leqslant x_1 \leqslant 3,\ 1 \leqslant x_2 \leqslant 3,\ 1 \leqslant x_3 \leqslant 2\}. \end{cases}$$

例 9.4.2[97,174]

$$\begin{cases} \min & 0.5x_1x_2^{-1} - x_1 - 5x_2^{-1} \\ \text{s.t.} & 0.01x_2x_3^{-1} + 0.01x_2 + 0.0005x_1x_3 \leqslant 1, \\ & \Omega = \{x : 70 \leqslant x_1 \leqslant 150,\ 1 \leqslant x_2 \leqslant 30,\ 0.5 \leqslant x_3 \leqslant 21\}. \end{cases}$$

例 9.4.3[101]

$$\begin{cases} \min & x_3^{0.8}x_4^{1.2} \\ \text{s.t.} & x_1x_4^{-1} + x_2^{-1}x_4^{-1} \leqslant 1, \\ & -x_1^{-2}x_3^{-1} - x_2x_3^{-1} \leqslant -1, \\ & \Omega = \{x : 0.1 \leqslant x_1 \leqslant 1,\ 5 \leqslant x_2 \leqslant 10,\ 8 \leqslant x_3 \leqslant 15,\ 0.01 \leqslant x_4 \leqslant 1\}. \end{cases}$$

例 9.4.4

$$\begin{cases} \min & \dfrac{-x_1^2 + 3x_1 - x_2^2 + 3x_2 + 3.5}{x_1 + 1} + \dfrac{x_2}{x_1^2 + 2x_1 + x_2^2 - 8x_2 + 20} \\ \text{s.t.} & 2x_1 + x_2 \leqslant 6, \\ & 3x_1 + x_2 \leqslant 8, \\ & x_1 - x_2 \leqslant 1, \\ & \Omega = \{x : 0.1 \leqslant x_1 \leqslant 3,\ 0.1 \leqslant x_2 \leqslant 3\}. \end{cases}$$

表 9.1 例 9.4.1—例 9.4.4 的数值结果

例	文献	最优解	最优值	迭代数	时间/s
9.4.1	[129]	(1.32547, 1.42900, 1.20109)	0.9020	84	—
	本章	(1.0000, 1.0000, 1.0000)	0.8333	8	0.409089
9.4.2	[97]	(88.72470, 7.67265, 1.31786)	−83.249728406	1829	3
	[174]	(−, −, −)	−83.249790057	346	1.41
	本章	(150.0, 30.0, 8.2226)	−147.6667	2	0.112092
9.4.3	[101]	(0.1020, 7.0711, 8.3284, 0.2434)	0.9770	146	6
	本章	(0.1012, 7.0769, 8.1, 0.2427)	0.9746	2	1.8430
9.4.4	本章	(0.1, 0.1)	3.7143	5	0.191227

表 9.1 中数据显示该方法可以成功地确定出问题 (GGFP) 的全局最优解.

9.5 本 章 小 结

本章为广义多项式比式和问题建立了一个分支定界算法. 首先, 利用等价转化将原问题转化为一个广义几何多项式问题. 然后, 利用指数函数和对数函数的性质构造了一个两阶段线性松弛技术, 从而建立了等价问题的线性松弛规划问题, 该线性松弛规划问题能够为原问题提供可靠的下界. 充分利用线性松弛规划问题的特殊结构和当前已知的上界构造区域缩减技巧, 该区域缩减技巧能够删除或压缩所考察的子区域, 从而缩小分支定界算法的搜索范围. 最后, 基于分支定界算法框架和区域缩减技巧, 为广义多项式比式和问题建立了一个分支缩减定界算法. 最终数值实验结果验证了本章提出算法的可行性.

第 10 章　一般非线性比式和问题的分支定界算法

第 7 章讨论了线性比式和问题的全局优化算法, 然而, 在实际问题中, 许多比式和问题并不是线性比式, 而是非线性比式. 非线性比式和问题较之线性比式和问题更难求解, 但因非线性比式和问题较线性比式和问题有着更广的应用范围, 所以研究这类问题具有重要的理论意义和使用价值. 本章将介绍求解非线性比式和问题的两个算法.

10.1　凹、凸比式和问题的单纯形分支定界算法

本节针对一类带有反凸约束的非线性比式和分式规划问题, 我们介绍一种求其全局最优解的单纯形分支和对偶定界算法. 该算法利用拉格朗日对偶理论将其中关键的定界问题转化为一系列易于求解的线性规划问题. 收敛性分析和数值算例均表明提出的算法是可行的. 关于本节的内容, 详见参考文献 [175].

10.1.1　问题描述

考虑下面一类凹、凸比式和问题:

$$(\text{P}) \begin{cases} \max & \sum_{j=1}^{p} \dfrac{f_j(x)}{g_j(x)} \\ \text{s.t.} & Ax \leqslant b, \varphi_k(x) \leqslant 0, k = 1, \cdots, K, \end{cases}$$

其中, $p \geqslant 2$, $f_j(x)$ 在 R^n 上是凸的, $g_j(x)$ 和 $\varphi_k(x)$ 在 R^n 上是凹的, $A \in R^{q \times n}, b \in R^q$, 且对 $\forall x \in \Omega = \{x | Ax \leqslant b\}$ 有 $f_j(x) \geqslant 0, g_j(x) > 0, j = 1, \cdots, p$.

问题 (P) 能广泛应用于经济、金融、多级运输规划、计算机视角等领域 [1,2], 但问题 (P) 通常有多个非全局的局部最优解, 使得求解非常困难, 相应的求解算法目前还很少. 本章给出一个求解 (P) 的全局优化算法, 首先将原问题进行等价转化, 然后利用拉格朗日对偶理论把定界问题转化为一系列线性规划问题. 此算法的优点在于主要的计算工作是求解一系列线性规划子问题, 并且这些子问题随着迭代次数的增加其规模并不扩大.

10.1.2　等价问题及定界方法

首先将问题 (P) 等价转化为

$$(\tilde{P}) \begin{cases} v = \min h(x) = -\sum_{j=1}^{p} \dfrac{f_j(x)}{g_j(x)} \\ \text{s.t.} \quad \varphi_k(x) \leqslant 0, k = 1, \cdots, K, Ax \leqslant b. \end{cases}$$

构造初始单纯形 S^0 使得 $\Omega \subseteq S^0$, 其顶点集为 $\{V_0^0, V_1^0, \cdots, V_n^0\}$. 由假设条件知, 对每个 $j = 1, \cdots, p$, 存在数 L_j, U_j 满足 $0 < L_j \leqslant 1/g_j(x) \leqslant U_j, \forall\, x \in \Omega$. 令 $D = \prod_{j=1}^{p}[L_j, U_j]$, 则 $(\tilde{P})$ 可以等价转化为

$$(\text{P}(S^0)) \begin{cases} v(\text{S}^0) = \min \sum_{j=1}^{p} -\beta_j f_j(x) \\ \text{s.t.} \quad \beta_j g_j(x) - 1 \leqslant 0, \; j = 1, \cdots, p, \\ \varphi_k(x) \leqslant 0, \; k = 1, \cdots, K, \\ Ax \leqslant b, \; x \in S^0, \; \beta \in D. \end{cases}$$

定理 10.1.1 如果 (x^*, β^*) 是问题 $(\text{P}(S^0))$ 的全局最优解, 则 x^* 是问题 $(\tilde{P})$ 的全局最优解; 如果 x^* 是问题 $(\tilde{P})$ 的全局最优解, 则 (x^*, β^*) 是问题 $(\text{P}(S^0))$ 的全局最优解, 其中 $\beta_j^* = 1/g_j(x^*)$, $j = 1, \cdots, p$.

证明 由问题 $(\text{P}(S^0))$ 的构造过程易知结论成立.

定理 10.1.2 设 S 是顶点集为 $\{V_1, \cdots, V_n\}$ 的 S^0 的任意子单纯形, 则相应子问题 $(\text{P}(S))$ 最优值 v 的下界 $\text{LB}(S)$ 可由如下线性规划 $(\text{LP}(S))$ 得到, 即

$$(\text{LP}(S)) \begin{cases} \text{LB}(S) = \max \sum_{j=1}^{p} -\lambda_j + t \\ \text{s.t.} \; \sum_{k=1}^{K} \eta_k \varphi_k(V_i) + \sum_{l=1}^{q} \theta_l(A_l V_i - b_l) + \sum_{j=1}^{p} \lambda_j L_j g_j(V_i) - t \geqslant \sum_{j=1}^{p} L_j f_j(V_i), \\ -f_j(V_i) + \lambda_j g_j(V_i) \geqslant 0, \\ i = 0, \cdots, n, \quad j = 1, \cdots, p, \; \lambda, \eta, u \geqslant 0, \end{cases}$$

其中, A_l 表示 A 的第 l 行, b_l 表示 b 的第 l 个元素, $l = 1, \cdots, q$.

证明 根据子问题 $(\text{P}(S))$ 及拉格朗日弱对偶定理得: $v \geqslant \text{LB}(S)$, 其中

$$\text{LB}(S) = \max_{\lambda, \eta, \theta \geqslant 0} \left\{ \min_{x \in S, \beta \in D} \left[\sum_{j=1}^{p} -\beta_j f_j(x) + \sum_{j=1}^{p} \lambda_j(\beta_j g_j(x) - 1) + \sum_{k=1}^{K} \eta_k \varphi_k(x) \right. \right.$$

$$\left. \left. + \sum_{l=1}^{q} \theta_l(A_l x - b_l) \right] \right\}$$

$$= \max_{\lambda,\eta,\theta \geqslant 0} \left\{ \sum_{j=1}^{p} -\lambda_j + \min_{x \in S} \left[\sum_{k=1}^{K} \eta_k \varphi_k(x) + \sum_{l=1}^{q} \theta_l(A_l x - b_l) \right.\right.$$

$$\left.\left. + \min_{\beta \in D} \left\langle \sum_{j=1}^{p} \beta_j(-f_j(x) + \lambda_j g_j(x)) \right\rangle \right] \right\}.$$

当 $-f_j(x) + \lambda_j g_j(x) \geqslant 0$ $(\forall x \in S)$ 时, 有 $\min\limits_{\beta \in D} \left\langle \sum\limits_{j=1}^{p} \beta_j(-f_j(x) + \lambda_j g_j(x)) \right\rangle = $

$\sum\limits_{j=1}^{p} L_j(-f_j(x) + \lambda_j g_j(x))$, 由此得

$$\text{LB}(S)$$

$$= \begin{cases} \max & \left\{ \sum\limits_{j=1}^{p} -\lambda_j + \min\limits_{x \in S} \left[\sum\limits_{k=1}^{K} \eta_k \varphi_k(x) + \sum\limits_{l=1}^{q} \theta_l(A_l x - b_l) \right.\right. \\ & \left.\left. + \sum\limits_{j=1}^{p} L_j(-f_j(x) + \lambda_j g_j(x)) \right] \right\} \\ \text{s.t.} & -f_j(x) + \lambda_j g_j(x) \geqslant 0, \quad \forall x \in S, j = 1, \cdots, p, \lambda, \eta, \theta \geqslant 0. \end{cases}$$

$$= \begin{cases} \max & \sum\limits_{j=1}^{p} -\lambda_j + t \\ \text{s.t.} & t \leqslant \sum\limits_{k=1}^{K} \eta_k \varphi_k(x) + \sum\limits_{l=1}^{q} \theta_l(A_l x - b_l) + \sum\limits_{j=1}^{p} L_j(-f_j(x) + \lambda_j g_j(x)), \\ & -f_j(x) + \lambda_j g_j(x) \geqslant 0, \quad \forall x \in S, j = 1, \cdots, p, \lambda, \eta, \theta \geqslant 0. \end{cases}$$

因 $-f_j(x), g_j(x)$ 和 $\varphi_k(x)$ 均是凹函数且 $L_j \geqslant 0$, 故上述问题等价于 (LP(S)).

定理 10.1.3 设单纯形 S^1 和 S^2 满足 $S^2 \subseteq S^1 \subseteq S^0$, 则 $\text{LB}(S^2) \geqslant \text{LB}(S^1)$ 且 $\text{LB}(S^1) > -\infty$.

证明 由定理 10.1.2 中 $\text{LB}(S)$ 的定义及 $S^2 \subseteq S^1 \subseteq S^0$, 易得 $\text{LB}(S^2) \geqslant \text{LB}(S^1)$. 另外要证 $\text{LB}(S^1) > -\infty$, 只需证 $\text{LB}(S^0) > -\infty$. 由定理 10.1.2 的证明可知

$$\text{LB}(S^0) = \max_{\lambda,\eta,\theta \geqslant 0} \left\{ \min_{x \in S^0, \beta \in D} \left[\sum_{j=1}^{p} -\beta_j f_j(x) + \sum_{j=1}^{p} \lambda_j(\beta_j g_j(x) - 1) + \sum_{k=1}^{K} \eta_k \varphi_k(x) \right.\right.$$

$$\left.\left. + \sum_{l=1}^{q} \theta_l(A_l x - b_l) \right] \right\},$$

令 $\lambda = \eta = \theta = 0$, 得

$$\mathrm{LB}(S^0) \geqslant \min_{x \in S^0, \beta \in D} \sum_{j=1}^{p} -\beta_j f_j(x).$$

因为 $f_j(x)$ 在 R^n 上是凸的, 故 $\sum\limits_{j=1}^{p} -\beta_j f_j(x)$ 在 $M \triangleq S^0 \times D$ 上连续, 由 M 是紧集, 因此

$$\min_{x \in S^0, \beta \in D} \sum_{j=1}^{p} -\beta_j f_j(x)$$

是有限数, 故 $\mathrm{LB}(S^1) > -\infty$.

定理 10.1.4 设 S 是任意顶点集为 $\{V_1, V_2, \cdots, V_n\}$ 的 S^0 的子单纯形, 且 $\mathrm{LB}(S) \neq +\infty$. 令 $(w_{0,1}^*, \cdots, w_{0,n}^*)$ 是问题 (LP(S)) 的前 $n+1$ 个约束对应的对偶变量, 令 $\xi = \sum\limits_{i=0}^{n} w_{0,i}^* V_i$, 如果 $\varphi_k(\xi) \leqslant 0$ $(k=1,2,\cdots,K)$, 则 ξ 是问题 ($\tilde{P}$) 的一个可行解.

证明 问题 (LP(S)) 的对偶线性规划问题可表示为

$$(\mathrm{DLP}(S)) \begin{cases} \mathrm{LB}(S) = \min \sum\limits_{j=1}^{p} \sum\limits_{i=0}^{n} -w_{0,i} L_j f_j(V_i) + \sum\limits_{j=1}^{p} \sum\limits_{i=0}^{n} -w_{j,i} f_j(V_i) \\[2mm] \text{s.t. } \sum\limits_{i=0}^{n} -w_{0,i} L_j g_j(V_i) + \sum\limits_{i=0}^{n} -w_{j,i} g_j(V_i) \geqslant -1, \quad j=1,2,\cdots,p, \\[2mm] \hspace{6cm} (10.1.1) \\[2mm] \sum\limits_{i=0}^{n} -w_{0,i} \varphi_k(V_i) \geqslant 0, \quad k=1,2,\cdots,K, \hspace{1cm} (10.1.2) \\[2mm] \sum\limits_{i=0}^{n} w_{0,i}(b_l - A_l V_i) \geqslant 0, \hspace{3.5cm} (10.1.3) \\[2mm] \sum\limits_{i=0}^{n} w_{0,i} = 1, \; w_{j,i} \geqslant 0, \hspace{3.8cm} (10.1.4) \\[2mm] l = 1,2,\cdots,q, \\[1mm] j = 0,1,\cdots,p, \quad i = 0,1,\cdots,n. \end{cases}$$

因 $\xi = \sum\limits_{i=0}^{n} w_{0,i}^* V_i$, 由 (10.1.3) 式、(10.1.4) 式可得 $A\xi \leqslant b$, 故若 $\varphi_k(\xi) \leqslant 0$, $k = 1, 2, \cdots, K$, 则 ξ 是问题 ($\tilde{P}$) 的一个可行解.

10.1.3 算法及其收敛性

下面给出求解问题 ($\tilde{P}$) 的分支定界算法, 其中子问题 (P(S)) 的最优值 $v(S)$

的下界 $\mathrm{LB}(S)$ 是通过求解 $(\mathrm{DLP}(S))$ 得到, 分支过程采用单纯形对分, 具体步骤如下.

步 0　给定 $\epsilon > 0$, 求解 $(\mathrm{DLP}(S^0))$ 得其最优值 $\mathrm{LB}(S^0)$, 并确定可行集 $F(S^0)$. 令 $\mu_0 = \mathrm{LB}(S^0)$. 如果 $F(S^0) \neq \varnothing$, 计算 $\gamma_0 = h(x^0) = \min\{h(x) | x \in F(S^0)\}$, 否则, 令 $\gamma_0 = +\infty$. 置 $Q_0 = \{S^0\}, k = 1$.

步 1　令 $x^k = x^{k-1}, \mu_k = \mu_{k-1}, \gamma_k = \gamma_{k-1}$. 若 S^{k-1} 存在, 则令 $S^k = S^{k-1}$.

步 2　若 $\gamma_k - \mu_k \leqslant \epsilon$, 算法停止, γ_k 为 $(\tilde{\mathrm{P}})$ 的最优值, x^k 为其最优解; 否则继续.

步 3　利用单纯形对分, 将 S^k 平分为两个子单纯形 S_1^k, S_2^k. 令 $T = \{S_1^k, S_2^k\}$, 对每个单纯形 $S \subseteq T$, 求解 $(\mathrm{DLP}(S))$ 得最优值 $\mathrm{LB}(S)$, 确定可行集 $F(S)$. 若 $F(S) \neq \varnothing$, 计算 $h(\bar{x}) = \min\{h(x) | x \in F(S)\}$, 否则, 令 $h(\bar{x}) = +\infty$, 若 $h(\bar{x}) < h(x^k)$, 令 $x^k = \bar{x}$ 并且 $\gamma_k = h(\bar{x})$.

步 4　令 $Q_k = \{Q_{k-1} \backslash S^k\} \bigcup T$, 删除 S_k 中满足 $\mathrm{LB}(S) \geqslant \gamma_k$ 的单纯形 S.

步 5　若 $Q_k = \varnothing$, 则算法停止, 否则, 令 $\mu_k = \mathrm{LB}(S^k) = \min\{\mathrm{LB}(S) | S \in Q_k\}$, 置 $k = k + 1$ 返回迭代步 1.

若算法在第 k 步终止, 显然 x^k 是 $(\tilde{\mathrm{P}})$ 的全局最优解.

定理 10.1.5　假设算法是无穷的, 令 $\{S^r\}$ 是由算法产生的单纯形子序列, 满足 $S^{r+1} \subseteq S^r$, 设 $w_0^r = (w_{0,0}^r, \cdots, w_{0,n}^r) \in R^{n+1}$ 为线性规划问题 $(\mathrm{LP}(S^r))$ 的前 $n+1$ 个约束对应的对偶变量, 且 $(V_0^r, \cdots, V_n^r)$ 为子单纯形 S^r 的顶点. 令 ξ^* 是 $\left\{\sum_{i=0}^n w_{0,i}^r V_i^r\right\}$ 的任一聚点, 那么 ξ^* 是问题 $(\tilde{\mathrm{P}})$ 的一个全局最优解.

证明　由 $\{S^r\}$ 的产生过程, 存在 $x^* \in S^0$ 满足 $\bigcap_r S^r = \{x^*\}$. 令 $\xi^r = \sum_{i=0}^n w_{0,i}^r V_i^r$, $U = \left\{w_0 \in R^{n+1} \bigg| \sum_{i=0}^n w_{0,i} = 1, w_{0,i} \geqslant 0, i = 0, \cdots, n\right\}$.

对任意 r, 因为 S^r 是一个凸集且 $\sum_{i=0}^n w_{0,i}^r = 1$, 则 $\xi^r \in S^r \subseteq S^0$ 且 $w_0^r = (w_{0,0}^r, \cdots, w_{0,n}^r) \in U$. 又 S^0 是一个有界集, 所以 ξ^r 至少有一个收敛子列 $\{\xi^r\}_{r \in \Gamma}$, 且 $\xi^* = \lim_{r \in R} \xi^r$. 又因为 S^0 是闭集, 得 $\xi^* \in S^0$.

对每个 $r \in \Gamma$, 设 $(w_{0,0}^r, \cdots, w_{0,n}^r, w_{1,0}^r, \cdots, w_{p,n}^r)$ 为 $(\mathrm{DLP}(S^r))$ 的最优解, 由 $(\mathrm{DLP}(S^r))$ 的目标函数可得

$$\mathrm{LB}(S^r) = \sum_{j=1}^p \sum_{i=0}^n -w_{0,i}^r L_j f_j(V_i^r) + \sum_{j=1}^p \sum_{i=0}^n -w_{j,i}^r f_j(V_i^r). \tag{10.1.5}$$

由定理 10.1.3 及算法过程知 $\mathrm{LB}(S^r)$ 是有限数. 又由 $f_j(V_i^r)$ 是有界的, U 是紧集且 $w_0^r \in U$, 则由 (10.1.5) 式易知 $\{w_{j,i}^r\}$ 是有界数列, 从而必存在无限子列 $\Gamma' \subseteq \Gamma$,

满足 $\lim\limits_{r\in\Gamma'} w_{j,i}^r = w_{j,i}^*, j = 0,\cdots,p,\ i = 0,\cdots,n,$ 且 $w_0^* \in U.$ 又由于 $\bigcap\limits_{r\in\Gamma'} S^r = x^*,$ 则 $\lim\limits_{r\in\Gamma'} V_i^r = x^*, i = 0,\cdots,n,$ 从而

$$\xi^* = \lim_{r\in\Gamma'} \sum_{i=0}^n w_{0,i}^r V_i^r = \sum_{i=0}^n w_{0,i}^* x^* = x^*. \tag{10.1.6}$$

对任意 $k_1 < k_2,$ 由 LB(S) 的单调性得 LB$(S^{k_1}) \leqslant$ LB$(S^{k_2}) \leqslant v(S^0).$ 因此, 存在 Γ' 的一个无限子序列 Γ'' 满足 $\lim\limits_{r\in\Gamma''} LB(S^r) \leqslant v(S^0).$ 对每个 $r \in \Gamma'',$ 对 (10.1.5) 式关于 r 求极限及 $w_0^* \in U$ 得

$$\lim_{r\in\Gamma''} \text{LB}(S^r) = \sum_{j=1}^p -L_j f_j(x^*) + \sum_{j=1}^p \sum_{i=0}^n -w_{j,i}^* f_j(x^*)$$

$$= \sum_{j=1}^p -\left(L_j + \sum_{i=0}^n w_{j,i}^*\right) f_j(x^*) \leqslant v(S^0).$$

令 $y^* = (y_1^*,\cdots,y_p^*),$ 其中 $y_j^* = L_j + \sum\limits_{i=0}^n w_{j,i}^*,\ j = 1,\cdots,p,$ 由上式可得

$$\sum_{j=1}^p -y_j^* f_j(x^*) \leqslant v(S^0). \tag{10.1.7}$$

下面将证明 (x^*,y^*) 是问题 (P(S^0)) 的一个可行解.

对任意 $r \in \Gamma'', j \in \{1,\cdots,p\},\ k \in \{1,\cdots,K\},\ l \in \{1,\cdots,q\},$ 由于 g_j, φ_k 是连续的及 $w_0^* \in U,$ 对问题 (DLP(S^r)) 的约束 (10.1.1)—(10.1.4) 式求极限可得

$$\left(L_j + \sum_{i=0}^n w_{j,i}^*\right) g_j(x^*) - 1 \leqslant 0, \quad \varphi_k(x^*) \leqslant 0, \quad A_l x^* \leqslant b_l, \quad w_{j,i}^* \geqslant 0, \tag{10.1.8}$$

由 (10.1.8) 式得 $L_j \leqslant L_j + \sum\limits_{i=0}^n w_{j,i}^* \leqslant 1/g_j(x^*) \leqslant U_j,$ 从而 $y^* \in D,$ 所以 (x^*,y^*) 满足 (P(S^0)) 的所有约束, 故 (x^*,y^*) 是问题 (P(S^0)) 的可行解, 从而

$$\sum_{j=1}^p -y_j^* f_j(x^*) \geqslant v(S^0). \tag{10.1.9}$$

由 (10.1.7) 式、(10.1.9) 式得 (x^*,y^*) 是问题 (P(S^0)) 的一个全局最优解, 又由定理 10.1.1 及 (10.1.6) 式得 ξ^* 是问题 $(\tilde{\text{P}})$ 的一个全局最优解.

10.1.4 数值算例

为了验证本章算法, 考虑下面数值例子:

$$\begin{cases} \max \quad \dfrac{x_1 + 1}{-x_1^2 + 3x_1 - x_2^2 + 3x_2 + 3.5} + \dfrac{x_1^2 - 2x_1 + x_2^2 - 8x_2 + 20}{x_2} \\ \text{s.t.} \quad -x_1^2 - x_2^2 + 3 \leqslant 0, \\ \qquad\ \ x_1^2 - x_2^2 + 8x_2 - 14 \leqslant 0, \\ \qquad\ \ -2x_1 + x_2 \leqslant 6, \\ \qquad\ \ 3x_1 + x_2 \leqslant 8, \\ \qquad\ \ x_1 - x_2 \leqslant 1, \\ \qquad\ \ x_1, x_2 \geqslant 1. \end{cases}$$

取 $\epsilon = 10^{-3}$, 经 2 次迭代, 运行时间为 0.02s, 求得最优值为 13.4, 最优解为 $(x_1, x_2) = (2.0, 1.0)$.

再考虑下面随机算例:

$$\begin{cases} \max \quad \displaystyle\sum_{k=1}^{p} \dfrac{\displaystyle\sum_{i=1}^{I} p_i^k \prod_{j \in M_i^k} x_j^{\alpha_{ij}^k} + 1}{c_k - \displaystyle\sum_{i=1}^{I} q_i^k \prod_{j \in N_i^k} x_j^{\beta_{ij}^k}} \\ \text{s.t.} \quad -\displaystyle\sum_{i=1}^{I} r_i^l \prod_{j \in L_i^l} x_j^{\gamma_{ij}} + d_l \leqslant 0, \quad l = 1, \cdots, m, \\ \qquad\ \ 0 \leqslant x_j \leqslant 1, \ j = 1, \cdots, n, \end{cases}$$

其中 p_i^k, q_i^k, $r_i^l \in [0, 1]$, M_i^k, N_i^k, L_i^l 从 $\{1, 2, \cdots, n\}$ 中随机产生, 满足 $1 \leqslant |M_i^k|, |N_i^k|, |L_i^l| \leqslant 4$, α_{ij}^k, β_{ij}^k, γ_i^l 随机从 $\{1, 2, 3\}$ 中取值. 另外, c_k 和 d_l 满足 $c_k \geqslant n$ 和 $d_l \in (0, n)$, 使得问题是可行的. 取 $p = 8$, $m = 2$, 对 $I = n = 5, 15, 30, 50$ 分别运行 10 次, 所得的平均运行时间分别是 0.1s, 5.3s, 56.5s, 472.9s, 平均迭代次数分别为 5, 48, 436, 813 次. 计算结果表明该算法是可行的.

上述数值实验结果表明, 本章节提出的算法是可行的.

10.2　D. C. 函数比式和问题的锥分分支定界算法

本节考虑如下的 D. C. 函数比式和问题:

$$(\text{P}) \begin{cases} \max f(x) = \displaystyle\sum_{j=1}^{m} \dfrac{g_j(x)}{h_j(x)} \\ \text{s.t.} \quad x \in D, \end{cases}$$

这里对于每一个 $j = 1, \cdots, m$, $g_j(x) \geqslant 0$ 和 $h_j(x) > 0$ 均为定义在 R^n 上的 D. C. 函数 (两个凸函数的差), $D \subset R^n$ 是一个非空有界紧凸集.

在这一节中, 首先, 我们将问题转化为一个等价问题, 并进一步利用 D. C. 约束特性, 将问题重写为: 定义在 $(n+6m)$ 维空间且带有反凸约束的线性目标函数的最大化问题. 然后, 基于锥分剖分和外逼近思想, 为 D. C. 函数比式和问题建立一个锥分分支定界算法, 并基于问题结构的一个恰当分解, 在 $(n+6)$ 维空间施行锥分剖分, 该锥分思想比在 $(n+6m)$ 维空间中执行的锥分需要更少的计算量. 关于本节的内容详见参考文献 [172].

10.2.1 等价变换

为方便讨论, 假设问题 (P) 的可行域 D 可表示为 $D := \{x \in R^n \mid d(x) \leqslant 0\}$, 这里 $d(x)$ 为凸函数. 不失一般性, 我们进一步假设 $g_j(x) \geqslant 0, j = 1, \cdots, m$. 事实上, 基于 $h_j(x) > 0, x \in D, j = 1, \cdots, m$, 以及

$$\max \sum_{j=1}^m \frac{g_j(x)}{h_j(x)} \Leftrightarrow \max \sum_{j=1}^m \frac{g_j(x)}{h_j(x)} + M_j \Leftrightarrow \max \sum_{j=1}^m \frac{g_j(x) + M_j h_j(x)}{h_j(x)},$$

选择足够大的 $M_j > 0$, 总可以保证分子 $g_j(x) + M_j h_j(x)$ 是非负的. 引入三个额外的辅助变量 y_j, z_j 和 $s_j, j = 1, \cdots, m$, 可以将 (P) 改写为

$$(\mathrm{P}) \begin{cases} \max & \sum_{j=1}^m s_j \\ \text{s.t.} & g_j(x) \geqslant y_j, \quad j = 1, \cdots, m, \\ & h_j(x) \leqslant z_j, \quad j = 1, \cdots, m, \\ & \dfrac{y_j}{z_j} \geqslant s_j, \qquad j = 1, \cdots, m, \\ & d(x) \leqslant 0. \end{cases} \tag{10.2.1}$$

注意到, 由于 $z_j > 0$, 对每一个 $j = 1, \cdots, m$, 有

$$\frac{y_j}{z_j} \geqslant s_j \Leftrightarrow 2y_j \geqslant (z_j + s_j)^2 - (z_j^2 + s_j^2)$$

成立.

假设 $g_j(x) \equiv g_j'(x) - g_j''(x)$ 和 $h_j(x) \equiv h_j'(x) - h_j''(x)$, 这里 $g_j'(x), g_j''(x)$, $h_j'(x)$ 和 $h_j''(x)$ 均为凸函数, 那么 (10.2.1) 式可以被重写成如下形式:

$$(\mathrm{P}) \begin{cases} \max & \sum_{j=1}^m s_j \\ \text{s.t.} & g_j'(x) - g_j''(x) \geqslant y_j, \quad j = 1, \cdots, m, \\ & h_j'(x) - h_j''(x) \leqslant z_j, \quad j = 1, \cdots, m, \\ & 2y_j - (z_j + s_j)^2 + z_j^2 + s_j^2 \geqslant 0, \quad j = 1, \cdots, m, \\ & d(x) \leqslant 0. \end{cases} \tag{10.2.2}$$

该问题具有线性目标函数, $(3m + 1)$ 个约束条件以及 $(n + 3m)$ 个变量. 在文献 [176] 中, 为将分式函数 $\dfrac{g(x)}{h(x)}$ 变为凸函数, Shi 考虑如下上图多功能函数 (epi-multiple functions):

$$G(x, \lambda) := \begin{cases} \lambda g(\lambda^{-1}x), & \lambda > 0, \\ 0, & \lambda = 0, x = 0, \\ -\infty, & \text{否则}. \end{cases} \qquad (10.2.3)$$

变换 (10.2.1) 式要比文献 [176] 中的基于 epi-multiple functions 的方法简便得多. 在 (10.2.2) 式中, 目标函数是线性的, 约束函数是 D. C. 函数. 因此, 它是一个 D. C. 优化问题, 即在紧致 D. C. 集上极大化一个线性函数. 事实上, 变量 u_j, v_j 和 w_j 的引入可以将 (10.2.2) 式转化为如下形式:

$$(\text{P}) \begin{cases} \max & \sum_{j=1}^{m} s_j \\ \text{s.t.} & g_j'(x) - u_j - y_j \geqslant 0, & j = 1, \cdots, m, \\ & g_j''(x) - u_j \leqslant 0, & j = 1, \cdots, m, \\ & h_j'(x) - v_j - z_j \leqslant 0, & j = 1, \cdots, m, \\ & h_j''(x) - v_j \geqslant 0, & j = 1, \cdots, m, \\ & z_j^2 + s_j^2 + 2y_j - w_j \geqslant 0, & j = 1, \cdots, m, \\ & (z_j + s_j)^2 - w_j \leqslant 0, & j = 1, \cdots, m, \\ & d(x) \leqslant 0. \end{cases} \qquad (10.2.4)$$

在 (10.2.4) 式中的所有约束条件的左端函数全是凸函数. 特别地, 约束 $g_j'(x) - u_j - y_j \geqslant 0, h_j''(x) - v_j \geqslant 0$ 和 $z_j^2 + s_j^2 + 2y_j - w_j \geqslant 0$ $(j = 1, \cdots, m)$ 称为反凸约束. (10.2.4) 式的可行域由 $(3m+1)$ 个凸约束和 $3m$ 个反凸约束构成. 相应地, 问题共含有 $(n + 6m)$ 个变量. 定义

$$\begin{aligned} G_j^- &:= \{(x, y_j, z_j, s_j, u_j, v_j, w_j) \in R^{n+6} | g_j'(x) - u_j - y_j < 0\}, \\ G_j &:= \{(x, y_j, z_j, s_j, u_j, v_j, w_j) \in R^{n+6} | g_j''(x) - u_j \leqslant 0\}, \\ H_j^- &:= \{(x, y_j, z_j, s_j, u_j, v_j, w_j) \in R^{n+6} | h_j''(x) - v_j < 0\}, \\ H_j &:= \{(x, y_j, z_j, s_j, u_j, v_j, w_j) \in R^{n+6} | h_j'(x) - v_j - z_j \leqslant 0\}, \\ \Gamma_j^- &:= \{(x, y_j, z_j, s_j, u_j, v_j, w_j) \in R^{n+6} | z_j^2 + s_j^2 + 2y_j - w_j < 0\}, \\ \Gamma_j &:= \{(x, y_j, z_j, s_j, u_j, v_j, w_j) \in R^{n+6} | (z_j + s_j)^2 - w_j \leqslant 0\}, \\ D &:= \{(x, y_j, z_j, s_j, u_j, v_j, w_j) \in R^{n+6} | d(x) \leqslant 0\}, \end{aligned} \qquad (10.2.5)$$

使用 (10.2.5) 式, 将 (10.2.4) 式重写成

$$
\text{(P)} \begin{cases}
\max & \sum_{j=1}^{m} s_j \\
\text{s.t.} & (x, y_j, z_j, s_j, u_j, v_j, w_j) \in G_j \bigcap H_j \bigcap \Gamma_j \bigcap D, \\
& (x, y_j, z_j, s_j, u_j, v_j, w_j) \notin G_j^- \bigcup H_j^- \bigcup \Gamma_j^-, \\
& \text{对 } j = 1, \cdots, m,
\end{cases} \tag{10.2.6}
$$

简单起见, 对所有 j, 定义 $\varpi_j := (y_j, z_j, s_j, u_j, v_j, w_j)$ 和 $\varpi_j^* := (y_j^*, z_j^*, s_j^*, u_j^*, v_j^*, w_j^*)$. 对于集合 S, 用 ∂S 来表示它的边界. 通过删除反凸约束, 问题 (10.2.6) 变成了一个多项式可解的凸规划. 因此, 不失一般性, 假设:

(A1) 存在一个指标 $j_0 \in \{1, \cdots, m\}$ 和一个点 $(x^*, \varpi_1^*, \cdots, \varpi_m^*)$, 这里 $(x^*, y_j^*, z_j^*, s_j^*, u_j^*, v_j^*, w_j^*) \in (G_j \bigcap H_j \bigcap \Gamma_j \bigcap D) \bigcup (G_{j_0}^- \bigcup H_{j_0}^- \bigcup \Gamma_{j_0}^-)$ 对所有的 j 满足 $\sum_j^m s_j < \sum_j^m s_j^*$ 对 (10.2.6) 式的可行域内任意一点 $(x, \varpi_1, \cdots, \varpi_m)$ 成立. 下面的引理在我们的算法中起了至关重要的作用.

引理 10.2.1 如果问题 (10.2.6) 有最优解 $(x^*, \varpi_1^*, \cdots, \varpi_m^*)$, 则 $(x^*, \varpi_j^*) \in \partial(G_j^- \bigcup H_j^- \bigcup \Gamma_j^-)$ 对每一个 $j = 1, \cdots, m$ 成立.

证明 假设 $(x^*, \varpi_1^*, \cdots, \varpi_m^*)$ 是问题 (10.2.6) 的一个最优解, 且 $(x^*, \varpi_{j_0}^*) \notin \partial(G_{j_0}^- \bigcup H_{j_0}^- \bigcup \Gamma_{j_0}^-)$ 对于某个 j_0 成立.

考虑点

$$
p(t) := (x^*, \varpi_1^*, \cdots, \varpi_m^*) + t[(x^*, \varpi_1^*, \cdots, \varpi_m^*) - (x^*, \varpi_1^*, \cdots, \varpi_m^*)],
$$

这里 $0 \leqslant t \leqslant 1$. 由假设 $p(1) \in (G_{j_0}^- \bigcup H_{j_0}^- \bigcup \Gamma_{j_0}^-)$ 和 $p(0) \notin (G_{j_0}^- \bigcup H_{j_0}^- \bigcup \Gamma_{j_0}^-)$, 必定存在某个 $t_0 \in (0, 1)$ 使得 $p(t_0) \in \partial(G_{j_0}^- \bigcup H_{j_0}^- \bigcup \Gamma_{j_0}^-)$, 且 $p(t_0) \neq p(0)$. 定义问题 (10.2.6) 在点 $p(t)$ 处的目标函数值为 $F(p(t))$, 由于目标函数是线性的, 因而可得

$$
F(p(0)) < F(p(t_0)).
$$

这与 $F(p(0))$ 是问题 (10.2.6) 的最优值矛盾.

10.2.2 带有反凸约束的线性规划

在这一部分, 我们先回顾一下由 Dai 等 [177] 针对带有反凸约束的线性规划问题提出的全局优化算法. 考虑问题 $\max\{bx | x \in D, f_j(x) \geqslant 0, j = 1, \cdots, m\}$, 其中 D 是 R^n 中的多胞形, $f_j(x)(j = 1, \cdots, m)$ 为凸函数, 定义 $C_j = \{x | f_j(x) < 0, j = 1, \cdots, m\}$. 则 $C_j(1, \cdots, m)$ 为开凸集. 该问题可以被表示如下

$$(\text{P}) \begin{cases} \max & bx \\ \text{s.t.} & x \in D, \\ & x \notin \bigcup_{j=1}^{m} C_j. \end{cases} \tag{10.2.7}$$

如果存在集合 $\bigcap_{j=1}^{m} C_j$ 的内点 x_0, 则文献 [177] 中所提的方法可以通过凹性割缩减方法来逼近可行域. 该算法是锥分支定界方案和凹性割缩减的组合使用. 为了使用多面体内逼近和锥分, 我们提出如下两个假设:

(A2)　$\text{int}(D \setminus \bigcup_{j=1}^{m} C_j) \neq \varnothing$;

(A3)　$\bigcap_{j=1}^{m} C_j \notin \varnothing$ 且可得到点 $x^0 \in \bigcap_{j=1}^{m} C_j$.

令 x^0 和 $\text{Ray}^i = \{r_v^i | v = 1, \cdots, n\}$ 为 $n+1$ 个仿射无关的点, 并定义

$$\text{cone}(x^0; \text{Ray}^i) := \left\{ x \,\middle|\, x = \sum_{v=1}^{n} \alpha_v^i (r_v^i - x^0), \alpha_v^i \geqslant 0 \right\}$$

或 $\text{cone}(\text{Ray}^i)$ 或 c_i.

在描述算法之前, 首先给出一些符号说明. 令 $\mathcal{C}$ 是上面定义的一个 $\{c_1, \cdots, c_p\}$ 的锥集合. 集合 $\mathcal{C}$ 称为一个给定集合 D 的一个锥分, 如果 $\bigcup_{i=1}^{p}(c_i \bigcap D) = D$ 和 $\text{int}(c_i) \bigcap \text{int}(c_j) = \varnothing$ 对任意 $i \neq j$ 成立. 如果对 $\mathcal{C}'$ 中的任意锥 c', 存在一个锥 $c \in \mathcal{C}$ 使得 $c' \subset c$. 我们称 $\mathcal{C}'$ 为 $\mathcal{C}$ 的一个细分. 如果每个严格嵌套的序列 $\{c_k\}_{k=1,2,\cdots}$ 满足 $c_k \in \mathcal{C}_k$ 和 $c_{k+1} \subset c_k$ 对所有 k 成立, 存在一个半直线 $\mathcal{R}$ 从 x^0 穿出, 使得

$$\{x \in R^n | \liminf_{k \to \infty} \delta(x, c_k) = 0\} = \{x \in R^n | \lim_{k \to \infty} \delta(x, c_k) = 0\} = \mathcal{R}, \tag{10.2.8}$$

我们称这个细分过程是穷尽的, 其中 $\delta(x, c_k) := \inf_{y \in c_k} \delta(x, y)$, $\delta(x, y)$ 表示 x 和 y 之间的欧氏距离.

对于给定的凸集 C_j 和点 $x_0 \in C_j$. 我们定义 c_i 的第 v 射线和 C_j 的边界 $\partial(C_i)$ 的交点为 $t_v(C_j, c_j)$ 或 t_v, $v = 1, \cdots, n$. 此外, 分别定义超平面 H 和半平面 H_+ 如下

$$H(C_j, c_j) := \left\{ x \,\middle|\, x = \sum_{v=1}^{n} \alpha_v^i t_v, \sum_{v=1}^{n} \alpha_v^i = 1, \alpha_v^i \geqslant 0 \right\}$$

和

$$H_+(C_j, c_j) := \left\{ x \,\middle|\, x = \sum_{v=1}^{n} \alpha_v^i t_v, \sum_v \alpha_v^i \geqslant 1, \alpha_v^i \geqslant 0 \right\}.$$

对于给定的一个锥 c_i、一个紧凸集 D 以及一个开凸集 C_j, 有

$$c_i \bigcap (D \setminus C_j) \subseteq (D \bigcap c_i) \bigcap H_+(C_j, c_i). \tag{10.2.9}$$

下面的引理对于求解目标函数在一个锥上的上界具有重要作用.

引理 10.2.2 对于给定凸集 $C_1, \cdots, C_m$ 以及固定的锥 c_i, 在假设条件 (A3) 情况下, 有

$$c_i \bigcap \left(D \setminus \bigcup_{j=1}^{m} C_j \right) \subseteq \left(D \bigcap \left(\bigcap_{j=1}^{m} H_+(C_j, c_i) \right) \right) \bigcap c_i.$$

证明 由 (10.2.8) 式易得.

定义 c_i 上的松弛凸可行域为

$$F(c_i) := \left(D \bigcap \left(\bigcap_{j=1}^{m} H_+(C_j, c_i) \right) \right) \bigcap c_i. \tag{10.2.10}$$

易知

$$\max \left\{ bx \,\middle|\, x \in D, x \notin \bigcup_{j=1}^{m} C_j, x \in c_i \right\} \leqslant \max\{bx | x \in F(c_i)\}.$$

下面给出算法.

算法 MRC (求解反凸约束的优化问题)

步 0 计算点 x^0 并构造 D 的锥分区域 $\mathcal{C} = \{c_1, \cdots, c_p\}$. 设置精度 ε. 令 $M := \{(1, \cdots, p)\}, k := 0, L := -\infty, U := \infty$.

步 1 从 $\mathcal{M}$ 中选择一个 μ. 计算 $U_\mu := \max\{bx | x \in F(c_\mu)\}$ 和 $x^k := \operatorname{argmax}\{bx | x \in F(c_\mu)\}$.

步 2 如果 $U_\mu \leqslant L$, 则从 M 中删除 μ 并转步 1. 否则计算一个 bx 在 $F(c_\mu)$ 上的下界 L_μ.

步 3 如果 $L_\mu > L$, 则 $L := L_\mu$; 从 $\mathcal{M}$ 中删除所有的满足 $U_j - L < \varepsilon$ 的 j, 如果 $\mathcal{M} = \varnothing$, 则终止; $x^* := x^k$ 是一个最优解.

步 4 将 c_μ 分割成 c_{p+2k} 和 c_{p+2k+1}. 令 $\mathcal{M} := (\{\mathcal{M}\} \setminus \{\mu\}) \bigcup \{p+2k, p+2k+1\}, k := k+1$, 转步 1.

与通常的矩形分支定界算法的不同之处在于: 算法 MRC 可以将可行域更加彻底地进行剖分. 算法 MRC 的优点在于求点 $t_v(C_j, c_i)$ 的函数值的计算量少. 由于 C_i $(i = 1, \cdots, p)$ 是凸集, 我们可以利用凸优化来获得出现在定义 $F(c_i)$ 和 $H_+(C_j, c_i)$ 中的点 $t_v(C_j, c_i)$.

在步 2 中, 对于一个给定的锥 c_μ, 我们计算了 bx 在 $F(c_\mu)$ 上的一个下界 L_μ. 达到该目标的一个启发式算法是

$$L_\mu := \max\{bx | x = t_v(C_j, c_\mu), x \in D, v = 1, \cdots, n, j = 1, \cdots, m\}. \qquad (10.2.11)$$

容易看出, 对于每一个 C_j, 所有 n 个点 t_v $(v = 1, \cdots, n)$ 都是不可行的, 因而在 c_μ 中没有可行点; 相应地, 令 $L_\mu := -\infty$. 对于所有的 v 和 i, 当 $L \leqslant bt_v(C_i, c_\mu)$ 时, 可以删除锥 c_μ 不再进一步考虑. 在步 4 中, 将 c_μ 分割成 c_{p+2k} 和 c_{p+2k+1}, 可以利用多种穷尽的分割方法, 例如对分、w-分割.

定理 10.2.1 (文献 [177] 定理 3.7)　　假设算法中的锥分是穷竭的, 则序列 $\{x^k\}$ 的每一个聚点是问题 (10.2.7) 的一个最优解.

10.2.3　求解方法

现在我们来考虑问题 (10.2.5) 或者相应的紧致形式 (10.2.6). 问题 (10.2.6) 和 (10.2.7) 式的区别在于问题 (10.2.6) 包含了一般的凸集. 这使得求解过程有可能使用前述的算法. 为了避开这个限制, 一组线性不等式可以用于逼近过程. 此外, (10.2.6) 式中凸集的一个合适的分解可以被用于强化求解算法的设计. 本小节将致力于处理这些问题.

正如上面所述, 假设 (A3) 是至关重要的. 没有这个假设, 在构造可行域的锥分时可能会遇到困难.

引理 10.2.3　　对于问题 (10.2.7), 条件 (A3) 成立.

证明　　使用 (10.2.5) 式的表示来获得 (A3) 中的一个点. 从 D 中任取一个点 $\overline{x}$, 选择 $\overline{u}_j$ 和 $\overline{v}_j$ 使得 $(\overline{x}, \cdot, \cdot, \cdot, \overline{u}_j, \overline{v}_j, \cdot)$ 在 G_j 和 H_j^- 中. 利用 $(\overline{x}, \cdot, \cdot, \cdot, \overline{u}_j, \overline{v}_j, \cdot)$, 选择合适的正 $\overline{z}_j$ 使得 $(\overline{x}, \cdot, \overline{z}_j, \cdot, \overline{u}_j, \overline{v}_j, \cdot) \in H_j$. 注意到变量 z_j 在前边两个集合 G_j 和 H_j^- 中是自由的. 因此, 所选的点包含在两个集合中. 进一步选择正 $\overline{s}_j$ 和 $\overline{w}_j$ 使得

$$(\overline{z}_j + \overline{s}_j)^2 - \overline{w}_j \leqslant 0 \qquad (10.2.12)$$

成立, 进行定义 Γ_j. 取足够大的 $\overline{y}_j$, 使得 $(\overline{x}, \overline{y}_j, \overline{z}_j, \overline{s}_j, \overline{u}_j, \overline{v}_j, \overline{w}_j) \in H_j^-$. 注意, 足够大的 $\overline{y}_j$ 可能会违背

$$\overline{z}_j^2 + \overline{s}_j^2 + 2\overline{y}_j - \overline{w}_j < 0, \qquad (10.2.13)$$

为避免这种情况, 我们替换 $\overline{w}_j$ 为 $\overline{w}_j + 2\overline{y}_j$. 进一步, 可得点 $(\overline{x}, \overline{y}_j, \overline{z}_j, \overline{s}_j, \overline{u}_j, \overline{v}_j, \overline{w}_j + \overline{y}_j) \in G_j^- \bigcap H_j^- \bigcap \Gamma_j^-$ 对所有的 j 满足 (A3).

由于 $G_j \bigcap H_j \bigcap \Gamma_j \bigcap D$ 不是一个多胞形, 带有反凸约束的线性规划问题的算法不能被直接应用于 (10.2.6) 式. 因此, 我们使用一系列多胞形来逼近一个凸集 $G_j \bigcap H_j \bigcap \Gamma_j \bigcap D$. 令 $\mathcal{P}_j^0$ 是 R^{n+6} 中的一个多胞形, 且包含 $G_j \bigcap H_j \bigcap \Gamma_j \bigcap D$, $j = 1, \cdots, m$. 多胞形 $\mathcal{P}_j^0$ 通常被定义为一组线性不等式. 该假设的合理性取决于 $G_j \bigcap H_j \bigcap \Gamma_j \bigcap D$ 的逼近和 $\mathcal{P}_j^0$ 的易算性. 考虑到效率问题, 假设 $\mathcal{P}_j^0$ 是 R^{n+6} 中的一个单纯形, 并且 $G_j \bigcap H_j \bigcap \Gamma_j \cap D$ 由一个凸函数定义, $S_j(x, \varpi_j) \leqslant 0$. 令 $V(\mathcal{P}_j^0)$ 为 $\mathcal{P}_j^0$ 的顶点集. 在第 k 次迭代中, 选择 $v_j^k \in \operatorname{argmax}\{S_j(v_j)|v_j \in V(\mathcal{P}_j^k)\}$, 其中 $v_j^k := (x^k, \varpi_j^k)$. 类似地, 定义 $v_j := (x, \varpi_j)$. 如果 $v_j^k \notin G_j \bigcap H_j \bigcap \Gamma_j \bigcap D$, 计算 S_j 在点 v_j^k 的次梯度 $B_j(v_j^k)$, 并令

$$\ell_j^k(v_j) = (v_j - v_j^k)B_j(v_j^k) + S(v_j^k).$$

不等式

$$\ell_j^k(v_j) \leqslant 0$$

包含 (10.2.6) 式中除 v_j^k 之外的每一个可行点.

$$\mathcal{P}_j^{k+1} := \mathcal{P}_j^k \bigcap \{v_j|\ell^k(v_j) \leqslant 0\},$$

可以生成一个嵌套的多胞形序列 $\{\mathcal{P}^k\}_{k=1,2,\cdots}$ 使得 $\cdots \subset \mathcal{P}_j^{k+1} \subset \mathcal{P}_j^k \subset \cdots$ 和

$$\lim_{k\to\infty} \mathcal{P}_j^k = G_j \bigcap H_j \bigcap \Gamma_j \bigcap D.$$

假设 $V(\mathcal{P}_j^k)$ 可求. 则 $V(\mathcal{P}_j^{k+1})$ 可以利用类似文献 [178] 中的方法进行计算.

引理 10.2.4   假设 $v_j^k \in \mathcal{P}_j^k$ 和 $\lim_{k\to\infty} v_j^k = v_j^*$, 则 $v_j^* \in G_j \bigcap H_j \bigcap \Gamma_j \bigcap D$.

证明   由文献 [177] 中的引理 3.2 和引理 3.5, 可知 $\ell_j^k(v_j)$ 是一致等价连续的, 并且存在一个连续函数 ℓ_j 使得

$$\lim_{k\to\infty} \ell_j^k(v_j^k) = \lim_{k\to\infty} \ell_j^k(v_j^{k+1}) = \ell_j(v_j^*).$$

注意到 $\ell_j^k(v_j^k) \leqslant 0$ 和 $\ell_j^k(v_j^{k+1}) \geqslant 0$. 因此, $\ell_j(v_j^*) = 0$. 从而由文献 [177] 中的引理 3.4 可得 $v_j^* \in G_j \bigcap H_j \bigcap \Gamma_j \bigcap D$.

10.2.4   算法及其收敛性

基于以上讨论, 我们给出下面的求解算法 (D. C. 函数比式和问题的算法).

初始化   计算初始点 $(x_0, \varpi_1^0, \cdots, \varpi_m^0)$. 对每个 j 构造多胞形 $\mathcal{P}_j^0$. 对每个 j $(j = 1, \cdots, m)$, 构造一个 $\mathcal{P}_j^0$ 的锥剖分 $\mathcal{C} = \{c_1^j, \cdots, c_p^j\}$. 设定精度 ε. 设置 $M_j := \{1 + jp, \cdots, (j+1)p\}$ 和 $\mathcal{M} := \{(\mu_1, \cdots, \mu_m)|\mu_j \in M_j\}$. 置 $k := 0, L := -\infty$.

步 1   从 $\mathcal{M}$ 中选择一个 $(\mu_1, \cdots, \mu_m)$ 并计算

$$U_{(\mu_1,\cdots,\mu_m)} := \max\left\{\sum_{j=1}^{m} s_j \,\middle|\, (x,y_j,z_j,s_j,u_j,v_j,w_j) \in F(c_{v_j}), j = 1,\cdots,m\right\}.$$

令 $(x^k,(y_j,z_j,s_j,u_j,v_j,w_j)^k)(j=1,\cdots,m)$ 为最优解, $U_k = U_{(\mu_1,\cdots,\mu_m)}$.

步 2　如果 $U_k \leqslant L$, 则从 $\mathcal{M}$ 中删除 $(\mu_1,\cdots,\mu_m)$ 转步 1. 否则由 (10.2.11) 式计算一个 $\sum\limits_j s_j$ 的下界 L_k.

步 3　如果 $L_k > L$, 则 $L := L_k$; 从 $\mathcal{M}$ 中删除所有的 $(\mu_1,\cdots,\mu_m)$ 使得 $U_{(\mu_1,\cdots,\mu_m)} - L < \varepsilon$; 如果 $M = \varnothing$, 则终止. $x^* := x^k$ 是一个最优解.

步 4　从 $\{\mu_1,\cdots,\mu_m\}$ 中选择一个 μ_j. 将 c_μ 分割成 c_{p+2k} 和 c_{p+2k+1}. 令 $\mathcal{M} := \mathcal{M} \setminus \{(\mu_1,\cdots,\mu_m)\}$, $\mathcal{M} := \mathcal{M} \bigcup \{(\mu_1,\cdots,\mu_{j-1},p+2k,\mu_{j+1},\cdots,\mu_m)\} \bigcup \{(\mu_1,\cdots,\mu_{j-1},p+2k+1,\mu_{j+1},\cdots,\mu_m)\}$. 置 $k := k+1$ 并转步 1.

算法的主要计算任务是锥分和步 1 中 $U_{(\mu_1,\cdots,\mu_m)}$ 的计算. 由于问题的可行域具有较好的分解结构, 锥分区的更新可以独立进行 (见步 4), 这个操作仅仅包含了 $(n+6)$ 维空间中的一个锥, 这与原来的 $(n+6m)$ 维空间相比具有较低的维度. 上界 U_k 通过求解如下线性规划而获得

$$\max\left\{\sum_{j}^{m} s_j \,\middle|\, (x,y_j,z_j,s_j,u_j,v_j,w_j) \in F(c_{\mu_j}), j = 1,\cdots,m\right\}.$$

注意到每一个 $F(c_{\mu_j})$ 可以被写成线性不等式[85], 因此, 上面的计算过程并不过于耗时.

引理 10.2.5　假设上述算法中的锥分分支方法是穷举的, $\{(x^*,\varpi_1^*,\cdots,\varpi_m^*)\}$ 是序列 $\{(x,\varpi_1,\cdots,\varpi_m)^k\}$ 的一个聚点, 则 $v_j^* \notin G_j^- \bigcap H_j^- \bigcap \Gamma_j^-$.

证明　参考文献 [177] 中的定理 3.7.

定理 10.2.2　假设上述算法中的锥分是穷尽的, 则序列 $\{(x,\varpi_1,\cdots,\varpi_m)^k\}$ 的每一个聚点是一个最优解.

证明　假设 $\lim(x,\varpi_1,\cdots,\varpi_m)^k = (x^*,\varpi_1^*,\cdots,\varpi_m^*)$. 由引理 10.2.4 可知 $v_j^* \in G_j \bigcap H_j \bigcap \Gamma_j \bigcap D$ 对每个 j 成立. 结合引理 10.2.5 易知 $(x^*,\varpi_1^*,\cdots,\varpi_m^*)$ 是问题 (10.2.6) 的一个可行解. 注意到根据算法中 v_j^k 的定义, c_i 的最大值是保持不变的. 因此, $(x^*,\varpi_1^*,\cdots,\varpi_m^*)$ 是一个最优解.

10.2.5　数值实验

下边的例子用来验证算法可行性.

例 10.2.1

$$\max\ f(x_1,x_2) = \frac{-x_1^2 + 3x_1 - x_2^2 + 3x_2 + 3.5}{x_1 + 1.0} + \frac{x_2}{x_1^2 - 2x_1 + x_2^2 - 8x_2 + 20.0},$$

这里 $m = 2, n = 2, g_1(x_1, x_2) = -x_1^2 + 3x_1 - x_2^2 + 3x_2 + 3.5, g_2(x_1, x_2) = x_2, h_1(x_1, x_2) = x_1 + 1.0, h_2(x_1, x_2) = x_1^2 - 2x_1 + x_2^2 - 8x_2 + 20.0.$ 可行域 D 由如下线性不等式定义

$$D := \{(x_1, x_2) | 2x_1 + x_2 \leqslant 6, 3x_1 + x_2 \leqslant 8, x_1 - x_2 \leqslant 1, x_1 \geqslant 1, x_2 \geqslant 2\}.$$

该问题的最优解 $(x_1^*, x_2^*) = (1.00, 2.00)$ 和最优值 $f(x_1^*, x_2^*) = 4.0357.$ 令

$$\begin{aligned}
g_1'(x_1, x_2) &= 3x_1 + 3x_2 + 3.5, \\
g_1''(x_1, x_2) &= x_1^2 + x_2^2, \\
h_1'(x_1, x_2) &= x_1 + 1, \\
h_1''(x_1, x_2) &= 0, \\
g_2'(x_1, x_2) &= x_2, \\
g_2''(x_1, x_2) &= 0, \\
h_2'(x_1, x_2) &= x_1^2 + x_2^2, \\
h_2''(x_1, x_2) &= 2x_1 + 8x_2 - 20.
\end{aligned}$$

等价问题 (10.2.4) 可表示为

$$\left\{ \begin{aligned}
\max \quad & s_1 + s_2 \\
\text{s.t.} \quad & x_1^2 + x_2^2 - u_1 \leqslant 0, \\
& x_1^2 + x_2^2 - v_2 - z_2 \leqslant 0, \\
& -u_2 \leqslant 0, \\
& x_1 + 1 - v_1 - z_1 \leqslant 0, \\
& (s_1 + z_1)^2 - w_1 \leqslant 0, \\
& (s_2 + z_2)^2 - w_2 \leqslant 0, \\
& 2x_1 + x_2 \leqslant 6, \\
& 3x_1 + x_2 \leqslant 8, \\
& x_1 - x_2 \leqslant 1, \\
& x_1 \geqslant 1, x_2 \geqslant 2, \\
& 3x_1 + 3x_2 + 3.5 - u_1 - y_1 \geqslant 0, \\
& 2x_1 + 8x_2 - 20 - v_2 \geqslant 0, \\
& x_2 - u_2 - y_2 \geqslant 0, \\
& -v_1 \geqslant 0, \\
& s_1^2 + z_1^2 + 2y_1 - w_1 \geqslant 0, \\
& s_2^2 + z_2^2 + 2y_2 - w_2 \geqslant 0, \\
& \text{除 } u_j \text{ 和 } v_j(j = 1, 2) \text{ 外, 所有变量均为非负.}
\end{aligned} \right.$$

第二组约束是一组反凸约束, 然而由于前四个为线性约束, 真正意义上的反凸约束只有后两个. 令

$$v_{jv} = 47e_v, \quad v = 1, \cdots, 8, \quad j = 1, 2,$$

其中 e_v 是 R^8 中的 v-单位向量. $v_{jv}, v = 1, \cdots, 8, v_{j0} = (0,0,0,0,0,0,0,0) \in R^8$, $j = 1, 2$, 分别是算法步 1 中 R^8 里的两个初始多胞形的顶点. 令

$$(x_1^0, x_2^0, y_j^0, z_j^0, s_j^0, u_j^0, v_j^0, w_j^0)^{\mathrm{T}} = (-1, -1, 1, 1, -1, 2, 2, 5)^{\mathrm{T}}, \quad j = 1, 2.$$
$$s_1^2 + z_1^2 + 2y_1 - w_1 = -1 < 0,$$
$$s_2^2 + z_2^2 + 2y_2 - w_2 = -1 < 0,$$

因此, 它们可以作为初始锥的顶点. 对每个 $j = 1, 2$, 令从点 $(x_1^0, x_2^0, y_j^0, z_j^0, s_j^0, u_j^0, v_j^0, w_j^0)^{\mathrm{T}}$ 出发的射线为

$$v_{jv} - (x_1^0, x_2^0, y_j^0, z_j^0, s_j^0, u_j^0, v_j^0, w_j^0)^{\mathrm{T}}, \quad v = 1, \cdots, 8.$$

射线与约束 $s_j^2 + z_j^2 + 2y_j - w_j = 0 (j = 1, 2)$ 的交点分别如下

$$t_{j1} = (47, 0, 0, 0, 0, 0, 0, 0)^{\mathrm{T}},$$
$$t_{j2} = (0, 47, 0, 0, 0, 0, 0, 0)^{\mathrm{T}},$$
$$t_{j3} = (-0.968442, -0.968442, 1.48323, 0.968442, 0.968442, 1.93688, 1.93688,$$
$$\qquad 4.84221)^{\mathrm{T}},$$
$$t_{j4} = (-0.978613, -0.978613, 0, 1.98378, 0.978613, 1.95723, 1.95723, 4.89307)^{\mathrm{T}},$$
$$t_{j5} = (-0.978613, -0.978613, 0, 0.978613, 1.98378, 1.95723, 1.95723, 4.89307)^{\mathrm{T}},$$
$$t_{j6} = (0, 0, 0, 0, 0, 47, 0, 0)^{\mathrm{T}},$$
$$t_{j7} = (0, 0, 0, 0, 0, 0, 47, 0)^{\mathrm{T}},$$
$$t_{j8} = (22.065, 22.065, 0, -22.065, -22.065, -44.13, -44.13, 973.73)^{\mathrm{T}},$$

令

$$T_j = (t_{j1}, t_{j2}, t_{j3}, t_{j4}, t_{j5}, t_{j6}, t_{j7}, t_{j8}), \quad j = 1, 2$$

和

$$\alpha_j = (\alpha_{j1}, \alpha_{j2}, \alpha_{j3}, \alpha_{j4}, \alpha_{j5}, \alpha_{j6}, \alpha_{j7}, \alpha_{j8}), \quad j = 1, 2.$$

线性规划中的变量可以表示为

$$(x_1, x_2, y_j, z_j, s_j, u_j, v_j, w_j)^{\mathrm{T}} = T_j \alpha_j, \quad \sum_{v=1}^{8} \alpha_{jv} \geqslant 1, \quad \alpha_{jv} \geqslant 0, \quad j = 1, 2.$$

$$\text{(10.2.14)}$$

利用 (10.2.14) 式替换所有的变量可得下面的线性规划, 其最优值是 $s_1 + s_2$ 的一个上界.

$$
\begin{cases}
\max & 0.968442\alpha_{13} + 0.978613\alpha_{14} + 1.98378\alpha_{15} - 22.065\alpha_{18} + 0.968442\alpha_{23} \\
& \quad + 0.978613\alpha_{24} + 1.98378\alpha_{25} - 22.065\alpha_{28}, \\
\text{s.t.} & 94\alpha_{11} + 47\alpha_{12} - 2.90533\alpha_{13} - 2.93584\alpha_{14} - 2.93584\alpha_{15} + 66.195\alpha_{18} \leqslant 6, \\
& 141\alpha_{11} + 47\alpha_{12} - 3.87377\alpha_{13} - 3.91445\alpha_{14} - 3.91445\alpha_{15} + 88.26\alpha_{18} \leqslant 8, \\
& 47\alpha_{11} - 47\alpha_{12} \leqslant 1, \\
& -47\alpha_{11} + 0.968442\alpha_{13} + 0.978613\alpha_{14} + 0.978613\alpha_{15} - 22.065\alpha_{18} \leqslant -1, \\
& -47\alpha_{12} + 0.968442\alpha_{13} + 0.978613\alpha_{14} + 0.978613\alpha_{15} - 22.065\alpha_{18} \leqslant -2, \\
& -141\alpha_{11} - 141\alpha_{12} + 9.23076\alpha_{13} + 7.82891\alpha_{14} + 7.82891\alpha_{15} + 47\alpha_{16} \\
& \quad - 176.52\alpha_{18} \leqslant 3.5, \\
& 47\alpha_{11} - 3.87377\alpha_{13} - 4.91962\alpha_{14} - 3.91445\alpha_{15} - 47\alpha_{17} + 88.26\alpha_{18} \leqslant -1, \\
& 0.968442\alpha_{13} + 1.98378\alpha_{14} + 0.978613\alpha_{15} - 22.065\alpha_{18} \leqslant 0, \\
& 47\alpha_{11} + 47\alpha_{12} + 9.23076\alpha_{13} + 8.83407\alpha_{14} + 8.83407\alpha_{15} + 47\alpha_{16} + 47\alpha_{17} \\
& \quad + 907.535\alpha_{18} \leqslant 47, \\
& -94\alpha_{21} - 376\alpha_{22} + 11.6213\alpha_{23} + 11.7434\alpha_{24} + 11.7434\alpha_{25} + 47\alpha_{27} \\
& \quad - 264.78\alpha_{28} \leqslant -20, \\
& -47\alpha_{22} + 4.38855\alpha_{23} + 2.93584\alpha_{24} + 2.93584\alpha_{25} + 47\alpha_{26} - 66.195\alpha_{28} \leqslant 0, \\
& 47\alpha_{21} + 47\alpha_{22} + 10.1992\alpha_{23} + 9.81269\alpha_{24} + 9.81269\alpha_{25} + 47\alpha_{26} + 47\alpha_{27} \\
& \quad + 885.47\alpha_{28} \leqslant 47 \\
& 47\alpha_{11} - 0.968442\alpha_{13} - 0.978613\alpha_{14} - 0.978613\alpha_{15} + 22.065\alpha_{18} - 47\alpha_{21} \\
& \quad + 0.968442\alpha_{23} + 0.978613\alpha_{24} + 0.978613\alpha_{25} - 22.065\alpha_{28} = 0, \\
& 47\alpha_{12} - 0.968442\alpha_{13} - 0.978613\alpha_{14} - 0.978613\alpha_{15} + 22.065\alpha_{18} - 47\alpha_{22} \\
& \quad + 0.968442\alpha_{23} + 0.978613\alpha_{24} + 0.978613\alpha_{25} - 22.065\alpha_{28} = 0, \\
& \alpha_{11} + \alpha_{12} + \alpha_{13} + \alpha_{14} + \alpha_{15} + \alpha_{16} + \alpha_{17} + \alpha_{18} \geqslant 1, \\
& \alpha_{21} + \alpha_{22} + \alpha_{23} + \alpha_{24} + \alpha_{25} + \alpha_{26} + \alpha_{27} + \alpha_{28} \geqslant 1,
\end{cases}
$$

这里所有的变量都是非负的.

该问题的最优值为 5.24, 原始变量为 $(x_1, x_2, y_1, z_1, s_1, u_1, v_1, w_1, y_2, z_2, s_2, u_2, v_2, w_2) = (1.0, 4.0, 0, 0, 0.8191, 0, 2, 39.1809, 0, 0.2, 4.4217, 4.0, 4.0, 27.578)$, 输出结果不满足凸约束条件. 由于 $(x_1, x_2) = (1.0, 4.0)$ 满足初始线性约束, 该点处的目标为原目标函数的一个上界, 其值为 2.0833.

下面选择第一个锥进行分割得到两个锥. 由于 $x_1^2 + x_2^2 - u_1 = 25 > 0$ 是当前线性规划的解, 但是不满足二次约束 $x_1^2 + x_2^2 - u_1 \leqslant 0$. 而最优解的次梯度是

$(2, 8, 0, 0, 0, -1, 0, 0, 0, 0, 0, 0, 0, 0)$, 线性割

$$2(x_1 - 1) + 8(x_2 - 4) - u_1 + 25 \leqslant 0$$

被添加进第一个线性规划的约束集中.

通过反复执行该程序直到上、下界的差小于预先设定的误差界 ε 时可以获得问题的逼近解. 在上例中, 设置 $\varepsilon = 0.01$, 其中一个解是

$$(1.00, 2.00, 7.50, 2.00, 3.75, 5.00, 0.00, 33.06, 2.00, 7.00, 0.29, 0.00, -2.00, 53.08),$$

也就是 $(x_1, x_2) = (1.00, 2.00)$, $(y_1, z_1, s_1, u_1, v_1, w_1) = (7.50, 2.00, 3.75, 5.00, 0.00, 33.06)$, $(y_2, z_2, s_2, u_2, v_2, w_2) = (2.00, 7.00, 0.29, 0.00, -2.00, 53.08)$ 在 1016 次迭代 478s 后被求得.

10.3 本 章 小 结

本章首先针对一类带有反凸约束的凹、凸比式和问题介绍了一种单纯形分支和对偶定界算法, 该算法利用拉格朗日对偶理论构造线性上界问题, 并且数值实验结果验证了算法的可行性. 其次, 本章针对 D. C. 比式和问题 (P) 提出了一种锥分分支定界算法, 通过将原问题转化为一个等价问题, 并通过研究 D. C. 约束特性, 重写初始问题为: 在 $(n + 6m)$ 维空间且带有几个反凸约束的最大化线性目标函数; 然后, 基于锥分和外逼近, 建立了一个锥分分支定界算法, 该算法基于问题结构的一个恰当分解, 在 $(n + 6)$ 维空间执行锥分, 这个过程比在 $(n + 6m)$ 维空间中的执行锥分需要更少的计算量. 本章的详细内容也可参考文献 [172,175].

参 考 文 献

[1] 袁亚湘, 孙文瑜. 最优化理论与方法 [M]. 北京: 科学出版社, 1997.

[2] 申培萍. 全局优化方法 [M]. 北京: 科学出版社, 2006.

[3] Horst R, Pardalos P M, Thoai H V. 全局优化引论 [M]. 黄红选译. 北京: 清华大学出版社, 2003.

[4] Horst R, Pardalos P M, Thoai N V. Introduction to Global Optimization[M]. London: Kluwer Academic Publisher, 1995.

[5] Ge R P. A filled function method for finding a global minimizer of a function of several variables[J]. Mathematical Programming, 1990, 46: 191-204.

[6] Horst R. Deterministic methods in constrained global optimization: Some recent advances and new fields of application[J]. Naval Research Logistics, 1990, 37: 433-471.

[7] 吴至友. 全局优化的几种确定性方法 [D]. 上海大学博士学位论文, 2003.

[8] Zhang L S, Ng C K, Li D, et al. A new filled function method for global optimization[J]. Journal of Global Optimization, 2004, 28: 17-43.

[9] Holland JH. Adaptation in Natural and Artificial Systems[M]. Ann Arbor: University of Michigan Press, 1975.

[10] Kirkpatrick S, Gelatt C D, Vecchi M P. Optimization by Simulated Annealing[J]. Science, 1983, 220: 671-680.

[11] Horst R. A general class of branch-and-bound methods in global optimization with some new approaches for concave minimization[J]. Journal of Optimization Theory and Applications, 1986, 51: 271-291.

[12] Tuy H, Horst R. Convergence and restart in branch-and-bound algorithms for global optimizations application to concave minimization and D.C. optimization problems[J]. Mathematical Programming, 1988, 41: 161-183.

[13] 汪春峰. 几类全局优化问题的分支定界算法 [D]. 西安: 西安电子科技大学博士学位论文, 2012.

[14] Tuy H. Normal sets, polyblocks and monotone optimization[J]. Vietnam Journal of Mathematics, 1999, 27: 277-300.

[15] Tuy H. Monotonic optimization: Problems and solution approaches[J]. SIAM Journal on Optimization, 2000, 11: 464-494.

[16] Pardalos P M, Rosen J B. Constrained Global Optimization: Algorithms and Applications[M]. Berlin: Springer, 1987.

[17] Michalewicz Z. Genetic Algorithms+Data Structures=Evolution Programs[M]. Berlin: Springer-Verlag, 1996.

[18] Jacob C. Evolution programs evolved[J]. Lecture Notes in Computer Science, 1996, 1141: 42-51.

[19] Forrest S. Genetic algorithms: Principles of natural selection applied to computation[J]. Science, 1993, 261: 872-878.

[20] 徐宗本, 陈志平, 章祥荪. 遗传算法基础理论研究的新近发展 [J]. 数学进展, 2000, 29: 97-114.

[21] Esin O, Linet Q. Parallel simulated annealing algorithms in global optimization[J]. Journal of Global Optimization, 2001, 19: 27-50.

[22] Elmi A, Solimanpur M, Topalogu S, et al. A simulated annealing algorithm for the job shop cell scheduling problem with intercellular moves and reentrant parts[J]. Computers and Industrial Engineering, 2011, 61: 171-178.

[23] Goffe W L, Ferrier G D, Rogers J. Global optimization of statistical functions with simulated annealing[J]. Journal of Econometrics, 1994, 60: 65-99.

[24] Kolonko M. Some new results on simulated annealing applied to the job shop scheduling problem[J]. European Journal of Operational Research, 1999, 113: 123-136.

[25] Dorigo M, Stützle T. Ant Colony Optimization[M]. Cambridge: MIT Press, 2004.

[26] Blum C. Ant colony optimization: Introduction and recent trends[J]. Physics of Life Reviews, 2005, 2: 353-373.

[27] Dorigo M, Blum C. Ant colony optimization theory: A survey[J]. Theoretical Computer Science, 2005, 344: 243-278.

[28] Dorigo M, Stützle T. The ant colony optimization metaheuristic: Algorithms, applications, and advances[J]. International Series in Operations Research and Management Science, 2003, 57: 250-285.

[29] Horst R, Tuy H. Global Optimization[M]. Berlin: Springer-Verlag, 1990.

[30] Horst R, Pardalos P M. Handbook of Global Optimization[M]. Dordrecht, The Netherlands: Kluwer Academic Publishers, 1995.

[31] Li D, Sun X L, Biswal M P, et al. Convexification, concavification and monotonization in global optimization[J]. Annals of Operations Research, 2001, 105: 213-226.

[32] Sun X L, Mckinnon K, Li D. A convexification method for a class of global optimization problem with application to reliability optimization[J]. Journal of Global Optimization, 2001, 21: 185-199.

[33] 杨林朋, 求两类规划问题全局解的单调化方法 [D]. 河南师范大学硕士学位论文, 2014.

[34] 张晋梅, 孙小玲. 单调全局最优问题的凸化外逼近算法 [J]. 应用数学与计算数学学报, 2003, 17: 20-26.

[35] Ge R P. Finding more and more solutions of a system of nonlinear equations[J]. Applied Mathematics and Computation, 1990, 36: 15-30.

[36] Ge R P, Qin Y F. The globally convexized filled functions for global optimization[J]. Applied Mathematics and Computation, 1990, 35: 131-158.

[37] Liang Y M, Zhang L S, Li M M, et al. A filled function method for global optimization[J]. Journal of Computational and Applied Mathematics, 2007, 205: 16-31.

[38] Liu X. Finding global minima with a computable filled function[J]. Journal of Global Optimization, 2001, 19: 151-161.

[39] Yang Y J, Liang Y M. A new discrete filled function algorithm for discrete global optimization[J]. Journal of Computational and Applied Mathematics, 2007, 202: 280-291.

[40] Mayne D Q, Polak E. A superlinearly convergent algorithm for constrained optimization problems[J]. Mathematical Programming Studies. Berlin, Heidelberg: Springer, 1982, 16: 45-61.

[41] Zhang J L, Wang C Y. A new conjugate projection gradient method[J]. OR Transaction, 1999, 3: 61-70.

[42] 陈宝林. 最优化理论与算法 [M]. 2 版. 北京: 清华大学出版社, 2005.

[43] 邬冬华, 田蔚文, 张连生, 等. 一种修正的求总极值的积分-水平集方法的实现算法收敛性 [J]. 应用数学学报, 2001, 24: 100-110.

[44] 邬冬华. 求全局优化的积分型算法的一些研究和新进展 [D]. 上海大学博士学位论文, 2002.

[45] Moore R E. Interval Analysis[M]. EngleWood Cliffs: Prentic-Hall, 1966.

[46] Hansen E. Global Optimization Using Interval Analysis[M]. New York: Marcel Dekker Inc, 1992.

[47] Birgin E G, Floudas C A, Martínez J M. Global minimization using an Augmented Lagrangian method with variable lower-level constraints[J]. Mathematical Programming, 2010, 125: 139-162.

[48] Burer S, Vandenbussche D. Globally solving box-constrained nonconvex quadratic programs with semidefinite-based finite branch-and-bound[J]. Computational Optimization and Applications, 2009, 43: 181-195.

[49] Sherali H D, Tuncbilek C H. A reformulation-convexification approach for solving nonconvex quadratic programming problems[J]. Journal of Global Optimization, 1995, 7: 1-31.

[50] Gao Y, Xue H, Shen P. A new rectangle branch-and-reduce approach for solving nonconvex quadratic programming problems[J]. Applied Mathematics and Computation, 2005, 168: 1409-1418.

[51] Burer S, Vandenbussche D. A finite branch-and-bound algorithm for nonconvex quadratic programming via semidefinite relaxations[J]. Mathematical Programming, 2008, 113: 259-282.

[52] Ye Y. Approximating global quadratic optimization with convex quadratic constraints[J]. Journal of Global Optimization, 1999, 15: 1-17.

[53] Goemans M X, Williamson D P. Improved approximation algorithms for maximum cut and satisfiability problems using semidefinite programming[J]. Journal of the ACM, 1995, 42: 1115-1145.

[54] Fu M, Luo Z Q, Ye Y. Approximation algorithms for quadratic programming[J]. Journal of Combinatorial Optimization, 1998, 2: 29-50.

[55] Tseng P. Further results on approximating nonconvex quadratic optimization by semidefinite programming relaxation[J]. SIAM Journal on Optimization, 2003, 14: 268-283.

[56]　Al-Khayyal F A, Larsen V, Voorhis T V. A relaxation method for nonconvex quadrat-ically constrained quadratic programs[J]. Journal of Global Optimization, 1995, 6: 215-230.

[57]　Linderoth J. A simplicial branch-and-bound algorithm for solving quadratically con-strained quadratic programs[J]. Mathematical Programming, 2005, 103: 251-282.

[58]　Raber U. A simplicial branch-and-bound method for solving nonconvex all-quadratic programs[J]. Journal of Global Optimization, 1998, 13: 417-432.

[59]　Sherali H D, Adams W P. A Reformulation-Linearization Technique for Solving Dis-crete and Continuous Nonconvex Problems[M]. Boston: Springer, 1999.

[60]　Audet C, Hansen P, Jaumard B, et al. A branch and cut algorithm for noncon-vex quadratically constrained quadratic programming[J]. Mathematical Programming, 2000, 87: 131-152.

[61]　Gao Y, Shang Y, Zhang L. A branch and reduce approach for solving nonconvex quadratic programming problems with quadratic constraints[J]. O. R. Transactions, 2005, 9: 9-20.

[62]　Qu S J, Zhang K C, Ji Y. A global optimization algorithm using parametric lineariza-tion relaxation[J]. Applied Mathematics and Computation, 2007, 186: 763-771.

[63]　Shen P, Duan Y, Ma Y. A robust solution approach for nonconvex quadratic programs with additional multiplicative constraints[J]. Applied Mathematics and Computation, 2008, 201: 514-526.

[64]　申培萍, 刘利敏. 带非凸二次约束的二次规划问题的全局优化方法 [J]. 工程数学学报, 2008, 25: 923-926.

[65]　Avriel M, Diewert W E, Schaible S, et al. Generalized Concavity[M]. New York: Plenum Press, 1988.

[66]　Henderson J M, Quandt R E. Microeconomic Theory[M]. 2nd ed. New York: McGraw-Hill, 1971.

[67]　Konno H, Shirakawa H, Yamazaki H. A mean-absolute deviation-skewness portfolio optimization model[J]. Annals of Operations Research, 1993, 45: 205-220.

[68]　Bennett K P. Global tree optimization: A non-greedy decision tree algorithm[J]. Com-puting Sciences and Statistics, 1994, 26:156-160.

[69]　Keeney R L, Raiffa H. Decisions with Multiple Objective[M]. Cambridge, MA: Cam-bridge University Press, 1993.

[70]　Mulvey J M, Vanderbei R J, Zenios S A. Robust optimization of large-scale systems[J]. Operations Research, 1995, 43: 264-281.

[71]　Benson H P. Decomposition branch and bound based algorithm for linear programs with additional multiplicative constraints[J]. Journal of Optimization Theory and Applications, 2005, 126: 41-61.

[72]　Ryoo H S, Sahinidis N V. Global optimization of multiplicative programs[J]. Journal of Global Optimization, 2003, 26: 387-418.

[73]　Kuno T. A finite branch-and-bound algorithm for linear multiplicative program-ming[J]. Computational Optimization and Application, 2001, 20: 119-135.

[74] Gao Y L, Xu C X, Yang Y J. An outcome-space finite algorithm for solving linear multiplicative programming[J]. Applied Mathematics and Computation, 2006, 179: 494-505.

[75] Benson H P, Boger G M. Outcome-space cutting-plane algorithm for linear multiplicative programming[J]. Journal of Optimization Theory and Applications, 2000, 104: 301-322.

[76] Liu X J, Umegaki T, Yamamoto Y. Heuristic methods for linear multiplicative programming[J]. Journal of Global Optimization, 1999, 4: 433-447.

[77] Shen P P, Jiao H W. Linearization method for a class of multiplicative programming with exponent[J]. Applied Mathematics and Computation, 2006, 183: 328-336.

[78] Jiao H W. A branch and bound algorithm for globally solving a class of nonconvex programming problems[J]. Nonlinear Analysis: Theory, Methods and Applications, 2009, 70: 1113-1123.

[79] Shen P P, Bai X D, Li W M. A new accelerating method for globally solving a class of nonconvex programming problems[J]. Nonlinear Analysis: Theory, Methods and Applications, 2009, 71: 2866-2876.

[80] Zhou X G, Wu K. A method of acceleration for a class of multiplicative programming problems with exponent[J]. Journal of Computational and Applied Mathematics, 2009, 223: 975-982.

[81] Matsui T. NP-hardness of linear multiplicative programming and related problems[J]. Journal of Global Optimization, 1996, 9: 113-119.

[82] Konno H, Kuno T. Linear multiplicative programming[J]. Mathematical Programming, 1992, 56: 51-64.

[83] Schaible S, Sodini C. Finite algorithm for generalized linear multiplicative programming[J]. Journal of Optimization Theory and Applications, 1995, 87: 441-455.

[84] Konno H, Kuno T. Generalized linear multiplicative and fractional programming[J]. Annals of Operations Research, 1990, 25: 147-161.

[85] Horst R, Tuy H. Global Optimization[M]. 2nd ed. Berlin: Springer-Verlag,1993.

[86] Sui Y K. The expansion of functions under transformation and its application to optimization[J]. Computer Methods in Applied Mechanics and Engineering, 1994, 113: 253-262.

[87] Das K, Roy T K, Maiti M. Multi-item inventory model with under imprecise objective and restrictions: A geometric programming approach[J]. Production Planning and Control, 2000, 11: 781-788.

[88] Dembo R S. A set of geometric programming test problems and their solutions[J]. Mathematical Programming, 1976, 10: 192-213.

[89] Dembo R S. Current state of the art of algorithms and computer software for geometric programming[J]. Journal of Optimization Theory and Applications, 1978, 26: 149-183.

[90] Rijckaert M J, Martens X M. Comparison of generalized geometric programming algorithms[J]. Journal of Optimization Theory and Applications, 1978, 26: 205-242.

[91] Sarma P V L N, Martens X M, Reklaitis G V, et al. A comparison of computational strategies for geometric programs[J]. Journal of Optimization Theory and Applications, 1978, 26: 185-203.

[92] Kortanek K O, No H. A second order affine scaling algorithm for the geometric programming dual with logarithmic barrier[J]. Optimization, 1992, 23: 303-322.

[93] Kortanek K O, Xu X J, Ye Y Y. An infeasible interior-point algorithm for solving primal and dual geometric programs[J]. Mathematical Programming, 1997, 76: 155-181.

[94] Passy U. Generalized weighted mean programming[J]. SIAM Journal on Applied Mathematics, 1971, 20: 763-778.

[95] Wang Y J, Zhang K C, Shen P P. A new type of condensation curvilinear path algorithm for unconstrained generalized geometric programming[J]. Mathematical and Computer Modelling, 2002, 35: 1209-1219.

[96] Maranas C D, Floudas C A. Global optimization in generalized geometric programming[J]. Computers and Chemical Engineering, 1997, 21: 351-369.

[97] Shen P P, Zhang K C. Global optimization of signomial geometric programming using linear relaxation[J]. Applied Mathematics and Computation, 2004, 150: 99-114.

[98] Shen P P. Linearization method of global optimization for generalized geometric programming[J]. Applied Mathematics and Computation, 2005, 162: 353-370.

[99] 申培萍, 侯学萍. 符号几何规划的全局优化算法 [J]. 河南师范大学学报 (自然科学版), 2004, 32: 17-21.

[100] Qu S J, Zhang K C, Wang F S. A global optimization using linear relaxation for generalized geometric programming[J]. European Journal of Operational Research, 2008, 190: 345-356.

[101] Wang Y J, Zhang K C, Gao Y L. Global Optimization of generalized geometric programming[J]. Computers and Mathematics with Applications, 2004, 48: 1505-1516.

[102] Shen P P, Ma Y, Chen Y Q. A robust algorithm for generalized geometric programming[J]. Journal of Global Optimization, 2008, 41: 593-612.

[103] Wang Y J, Liang Z A. A deterministic global optimization algorithm for generalized geometric programming[J]. Applied Mathematics and Computation, 2005, 168: 722-737.

[104] Colantoni C S, Manes R P, Whinston A. Programming, profit rates, and pricing decisions[J]. Accounting Review, 1969, 44: 467-481.

[105] Rao M R. Cluster analysis and mathematical programming[J]. Journal of the American Statistical Association, 1971, 66: 622-626.

[106] Konno H, Watanabe H. Bond portfolio optimization problems and their applications to index tracking: A partial optimization approach? [J]. Journal of the Operations Research Society of Japan, 1996, 39: 295-306.

[107] Konno H, Yajima Y, Matsui T. Parametric simplex algorithms for solving a special class of nonconvex minimization problems[J]. Journal of Global Optimization, 1991, 1: 65-81.

[108] Falk J E, Palocsay S W. Optimizing the Sum of Linear Fractional Functions[M]. Floudas C A, Pardalos P M. Recent Advance in Global Optimization. Princeton, New Jersey: Princeton University Press, 1992.

[109] Falk J E, Palocsay S W. Image space analysis of generalized fractional programs[J]. Journal of Global Optimization, 1994, 4: 63-88.

[110] Benson H P. On the global optimization of sums of linear fractional functions over a convex set[J]. Journal of Optimization Theory and Applications, 2004, 121: 19-39.

[111] Benson H P. A simplicial branch and bound duality-bounds algorithm for the linear sum-of-ratios problem[J]. European Journal of Operational Research, 2007, 182: 597-611.

[112] Ji Y, Zhang K C, Qu S J. A deterministic global optimization algorithm[J]. Applied Mathematics and Computation , 2007, 185: 382-387.

[113] Benson H P. Branch-and-bound outer approximation algorithm for sum-of-ratios fractional programs[J]. Journal of Optimization Theory and Applications, 2010, 146: 1-18.

[114] 汪春峰, 郭明普, 申培萍. 线性分式规划全局最优解的确定性方法 [J]. 河南师范大学学报 (自然科学版), 2009, 37: 171-173.

[115] Wang Y J, Shen P P, Liang Z A. A branch-and-bound algorithm to globally solve the sum of several linear ratios[J]. Applied Mathematics and Computation, 2005, 168: 89-101.

[116] Shen P P, Wang C F. Global optimization for sum of linear ratios problem with coefficients[J]. Applied Mathematics and Computation, 2006, 176: 219-229.

[117] Phuong N T H, Tuy H. A unified monotonic approach to generalized linear fractional programming[J]. Journal of Global Optimization, 2003, 26: 229-259.

[118] Jiao H W, Shang Y L. Image space branch-reduction-bound algorithm for globally solving the sum of affine ratios problem[J]. Journal of Computational Mathematics, 2022, in press.

[119] Nesterov Y E, Nemirovskii A S. An interior-point method for generalized linear-fractional programming[J]. Mathematical Programming, 1995, 69: 177-204.

[120] Konno H, Abe N. Minimization of the sum of three linear fractional functions[J]. Journal of Global Optimization, 1999, 15: 419-432.

[121] Costa J P. A branch & cut technique to solve a weighted-sum of linear ratios[J]. Pacific Journal of Optimization, 2010, 6: 21-38.

[122] Kuno T. A branch-and-bound algorithm for maximizing the sum of several linear ratios[J]. Journal of Global Optimization, 2002, 22: 155-174.

[123] Jiao H W, Liu S Y. A practicable branch and bound algorithm for sum of linear ratios problem[J]. European Journal of Operational Research, 2015, 243: 723-730.

[124] Benson H P. On the construction of convex and concave envelope formulas for bilinear and fractional functions on quadrilaterals[J]. Computational Optimization and Applications, 2004, 27: 5-22.

[125] Jiao H, Chen Y. A note on a deterministic global optimization algorithm[J]. Applied Mathematics and Computation, 2008, 202: 67-70.

[126] 石义辉. 比式和问题的全局优化算法 [D]. 河南师范大学硕士学位论文, 2011.

[127] Konno H, Fukaishi K. A branch and bound algorithm for solving low rank linear multiplicative and fractional programming problems[J]. Journal of Global Optimization, 2000, 18: 283-299.

[128] Shen P, Chen Y, Ma Y. Solving sum of quadratic ratios fractional programs via monotonic function[J]. Applied Mathematics and Computation, 2009, 212: 234-244.

[129] Qu S J, Zhang K C, Zhao J K. An efficient algorithm for globally minimizing sum of quadratic ratios problem with nonconvex quadratic constraints[J]. Applied Mathematics and Computation, 2007, 189: 1624-1636.

[130] Ji Y, Li Y, Lu P. A global optimization algorithm for sum of quadratic ratios problem with coefficients[J]. Applied Mathematics and Computation, 2012, 218: 9965-9973.

[131] Fang S C, Gao D Y, Sheu R L, et al. Global optimization for a class of fractional programming problems[J]. Journal of Global Optimization, 2009, 45(3): 337-353.

[132] Wang Y J, Zhang K C. Global optimization of nonlinear sum of ratios problem[J]. Applied Mathematics and Computation, 2004, 158: 319-330.

[133] Shen P, Yuan G. Global optimization for the sum of generalized polynomial fractional functions[J]. Mathematical Methods of Operations Research, 2007, 65: 445-459.

[134] Shen P, Ma Y, Chen Y. Global optimization for the generalized polynomial sum of ratios problem[J]. Journal of Global Optimization, 2011, 50: 439-455.

[135] Jiao H, Wang Z, Chen Y. Global optimization algorithm for sum of generalized polynomial ratios problem[J]. Applied Mathematical Modelling, 2013, 37: 187-197.

[136] Benson H P. Global optimization algorithm for the nonlinear sum of ratios problem[J]. Journal of Optimization Theory and Applications, 2002, 112: 1-29.

[137] Benson H P. Using concave envelopes to globally solve the nonlinear sum of ratios problem[J]. Journal of Global Optimization, 2002, 22: 343-364.

[138] Shen P, Jin L. Using conical partition to globally maximizing the nonlinear sum of ratios[J]. Applied Mathematical Modelling, 2010, 34: 2396-2413.

[139] Shen P, Li W, Bai X. Maximizing for the sum of ratios of two convex functions over a convex set[J]. Computers & Operations Research, 2013, 40: 2301-2307.

[140] Shen P, Duan Y, Pei Y. A simplicial branch and duality bound algorithm for the sum of convex-convex ratios problem[J]. Journal of Computational and Applied Mathematics, 2009, 223(1): 145-158.

[141] Pei Y, Zhu D. Global optimization method for maximizing the sum of difference of convex functions ratios over nonconvex region[J]. Journal of Applied Mathematics and Computing, 2013, 41: 153-169.

[142] Jaberipour M, Khorram E. Solving the sum-of-ratios problems by a harmony search algorithm[J]. Journal of Computational and Applied Mathematics, 2010, 234: 733-742.

[143] Gao L, Mishra S K, Shi J. An extension of branch-and-bound algorithm for solving sum-of-nonlinear-ratios problem[J]. Optimization Letters, 2012, 6: 221-230.

[144] Jiao H, Guo Y, Shen P. Global optimization of generalized linear fractional programming with nonlinear constraints[J]. Applied Mathematics and Computation, 2006, 183: 717-728.

[145] Shen P, Wang C. Global optimization for sum of generalized fractional functions[J]. Journal of Computational and Applied Mathematics, 2008, 214: 1-12.

[146] Tuy H. Monotonic optimization: Problems and solution approaches[J]. SIAM Journal of Optimization, 2000, 11(2): 464-494.

[147] Jiao H, Liu S, Lu N. A parametric linear relaxation algorithm for globally solving nonconvex quadratic programming[J]. Applied Mathematics and Computation, 2015, 250: 973-985.

[148] 焦红伟. 几类非凸规划问题全局解的求解方法 [D]. 西安电子科技大学博士学位论文, 2015.

[149] Lin M H, Tsai J F. Range reduction techniques for improving computational efficiency in global optimization of signomial geometric programming problems[J]. European Journal of Operational Research, 2012, 216: 17-25.

[150] Floudas C A, Pardalos P M, Adjiman C S, et al. Handbook of Test Problems in Local and Global Optimization[M]. Boston: Kluwer Academic Publishers, 1999.

[151] Scott C H, Jefferson T R. Duality for linear multiplicative programs[J]. Anziam Journal, 2005, 46: 393-397.

[152] Horst R, Thoai N V. DC programming: overview[J]. Journal of Global Optimization, 1999, 103: 1-43.

[153] Bitner L. Some representation theorems for functions and sets and their application to nonlinear programming[J]. Numerische Mathematik, 1970, 16: 32-51.

[154] Blanquero R, Carrizosa E. On covering methods for D. C. optimization[J]. Journal of Global Optimization, 2000, 18: 265-274.

[155] Blanquero R, Carrizosa E, Conde E. Finding GM-estimators with global optimization techniques[J]. Journal of Global Optimization, 2000, 21: 223-237.

[156] Tuy H D C. Optimization: Theory, Methods and Algorithms[M]//Horst R, Pardalos P M. Handbook of global optimization. Dordrecht: Kluwer Academic Publishers, 1994.

[157] Hoai An L T, Belghiti M T, Tao P D. A new efficient algorithm based on DC programming and DCA for clustering[J]. Journal of Global Optimization, 2007, 37: 593-608.

[158] Oliveira R M, Ferreira P A V. An outcome space approach for generalized convex multiplicative programs[J]. Journal of Global Optimization, 2010, 47: 107-118.

[159] Tuy H. Effect of the subdivision strategy on convergence and efficiency of some global optimization algorithms[J]. Journal of Global Optimization, 1991, 1: 23-36.

[160] Thoai N V. A global optimization approach for solving the convex multiplicative programming problem[J]. Journal of Global Optimization, 1991, 1: 341-357.

[161] Wang C F, Liu S Y. A new linearization method for generalized linear multiplicative programming[J]. Computers and Operations Research, 2011, 38: 1008-1013.

[162] Wang C F, Liu S Y, Zheng G Z. A branch-and-reduce approach for solving generalized linear multiplicative programming[J]. Mathematical Problems in Engineering, 2011: 1-12.

[163] Konno H, Kuno T, Yajima Y. Global minimization of a generalized convex multiplicative function[J]. Journal of Global Optimization, 1994, 4: 47-62.

[164] Gao Y L, Xu C X, Yang Y T. Outcome-space branch and bound algorithm for solving linear multiplicative programming[J]. Computational Intelligence and Security, 2005, 3801: 675-681.

[165] Wang C F, Liu S Y, Shen P P. Global minimization of a generalized linear multiplicative programming[J]. Applied Mathematical Modelling, 2012, 36: 2446-2451.

[166] Jiao H W, Liu S Y, Chen Y Q. Global optimization algorithm for a generalized linear multiplicative programming[J]. Journal of Applied Mathematics and Computing, 2012, 40: 551-568.

[167] Liberti L. Linearity embedded in nonconvex programs[J]. Journal of Global Optimization, 2005, 33: 157-196.

[168] Horst R. Deterministic global optimization with partition sets whose feasibility is not known: Application to concave minimization, reverse convex constraints, DC-programming, and Lipschitzian optimization[J]. Journal of Optimization Theory and Applications, 1988, 58(1): 11-37.

[169] Shen P P, Jiao H W. A new rectangle branch-and-pruning approach for generalized geometric programming[J]. Applied Mathematics and Computation, 2006, 183: 1027-1038.

[170] Bennett K P. Optimal decision trees through multilinear programming[C]. R.P.I. Math Report No.214, Rensselaer Polytechnic Institute, Troy, NY, 1994.

[171] Shen P P, Li W M, Liang Y C. Branch-reduction-bound algorithm for linear sum-of-ratios fractional programs[J]. Pacific Journal of Optimization, 2015, 11(1): 79-99.

[172] Dai Y, Shi J, Wang S. Conical partition algorithm for maximizing the sum of dc ratios[J]. Journal of Global Optimization, 2005, 31: 253-270.

[173] Nataray P S V, Kotecha K. Global optimization with higher order inclusion function forms, part1: A combined Taylor-Bernstein form[J]. Reliable Computing, 2004, 10: 27-44.

[174] Shen P P, Li X A, Jiao H W. Accelerating method of global optimization for signomial geometric programming[J]. Journal of Computational and Applied Mathematics, 2008, 214: 66-77.

[175] 申培萍, 王俊华. 一类带反凸约束的非线性比式和问题的全局优化算法 [J]. 应用数学, 2012, 25(1): 126-130.

[176] Shi J. A combined algorithm for fractional programming[J]. Annals of Operations Research, 2001, 103: 135-147.

[177] Dai Y, Shi J, Yamamoto Y. Global optimization problem with multiple reverse convex constraints and its application to out-of-roundness problem[J]. Journal of the Operations Research Society of Japan, 1996, 39: 356-371.

[178] Chen P C, Hansen P, Jaumard B. On-line and off-line vertex enumeration by adjacency lists[J]. Operations Research Letters, 1991, 10: 403-409.

索　引

A

凹包络, 139
凹函数, 35

B

半平面, 196
半正定, 153

C

超矩形, 85
超平面, 196
初始单纯形, 187

D

单纯形对分, 190
单纯形对分规则, 78
单纯形分支定界, 74
单纯形分支定界算法, 34, 50
单纯形分支和对偶定界算法, 186
单纯形剖分, 23
单纯形算法, 63
单纯形子序列, 190
单调优化方法, 4
倒数, 120
等价转化, 83
顶点集, 187
对称矩阵, 153
对偶变量, 190
对数函数, 52

E

二次规划, 34, 35
二次函数, 152
二次松弛化技巧, 107
二次约束二次比式和, 152
二次约束二次比式和问题, 14

F

反凸约束, 186
仿射函数, 107
非空有界紧凸集, 192
非凸二次规划, 11, 37
非凸二次函数, 37
非凸二次约束二次规划问题, 34
非凸规划, 51
非线性比式和, 186
非线性规划问题, 2
非线性函数, 84
分母, 120
分支定界加速算法, 84
分支定界算法, 4
分支规则, 59, 89
分支缩减定界算法, 152
分子, 120

G

广义多项式比式和, 169
广义多项式比式和问题, 15
广义几何规划, 83
广义几何规划问题, 13
广义线性比式和, 107
广义线性比式和问题, 13
广义线性多乘积规划, 12, 74

H

黑塞矩阵, 109

J

积分水平集方法, 7
紧集, 68, 92
紧凸集, 197
局部极小, 1
局部最优化方法, 2

矩形二分方法, 161
矩形剖分方法, 23
聚点, 36, 198, 91

K

开凸集, 197
可行点, 160
可行集, 35
可行性, 93
可行性准则, 143
可行域, 85

L

拉格朗日对偶定界理论, 34
拉格朗日对偶理论, 186
拉格朗日弱对偶定理, 187
连续函数, 91
两阶段松弛方法, 94
两阶段线性松弛技巧, 18
鲁棒稳定性分析, 83

O

欧氏距离, 196

Q

嵌套序列, 61
穷举, 61
穷举辐射状细分法, 35
区间算法, 10
区域分裂方法, 161
区域缩减技巧, 152
全局极小点, 50
全局收敛性, 160
全局收敛性, 41
全局优化, 34
全局最优化方法, 2
全局最优解, 160
全局最优解, 85

R

热交换网络设计工程问题, 48

S

删除技术, 85
上、下界函数, 24
上估计, 125
上界, 78
上界估计, 78
射线, 144
实常系数, 107
收敛性, 83
收敛性参数, 90
收敛性定理, 22
收敛性分析, 183
收敛性误差, 80
输出空间分支定界算法, 120
数值实验, 80
双线性规划, 19
双线性函数, 28, 120
缩减技巧, 37, 113

T

梯度, 38, 95
梯形分支定界算法, 151
填充函数方法, 4
凸（凹）包络, 28
凸包络, 35, 76
凸分离, 107
凸分离技巧, 51
凸规划问题, 2
凸函数, 54, 154
凸松弛方法, 94

W

外空间分支定界算法, 151
微分中值定理, 34
无穷可行解序列, 117
无穷序列, 130

X

下界, 74
线性多乘积规划, 11, 51
线性规划, 80

线性规划问题, 1
线性规划子问题, 186
线性函数, 37, 84
线性化方法, 51, 152
线性松弛规划, 37, 52, 152

Y

一般非线性比式和问题, 16
一阶微分中值定理, 26
有效节点集, 115

Z

增广拉格朗日函数方法, 10
整数线性规划问题, 2
指数变换, 83
锥, 138
锥分分支定界算法, 192

锥形剖分, 24
子超矩形, 90
子单纯形, 187
最优解, 34
最优性准则, 143
最优值, 34, 160

其他

2-范数, 52
D. C. 规划方法, 4
D. C. 分解, 52
D. C. 规划, 52
D. C. 函数, 192
Fritz John 条件, 3
KKT 条件, 3
n-维单纯形, 77
Weierstrass 定理, 2

《运筹与管理科学丛书》已出版书目

1. 非线性优化计算方法　袁亚湘　著　2008 年 2 月

2. 博弈论与非线性分析　俞建　著　2008 年 2 月

3. 蚁群优化算法　马良等　著　2008 年 2 月

4. 组合预测方法有效性理论及其应用　陈华友　著　2008 年 2 月

5. 非光滑优化　高岩　著　2008 年 4 月

6. 离散时间排队论　田乃硕　徐秀丽　马占友　著　2008 年 6 月

7. 动态合作博弈　高红伟　〔俄〕彼得罗相　著　2009 年 3 月

8. 锥约束优化——最优性理论与增广 Lagrange 方法　张立卫　著　2010 年 1 月

9. Kernel Function-based Interior-point Algorithms for Conic Optimization　Yanqin Bai　著　2010 年 7 月

10. 整数规划　孙小玲　李端　著　2010 年 11 月

11. 竞争与合作数学模型及供应链管理　葛泽慧　孟志青　胡奇英　著　2011 年 6 月

12. 线性规划计算(上)　潘平奇　著　2012 年 4 月

13. 线性规划计算(下)　潘平奇　著　2012 年 5 月

14. 设施选址问题的近似算法　徐大川　张家伟　著　2013 年 1 月

15. 模糊优化方法与应用　刘彦奎　陈艳菊　刘颖　秦蕊　著　2013 年 3 月

16. 变分分析与优化　张立卫　吴佳　张艺　著　2013 年 6 月

17. 线性锥优化　方述诚　邢文训　著　2013 年 8 月

18. 网络最优化　谢政　著　2014 年 6 月

19. 网上拍卖下的库存管理　刘树人　著　2014 年 8 月

20. 图与网络流理论(第二版)　田丰　张运清　著　2015 年 1 月

21. 组合矩阵的结构指数　柳柏濂　黄宇飞　著　2015 年 1 月

22. 马尔可夫决策过程理论与应用　刘克　曹平　编著　2015 年 2 月

23. 最优化方法　杨庆之　编著　2015 年 3 月

24. A First Course in Graph Theory　Xu Junming　著　2015 年 3 月

25. 广义凸性及其应用　杨新民　戎卫东　著　2016 年 1 月

26. 排队博弈论基础　王金亭　著　2016 年 6 月

27. 不良贷款的回收：数据背后的故事　杨晓光　陈暮紫　陈敏　著　2017 年 6 月

28. 参数可信性优化方法　刘彦奎　白雪洁　杨凯　著　2017 年 12 月

29. 非线性方程组数值方法　范金燕　袁亚湘　著　2018 年 2 月

30. 排序与时序最优化引论　林诒勋　著　2019 年 11 月

31. 最优化问题的稳定性分析　张立卫　殷子然　编著　2020 年 4 月

32. 凸优化理论与算法　张海斌　张凯丽　著　2020 年 8 月

33. 反问题基本理论——变分分析及在地球科学中的应用　王彦飞　V. T. 沃尔科夫　A. G. 亚格拉　著　2021 年 3 月

34. 图矩阵——理论和应用　卜长江　周江　孙丽珠　著　2021 年 8 月

35. 复张量优化及其在量子信息中的应用　倪谷炎　李颖　张梦石　著　2022 年 3 月

36. 全局优化问题的分支定界算法　刘三阳　焦红伟　汪春峰　著　2022 年 9 月